图论与网络优化

戴　丽　李建平　刘　畅　编著

科学出版社

北　京

内 容 简 介

全书共九章，包括图的基本概念、重要图类与图运算、树及其算法、最大流及其算法、遍历性及其算法、独立集及其算法、匹配及其算法、平面性及其算法等图论方面的基本内容、理论和相应的网络优化算法，还介绍了随机游走、图能量和智能集群可控性等图论应用案例拓展.

本书将理论与算法有机融合，取材精炼，难易结合，论述清晰，富于启迪，是一本理论与算法并重的图论入门书，可作为运筹学、应用数学等专业本科或研究生教材，也可供管理科学、计算机科学、军事运筹学和系统科学等有关专业的教师、研究生和大学高年级学生参考.

图书在版编目(CIP)数据

图论与网络优化 / 戴丽，李建平，刘畅编著. -- 北京：科学出版社，2025.6. -- ISBN 978-7-03-080971-1

Ⅰ. O157.5

中国国家版本馆 CIP 数据核字第 2024DS5481 号

责任编辑：王丽平　贾晓瑞 / 责任校对：彭珍珍
责任印制：张　伟 / 封面设计：无极书装

科 学 出 版 社 出版
北京东黄城根北街 16 号
邮政编码：100717
http://www.sciencep.com

北京华宇信诺印刷有限公司印刷
科学出版社发行　各地新华书店经销
*
2025 年 6 月第 一 版　　开本：720×1000　1/16
2025 年 6 月第一次印刷　　印张：18 1/2
字数：372 000

定价：119.00 元
(如有印装质量问题，我社负责调换)

前　言

图论是研究离散对象二元关系的一个数学分支, 网络是指由若干对象及其相互关系构成的一个赋权图. 网络优化是综合运用图论和算法来解决图和网络上的最优化问题, 它能为人们有效地设计、控制和管理复杂的网络系统提供一套科学的方法. 在工程技术、经济、军事等诸多方面都有重要应用, 已经渗透到物理学、化学、电子学、生物学、运筹学、经济学、系统工程以及计算机科学等诸多学科领域.

作为图论与网络优化的入门教材, 本书在少量集合论和线性代数知识基础上, 从有利于读者学习和教师教学的角度出发, 追求基本概念、基本理论和算法讲述通俗易懂; 内容上覆盖面广、习题配置题型多样、难度由浅入深; 内容接触图论研究和应用实践前沿. 使读者能系统地掌握图论的基本内容和方法, 熟悉相关网络优化算法, 把理论与算法有机地结合起来, 从而提高分析和解决实际问题的能力. 力求突出三大特色:

一是知识覆盖系统全面, 章节分布科学合理. 自第 3 章至第 9 章, 每章从实际问题出发, 引出一个图论主题, 建立相关概念、理论与算法, 内容覆盖树及其算法、最大流及其算法、遍历性及其算法、独立集及其算法、匹配及其算法、平面性及其算法、应用案例拓展等. 前两章简要介绍图论的发展历史, 系统讲述图与网络的基本概念及运算, 为后续章节提供基础知识. 本书章节分布合理, 层次结构清晰, 便于读者理解接受, 有助于学习者建立坚实全面的图论基础.

二是逻辑推演清晰严密, 理论算法有机融合. 每章围绕一个图论主题, 自然地建立相关概念、推演理论与算法. 定义、定理阐述清晰、详略得当, 证明语言力求平实凝练、通俗易懂. 聚焦每章所涉及的图论问题特点, 基于所建立的基本概念与理论, 构建求解算法, 如树与 Prim 算法、Kruskal 算法, 匹配与 Kuhn-Munkres 算法等. 突出算法思想和执行步骤, 以清晰严谨的逻辑推演证明算法正确性, 并用算例验证, 理论与算法达到有机融合.

三是经典猜想激发兴趣, 热点应用拓宽视野. 结合各图论主题, 在章末介绍其前沿进展、重要猜想与热点应用. 例如, 与树相关的优美树猜想、强九龙树猜想、Erdös-Sós 猜想, 与 Hamilton 图相关的 Graffiti.PC 猜想、Chvàtal 猜想, Ramsey 问题中的猜想等, 有助于激发学习者理论研究兴趣. 结合作者的科研经历, 介绍具体应用案例, 如随机游走在图像分割中的应用、图能量在蛋白质序列二维图形表示中的应用以及图结构在智能无人机集群控制中的应用等, 以具体实例彰显理论的应用价值, 有助于拓展学习者应用视野.

十多年来我们一直在国防科技大学讲授研究生图论、网络优化等相关课程, 本书是以这两门课程讲义为基础, 参考了国内外有关文献和教材修订而成的. 编写图论与网络优化算法方面的教材是我们的初次尝试. 以图论为主线, 把网络优化算法内容恰当地穿插其中, 是我们自始至终追求的目标. 本书是否符合我们的初衷, 仁者见仁, 智者见智.

由于作者水平有限, 疏漏之处在所难免, 敬请同行和广大读者不吝批评指正.

作 者

2025 年 6 月于长沙

目　　录

第 1 章　图的基本概念

迷人的图论世界可以追溯至近 300 年前, 其中蕴藏着大量深刻理论和众多未解难题. 本章概述图论发展历史、现状、图论问题的特点, 主要介绍图、度、子图等基本概念和常用术语.

1.1　图论发展历史与特点

伴随着人类社会的发展进步, 人们逐渐发现: 在人类的生产实践中, 越来越多的研究对象可以用 "图" 来描述.

1.1.1　图论起源

1736 年, Euler 研究并解决了一个著名问题——Königsberg 七桥问题. 这一年是图论的诞生元年, Euler 是图论的创始人.

18 世纪, 属于德国东普鲁士的 Königsberg 市被 Pregel 河穿城而过, 河上有七座桥, 如图 1.1(a) 所示. 这七座桥把两岸与河中的两个小岛连接起来. Königsberg 的市民在桥上经过时提出了这样一个有趣的问题: 从 A, B, C, D 四块陆地中的某一块出发, 通过每座桥一次且仅一次再回到原出发地, 是否可能? 人们不断探索都没能成功, 便去请教瑞士的大数学家 Euler, Euler 指出这个问题的答案是: 不可能.

Euler 并不像 Königsberg 市民那样去桥上实地考察, 而是把四块陆地抽象成四个几何点, 把桥抽象成连接相应几何点间的线得到图 1.1(b), 从而使问题得到解决. Euler 把他的研究成果整理成文字, 把几何点称为顶点, 几何点间的连线称为边, 发表图论首篇论文, 标志图论诞生.

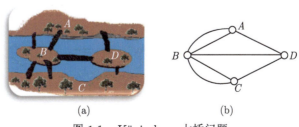

(a)　　　　　　　　　　(b)

图 1.1　Königsberg 七桥问题

Königsberg 七桥问题表面上看起来只是一种游戏而已, 似乎没有多大意义, 但随着图论的发展, 与其相关的理论在编码及计算机磁鼓设计 (见第 5 章) 等领域都有重要的应用. 更重要的是 Euler 解决这一问题的论证方法开创了图论科学研究的先河.

1.1.2　图论发展

Euler 解决 Königsberg 七桥问题后, 人们在其他领域也发现了图论相关问题.

1. 电网络中的图论

1847 年, Kirchhoff 为了解一类线性方程组而发展了树的理论. 这个线性方程组描述一个电网络的每条支路中电流和环绕每一个回路的电流. Kirchhoff 虽然是一个物理学家, 但却可以像数学家那样思考问题, 他把一个电网络和其中的电阻、电容、电感等抽象化: 像 Euler 那样, 用一个只由点和线组成的相应的组合结构来代替原来的电网络, 而并不指明每条线所代表的电气元件的种类 (图 1.2). 这样一来, Kirchhoff 实际上是把每个电网络用它的基本图代替. 他还证明, 解这个方程组时, 只要考虑一个图的任何一个支撑树所决定的那些基本圈就足够了. 他的这个方法现在已成为一个标准的方法.

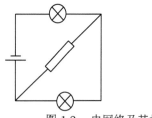

图 1.2　　电网络及其相应的有向图

2. 有机化学中的图论

1857 年, Cayley 非常自然地在有机化学领域里发现了一族重要的图——树. 在研究给定碳原子数 n 的饱和碳氢化合物 C_nH_{2n+2} 的同分异构物的数目的过程中, 把碳原子和氢原子都抽象成点, 把化学键抽象成相应原子间的连线, 于是问题转化为求有 $3n+2$ 个点的树的数目, 其中每个点的度 (与该点相连的线的数目) 等于 1 或 4. Cayley 没有能够立即成功地解决这个问题, 所以他改换了这个问题, 逐步计数了: 有根树、树、每个点的度至多等于 4 的树, 并最终解决了每个顶点的度为 1 或 4 的树的计数问题. 后来, Jordan 从一个纯数学的角度独立地发现了树.

3. 四色问题

1852 年, 一个叫 Francis Guthrie 的伦敦学生提出了四色问题: 在地图或地球仪上, 能否最多有四种颜色即可把每个国家的版图染好, 使得国界两侧异色? 在图论中, 也许在整个数学中, 最出名的没有解决的问题就是著名的四色问题. 这个问题是如此之简单, 以至于任何一个数学家都可以在五分钟之内将这个非凡的问题向马路上的任何一个普通人讲清楚, 可另一方面, 这个问题又是如此之复杂, 以至于时至今日, 尚未能找到完整的理论性证明.

19 世纪, 图论研究越来越广泛深入, 大批优秀的数学家潜心研究, 为图论宝库增添了一个又一个精彩成果. 同时, 也积累了大量的各种各样的难题, 如 Hamilton 图问题. Hamilton 图是指顶点分布在同一个圆周上的图. 1857 年, Hamilton 玩环游世界的游戏时提出了该问题. 至今 Hamilton 图的非平凡的充要条件尚未建立. 又如, Ramsey 问题, 直观地讲, Ramsey 问题就是: 任给一群人, 要么该人群中有 k 个人互相认识, 要么有 l 个人互相不认识, 问满足这种要求的人群至少有多少人? 用 $r(k,l)$ 表示人群中的人数. 目前, 人们已知的 Ramsey 数只有有限的几个, 如 $r(3,3)=6$, 大部分的 Ramsey 数都是未知的.

20 世纪, 随着现代生产和科学技术的发展, 图论经历了一场爆炸性的发展. 1936 年, 第一本图论著作诞生了, 这就是著名的匈牙利图论专家 König 所著的《有限图和无限图理论》, 它总结了图论两百年的主要成果, 是图论发展史上的重要里程碑. 此后, 图论开始迅速发展, 并最终从组合数学中独立出来, 成长为数学科学中一门独立分支. 科技的迅猛发展向图论提出了越来越多的需要解决的问题, 使图论在科学界活跃非常, 尤其是计算机科学的快速发展, 为图论及其算法的实现提供了强大的计算与证明的手段, 这进一步促进了图论广泛应用, 图论被称为离散领域 "微积分". 图论已经形成了自身比较固定的理论体系框架. 书后的文献就是国内外介绍图论基本概念、理论和算法的典型著作, 这些著作的内容和文风为本书稿提供了理论滋养与风格供鉴.

1.1.3 图论现状与特点

进入 21 世纪, 图论更加迅速地向前发展, 其应用领域更为广泛, 可以说, 21 世纪的人们正生活在图 (网络) 的世界里. 比如, 社交网络图 (见图 1.3(a))、无人机集群的通信网络图 (见图 1.3(b)) 等等.

生活中充满各种图, 而且图的规模越来越大, 结构越来越复杂.

例如, 网购时, 客户和购买的产品之间构成图. 把客户和产品都用小圆圈表示, 若客户购买了某产品, 就在相应小圆圈间连接一条带箭头的线 (称为有向边), 如图 1.4(a) 是一个客户-产品图. 进一步地, 若发现客户之间还有认识关系, 则可以在客户之间连接带箭头的线, 如图 1.4(b) 所示, 在此图中, 客户 2 有可能因为看到他认识的客户 4 在用产品 1 而成为潜在客户, 商家可以向客户 2 推荐产品 1. 同样, 产品之间也可能有上下游产品, 或者替代产品等关系, 从而可以获得更为复杂的客户-产品图.

又如, 在工作中, 公司的成员间形成了组织结构图; 发邮件、发微博时, 则产生
交流图; 等等.

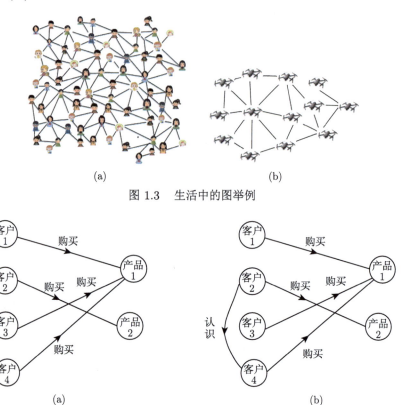

图 1.3   生活中的图举例

图 1.4   客户-产品图

工程技术研究中充满各种图. 在自然语言处理中常用知识图谱, 它是用来表
示领域知识、促进知识推理不可或缺的图; 在生物研究中的蛋白质网络, 它是能够
表示蛋白质之间相互作用的图; 在物联网传感器之间需要连接共同获取监测状态,
它是表示传感器相互连接状态的图; 互联网中的链接关系是让所有网页形成链接
图; 论文中的引用关系是让所有论文形成引文图; 金融交易是让交易双方形成交
易图 …… 此类例子不胜枚举.

甚至在很多看起来没有明显图关系的研究中, 人们也发现可以利用图去获得
新的突破. 比如, 文本摘要中利用句子之间的相似性构建的图, 就是一个典型的例
子, 它对早期文档摘要领域做出了巨大的贡献; 在定理证明中, 逻辑表达式可以表
示成由变量和操作构成的图; 程序也可以表示成由变量构成的图, 用来判断正确
性; 在多智能体系统中, 智能个体之间的隐性交互也被当作图来处理.

自从 1736 年, Euler 研究 Königsberg 七桥问题以米, 图论经历了近 300 年由

慢到快的发展历程. 目前, 图论领域形成了两个不同的研究方向: 一个是以研究图的性质为主, 我们称之为抽象图论; 另一个是以研究网络算法为主, 我们称之为算法图论, 也称之为网络最优化. 作为一本入门级教材, 本书中我们将兼顾两者, 以介绍基本图论理论和算法为主要目标.

图论之所以迅速发展, 究其原因, 除了现代科学技术的推进作用之外, 更重要的是图论自身的特点: 表达直观和思维方法巧妙灵活.

图论问题表达直观. 图论往往把所研究的对象抽象成几何点, 把对象间的关系抽象成相应几何点间的连线, 这种研究方法就把所研究的问题转化为一个符合美学外形的图, 使问题变得直观, 形式简洁, 从而使人们更容易理解问题的本质并对问题产生兴趣. 同时, 也正是图论的图解式表示方法, 为科学探索提供了一种自然的而又非常重要的语言和框架.

图论问题思维方法巧妙灵活. 许多图论问题都是从智力难题和游戏中提炼出来的, 有些问题在本质上是初等的, 但其中也有大量的问题可以难倒最老练的数学家.

图论问题的解决需要巧妙的方法, 没有可循的程式. 问题外表的简单朴素和本质上的难以解决, 使每个从事图论研究的人在图论问题面前都必须谨慎、严肃、深入地思考. 因而, 学习图论可以锻炼思维, 借助图论的思维方法可以提高解决问题的能力.

运用图论知识解决实际问题是锻炼数学思维的有效途径之一. 要获得图论思维, 除了掌握大量图论知识和理论, 以及勤奋和努力外, 更需要的是智慧和技巧, 是智力上的投入. 有人将图论学习比喻为思维体操, 它可以让思维高度活跃, 充分延伸.

1.2 图 的 定 义

在图论问题研究中, 人们感兴趣的是研究对象之间是否具有某种特定的二元关系. 比如, Königsberg 七桥问题中, 我们关心的是, 两块陆地之间是否有以及有几座桥相连. 因此, 小圆圈之间有多少连线是重要的, 而小圆圈的位置以及连线的长短曲直则无关紧要. 也就是说, 图论中所研究的图并不是几何图形、工程图或美术图画, 它在本质上是二元关系的抽象描述.

1.2.1 定义

图论中的图由小圆圈和连线构成, 我们把图中的小圆圈叫做顶点, 把连线叫做边. 下面介绍它的严格数学定义.

定义 1.1 (图) **图** (graph) 是指一个三元组 $(V(G), E(G), \psi_G)$, 其中 $V(G) \neq \varnothing$, $V(G) \cap E(G) = \varnothing$, $V(G)$ 中的元素称为**顶点** (vertex 或 node), 通常用 v 表

示, $V(G)$ 称为**顶点集**; $E(G)$ 中的元素称为**边** (edge), 通常用 e 表示, $E(G)$ 称为**边集**; ψ_G 称为**关联函数** (incidence function), 它是使 G 中的每条边对应于 G 的无序顶点对的函数. 图 G 中顶点数 $|V(G)|$ 称为图的**阶** (order), 用 $\nu(G)$ 表示; 边数 $|E(G)|$ 用 $\varepsilon(G)$ 表示.

例 1.1　设 $G = (V(G), E(G), \psi_G)$, 其中 $V(G) = \{v_1, v_2, \cdots, v_6\}$; $E(G) = \{e_1, e_2, \cdots, e_7\}$; $\psi_G(e_1) = v_1 v_2, \psi_G(e_2) = v_2 v_3, \psi_G(e_3) = v_2 v_3, \psi_G(e_4) = v_3 v_4,$ $\psi_G(e_5) = v_1 v_4, \psi_G(e_6) = v_4 v_4, \psi_G(e_7) = v_3 v_6$. 画出图 G 的图形, 并求 $\nu(G)$ 和 $\varepsilon(G)$.

解　用小圆圈表示顶点, 若边 e 与 u 和 v 关联, 则在相应顶点小圆圈间连一条线, 于是, 可得到 G 的图形表示, 如图 1.5 所示. 该图有 6 个顶点 7 条边, 故 $\nu(G) = 6, \varepsilon(G) = 7$.　　　　　　　　　　　　　　　□

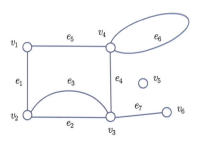

图 1.5　G 的图形表示

为了书写方便, 以后我们通常把图 $G = (V(G), E(G), \psi_G)$ 简记为 $G = (V(G), E(G))$, 此时 G 中的边只需要用它的两个端点的无序对来表示. 比如, 例 1.1 中的图 G 可表示为 $G = (V(G), E(G))$, 其中

$$V(G) = \{v_1, v_2, \cdots, v_6\}, E(G) = \{v_1 v_2, v_2 v_3, v_2 v_3, v_3 v_4, v_4 v_1, v_4 v_4, v_3 v_6\}.$$

需要指出的是, 在这种记号下, $E(G)$ 中有些元素是重复的, 如边 $v_2 v_3$ 在 $E(G)$ 中出现两次. 同时, 当我们只讨论一个图时, 常常省略 G, 分别用 V, E, ν, ε 代替 $V(G), E(G), \nu(G)$ 和 $\varepsilon(G)$.

若 $e \in E(G)$, 且 $\psi_G(e) = uv$, 则称 e 连接 u 和 v, 或称 e 与 u 及 v **关联** (incident), 而 u 和 v 称为 e 的**端点** (end), 也称 u 与 v 是**相邻的** (adjacent). 把 G 中所有与 v 顶点相邻的顶点的集合称为 v 的**邻域** (neighbour), 记为 $N_G(v)$ 或 $N(v)$. 把 G 中所有与 v 顶点相关联的边的集合称为 v 的**边邻域** (edge neighbour), 记为 $N_G^E(v)$ 或 $N^E(v)$. 如图 1.5 中, 边 e_1 与顶点 v_1 和 v_2 关联; v_6 与 v_3 相邻且 $N(v_3) = \{v_2, v_4, v_6\}$, $N^E(v_3) = \{e_2, e_3, e_4, e_7\}$.

与同一个顶点关联的两条边称为是**相邻的** (adjacent); 两个端点重合的边称

为**环** (loop); 端点不重合的边称为**连杆** (link); 连接同一对顶点的 $k\,(k \geqslant 2)$ 条边称为 k **重边** (multiple edges) 或 k 重平行边 (parallel edges). 与重边相对应, 若一对顶点间只有一条边, 则称该边为**单边**. 若某图既没有环, 也没有重边, 则称之为**简单图** (simple graph). 如图 1.5 中, 边 e_1 与 e_5 相邻; e_6 是环; e_2 与 e_3 是一对重边; 该图不是简单图.

显然, "相邻" 是指顶点与顶点之间、边与边之间的关系, 而 "关联" 则是指顶点与边之间的关系.

1.2.2 度

顶点关联边的数量、边的分布情况等是图的重要特征.

定义 1.2 (度) 设 v 为图 G 中的顶点, 称与顶点 v 关联的边的数目为顶点的**度** (degree), 记作 $d(v)$. 设 $v_1, v_2, \cdots, v_\nu$ 是图 G 的所有顶点, 则称 $(d(v_1), d(v_2), \cdots, d(v_\nu))$ 为图的**度序列** (degree sequence).

如图 1.5 中, $d(v_1) = 2, d(v_2) = 3, d(v_3) = 4, d(v_4) = 4, d(v_5) = 0, d(v_6) = 1$. 图 G 的度序列是 $(2, 3, 4, 4, 0, 1)$.

度为 0 的顶点称**孤立点** (isolated vertex); 度为 1 的顶点称为**悬挂点** (pendant vertex); 与悬挂点相关联的边称为**悬挂边** (pendant edge); 度为偶数的顶点称为**偶点** (even vertex); 度为奇数的顶点称为**奇点** (odd vertex); 图 G 中顶点度的最小值和最大值分别用 $\delta(G)$ 和 $\Delta(G)$ 表示, 分别称为**最小度**和**最大度**. 如图 1.5 中, v_5 是孤立点, v_6 是悬挂点. $\delta(G) = 0, \Delta(G) = 4$.

注意到图 G 中每条边关联两个顶点, 包括环关联的是两个相同的顶点, 所以在计算顶点的度时, 每条边在其端点各计算一次, 即每条边对图中所有顶点度之和贡献 2, 于是可知下面著名的握手引理成立.

定理 1.1 (握手引理) 对于任意 G, 均有 $\sum\limits_{v \in V} d(v) = 2\varepsilon$. □

由握手引理可知, 任何图中所有顶点的度之和均为偶数. 奇点的个数也必为偶数.

思考: 是否存在这样的简图, 它的某个顶点的度大于其余顶点度之和?

例 1.2 证明空间中不可能存在这样的多面体, 它有奇数个面, 且每个面上又有奇数条棱.

证 以多面体的面集合为 V, 并且仅当两个面有公共棱时, 在图 G 的相应顶点间连一条边, 得到图 G. 由已知 ν 为奇数, 而且 $d(v)\,(\forall v \in V)$ 也是奇数, 因此 $\sum\limits_{v \in V} d(v)$ 必是奇数, 与握手引理矛盾, 故这样的多面体不存在. □

例 1.3 证明非负整数序列 $(d_1, d_2, \cdots, d_\nu)$ 是某个图的度序列当且仅当 $\sum\limits_{i=1}^{\nu} d_i$

是偶数.

证 由定理 1.1 知必要性成立.

下证充分性. 只需构造一个度序列为 $(d_1, d_2, \cdots, d_\nu)$ 的图 G 即可.

取 ν 个互异的顶点 $v_1, v_2, \cdots, v_\nu$, 若 d_i 是偶数, 就在顶点 v_i 上连 $\dfrac{d_i}{2}$ 个环; 若 d_i 是奇数, 则在顶点 v_i 上连 $\dfrac{d_i - 1}{2}$ 个环. 由于 $\sum\limits_{i=1}^{\nu} d_i$ 是偶数, 故 $d_1, d_2, \cdots, d_\nu$ 中奇数的数量必为偶数, 从而可以将所有与奇数相对应的顶点两两配对连边, 这样所得图的度序列就是 $(d_1, d_2, \cdots, d_\nu)$. $\qquad\square$

值得注意的是, 在例 1.3 充分性证明中构造的图可能含有大量的环, 它不一定是简单图. 若限定简单图, 有下面图序列的定义.

定义 1.3(图序列) 简单图的度序列称为**图序列**.

如 $(1, 2, 3)$ 是度序列但不是图序列. 一般而言, 我们可以基于简单图的特征等来判断某些度序列不是图序列, 比如, ν 阶简单图的最大度必不大于 $\nu - 1$. 一般而言, 判断某度序列是图序列则比较困难, 往往需构造出相应的简单图. 1960 年, Erdös 和 Gallai 给出了如下判别图序列的方法.

定理 1.2 非负整数序列 $(d_1, d_2, \cdots, d_\nu)\,(d_1 \geqslant d_2 \geqslant \cdots \geqslant d_\nu)$ 是图序列当且仅当 $\sum\limits_{i=1}^{\nu} d_i$ 是偶数, 并且对一切整数 $k\,(1 \leqslant k \leqslant \nu - 1)$, 有

$$\sum_{i=1}^{k} d_i \leqslant k\,(k - 1) + \sum_{i=k+1}^{\nu} \min\,\{k, d_i\}. \qquad\square$$

例 1.4 试判断下列向量是否为图序列.

(1) $(1, 2, 2, 4, 5)$;

(2) $(1, 2, 3, 3, 4, 5)$;

(3) $(1, 1, 3, 4, 4, 5)$.

解 (1) 不是图序列. 因为该向量有 5 个分量, 故图中有 5 个顶点, 而 5 阶简单图中最大度 $\Delta \leqslant 4$, 不可能有度为 5 的顶点.

(2) 是图序列. 因为可以画一个简单图 G 如图 1.6 所示.

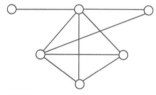

图 1.6 图序列 $(1, 2, 3, 3, 4, 5)$ 对应的简单图

(3) 不是图序列. 假设该向量是图序列, 不妨设顶点 v_i 的度为该向量的第 i 个分量. 考虑 v_6, 它的度为 5, 故 v_6 与其他五个顶点都相邻. v_1 的度为 1, 故 v_1 只与 v_6 相邻. 两个度为 4 的顶点 v_4 和 v_5 必与除 v_1 及本身外的其余 4 个顶点都相邻. 从而知 v_2 与 v_4, v_5, v_6 都相邻, 它的度至少为 3, 与其度为 1 矛盾. □

1.2.3 同构

基于图中边的分布情况, 可以给出图同构的概念.

定义 1.4(同构) 设 G_1 和 G_2 是两个图, 如果能够在图 G_1 和 G_2 的顶点集 $V(G_1)$ 和 $V(G_2)$ 之间建立一一对应关系, 使得连接 G_1 中任何一对顶点的边数等于连接 G_2 中与之对应的一对顶点的边数, 则称 G_1 和 G_2 是**同构的** (isomorphic), 记作 $G_1 \cong G_2$.

显然, 若 $G_1 \cong G_2$, 则必有 $\nu(G_1) = \nu(G_2)$ 且 $\varepsilon(G_1) = \varepsilon(G_2)$.

如图 1.7 中两个图是同构的, 事实上, 只要令 $u_1 \leftrightarrow u, u_2 \leftrightarrow w, u_3 \leftrightarrow y, v_1 \leftrightarrow v, v_2 \leftrightarrow x, v_3 \leftrightarrow z$ 即可.

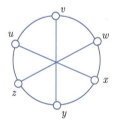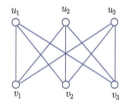

图 1.7 图的同构

两个同构的图本质上是相同的, 只是顶点和边的标记不同而已. 顶点已确定标号的图称为标号图, 顶点和边没有标记的图称为无标号图. 无标号图可以看成是与其同构的图的一个代表. 有时, 我们感兴趣的是图的结构性质, 所以在画一个图的图形时, 常省略顶点和边的标号. 给出标号是为了便于称呼它们.

判断两个阶数较大的图是否同构是一个难题, 至今没有好办法. 在 2.5 节中提到 Ulam 猜想借助于图运算判断同构, 遗憾的是该猜想至今尚未得到证明.

1.3 子图和连通分支

1.3.1 子图

许多图之间具有密切的联系. 如, 两个图的顶点集或边集可能具有包含与被包含关系等. 由此, 得到子图的概念.

定义 1.5(子图)　设 H 和 G 为两个图, 若 $V(H) \subseteq V(G)$, 且 $E(H) \subseteq E(G)$, 则称 H 为 G 的**子图** (subgraph), 记作 $H \subseteq G$. 若 $V(H) = V(G)$, 且 $E(H) = E(G)$, 则称 H 与 G **相等**, 记作 $H = G$. 若 $H \subseteq G$ 且 $H \neq G$, 则称是的**真子图** (proper subgraph), 记作 $H \subset G$.

定义 1.6(支撑子图)　若 $V(H) = V(G)$, 且 $E(H) \subseteq E(G)$, 则称 H 是 G 的**支撑子图** (spanning subgraph) 或**生成子图**.

例如, 在图 1.8 中, G_1 和 G_2 都是 G 的子图, 其中 G_1 是真子图, G_2 是支撑子图.

图 1.8　图与子图

接下来, 我们介绍一些特殊子图.

定义 1.7(基础简单图)　从图 G 中删去所有环, 并且对于连接任何一对顶点的重边, 除保留一条外, 去掉重边中余下的其他边, 这样得到的简单图 H 称为 G 的**基础简单图** (underlying simple graph).

例如, 图 1.9 给出了图 1.5 的基础简单图. 易见, 基础简单图是原图的支撑子图.

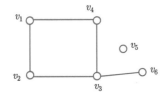

图 1.9　图 1.5 中 G 的基础简单图

1.3.2　导出子图

定义 1.8(导出子图)　设 V' 是 $V(G)$ 的非空子集, 以 V' 为顶点集, 以 $E' = \{uv \in E(G) | u, v \in V'\}$ 为边集的 G 的子图称为 G 的由 V' 导出的子图, 记作 $G[V']$, 简称为 G 的**导出子图** (induced subgraph).

定义 1.9(边导出子图)　设 E' 是 $E(G)$ 的非空子集, 顶点集为 $V' = \{v | v$ 是 E' 中某条边的端点$\}$, 边集为 E' 的 G 的子图称为 G 的由 E' 导出的子图, 记作 $G[E']$, 简称为 G 的**边导出子图** (edge-induced subgraph).

设 G 如图 1.10(a) 所示, 它的导出子图 $G[\{v_1, v_2, v_3, v_5\}]$ 为图 1.10(b), 而图

1.10(c) 则是它的边导出子图 $G[\{e_1, e_2, e_5, e_6\}]$. 当然, 并不是每个子图都是导出子图或边导出子图.

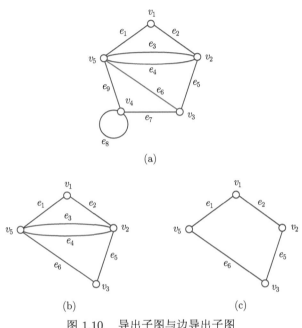

图 1.10　导出子图与边导出子图

在图论问题中, 往往需要择取顶点导出子图或边导出子图, 这两个概念使得图论问题描述更为简洁明了. 在后续章节中会经常用到 $G[V']$ 和 $G[E']$.

1.3.3　连通分支

定义 1.10(途径)　图 G 的一条**途径** (walk) 是指一个有限的非空序列 $W = v_0 e_1 v_1 e_2 v_2 \cdots e_k v_k$, 这里 $v_i \in V\,(0 \leqslant i \leqslant k)$, $e_j = v_{j-1} v_j \in E\,(1 \leqslant j \leqslant k)$, v_0 称为 W 的起点 (origin), v_k 称为 W 的终点 (terminus), $v_i\,(1 \leqslant i \leqslant k-1)$ 称为 W 的内部点 (internal vertex), 并把 W 称为 G 的 (v_0, v_k) 途径, 称 k 为 W 的**长** (length). 有时把途径 W 简记为 $W = v_0 v_1 v_2 \cdots v_k$. 值得注意的是, 简化表示后的途径可能不止一条.

例如, 在图 1.9 中, $v_1 v_2 v_3 v_4 v_3 v_6$ 就是一条 (v_1, v_6) 途径, 它的长为 5.

如果 $W = v_0 e_1 v_1 \cdots e_k v_k$ 和 $W' = v_k e_{k+1} v_{k+1} \cdots e_l v_l$ 是图 G 的两条途径, 则 W 的**逆转** (inversion) $W^{-1} = v_k e_k v_{k-1} \cdots e_1 v_0$; W 与 W' 的**衔接** (concatenation)

$$WW' = v_0 e_1 v_1 \cdots e_k v_k e_{k+1} v_{k+1} \cdots e_l v_l;$$

途径 W 的**节**是由 W 相继项构成的子序列 $v_i e_{i+1} v_{i+1} \cdots e_j v_j$, 它也是 G 的一条

途径, 称为 W 的 (v_i, v_j) 节.

定义 1.11(迹, 链)　如果 (v_0, v_k) 途径 W 的边互不相同, 则称 W 为 (v_0, v_k) **迹** (trail); 若途径 W 的顶点互不相同, 则称 W 为 (v_0, v_k) **链** (chain), 特别地, 我们把一个顶点也称为一条链.

显然, 链必定是迹, 但迹不一定的链. 长为 k 的链记作 P_k.

如果途径的长至少为 1, 且起点和终点相同, 则称之为**闭途径** (closed walk); 类似地, 可以定义闭迹.

定义 1.12(圈)　起点、内部点互不相同的闭迹称为**圈** (cycle). 长为 k 的圈称为 k 圈, 记作 C_k; 按 k 的奇偶性, 相应地称 k 圈为奇圈和偶圈.

1 圈就是环, 2 圈就是一对重边, 3 圈又称为三角形 (triangle).

如图 1.11 中, $v_0 e_1 v_1 e_2 v_2 e_3 v_3 e_4 v_2 e_6 v_4 e_7 v_3 e_3 v_2$ 是途径但不是迹; $v_0 e_1 v_1 e_2 v_2 e_3$ $v_3 e_4 v_2 e_6 v_4$ 是迹但不是链; $v_0 e_1 v_1 e_2 v_2 e_3 v_3$ 是长为 3 的链 P_3; $v_1 e_2 v_2 e_3 v_3 e_4 v_2 e_6 v_4 e_7$ $v_3 e_5 v_1$ 是闭迹; $v_1 e_2 v_2 e_6 v_4 e_7 v_3 e_5 v_1$ 是 4 圈 C_4.

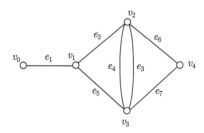

图 1.11　图 G 及其上的途径、迹、链、闭迹和圈

任何一个图的最基本的性质之一是它是否连通, 接下来, 将要阐明连通图与非连通图的基本结构.

定义 1.13(连通)　如果图 G 中存在 (u, v) 链, 则称顶点 u 和 v 在图 G 中是**连通的** (connected).

"连通" 是顶点集 V 上的一个关系, 它满足反身性、对称性和传递性, 因此, 是一个等价关系. 于是存在 V 的非空划分 $(V_1, V_2, \cdots, V_\omega)$, 使得两个顶点 u 和 v 连通, 当且仅当它们属于同一个子集 V_i, 导出子图 $G[V_1], G[V_2], \cdots, G[V_\omega]$ 称为 G 的**连通分支** (connected component), 记 $\omega(G)$ 为图 G 的连通分支数.

定义 1.14(连通图)　如果图 G 恰好只有一个连通分支, 则称为**连通图** (connected graph). 否则, 称 G 为**非连通图** (disconnected graph).

如图 1.9 是非连通图, 它有 2 个连通分支; 而图 1.11 是连通图. 易知, G 是连通图, 当且仅当 G 中任何两个顶点之间都有链连接. 非连通图的任何两个连通分支的顶点集互不相交, 边集也互不相交.

1.3.4 距离和中心

定义 1.15(距离) 图 G 的所有 (u,v) 链中长度最短者称为的最短 (u,v) 链, 最短 (u,v) 链的长记为 $d(u,v)$; 若图中不存在 (u,v) 链, 则令 $d(u,v)=\infty$. 我们称 $d(u,v)$ 为顶点 u,v 之间的**距离** (distance).

例如, 在图 1.11 中, $d(v_0,v_4)=3$. 在图 1.9 中, $d(v_1,v_5)=\infty$.

最短链在图的结构中具有明显的最值特征, 因此, 在解决图论问题时, 常常发挥重要作用. 例 1.5 就是利用最短链的 "最小" 特征得到的有用结论.

例 1.5 设 G 是连通图, 且 G 中至少有一对顶点不相邻, 证明存在 $u,v,w\in V$, 使 $uv,vw\in E$, 但 $uw\notin E$.

解 设 $x,y\in V$, 且 $xy\notin E$. 因 G 连通, 故 G 中存在最短 (x,y) 链 $P=xv_1v_2\cdots y$. 如图 1.12. 由 P 的最短性可知 $xv_2\notin E$, 于是令 $u=x$, $v=v_1$, $w=v_2$, 则有 $uv\in E$, $vw\in E$, 但 $uw\notin E$. □

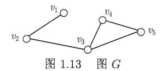

图 1.12　最短 (x,y) 链

许多证明中会用到例 1.5, 这是一个有用的结论.

定义 1.16(离径、半径、直径和中心) 设 G 为一个图, 对于每个顶点 $v\in V(G)$, 称 $R(v)=\max\limits_{u\in V(G)}\{d(v,u)\}$ 为顶点 v 的离径. 称 $R(G)=\min\limits_{v\in V(G)}\{R(v)\}$ 为图 G 的半径. 称 $\max\limits_{v\in V(G)}\{R(v)\}$ 为图 G 的直径. 称满足 $R(v)=R(G)$ 的顶点 v 为图 G 的中心.

设 G 如图 1.13 所示, 则各顶点间距离、离径如表 1.1 所示. 由表 1.1 的最后一列可知图 G 的半径 $R(G)=2$, 直径为 3, 且 v_2,v_3 都是中心.

图 1.13　图 G

表 1.1　距离和离径

$d(u,v)$	v_1	v_2	v_3	v_4	v_5	$R(v_i)$
v_1	0	1	2	3	3	3
v_2	1	0	1	2	2	2
v_3	2	1	0	1	1	2
v_4	3	2	1	0	1	3
v_5	3	2	1	1	0	3

习 题 一

1. 图论的诞生元年是 ( )

A. 1736　　　　　　　B. 1836　　　　　　　C. 1936　　　　　　　D. 以上答案都不对

2. 图论的创始人是 ( )

A. Cayley　　　　　　B. Gauss　　　　　　C. Euler　　　　　　D. Erdös

3. 1736 年, Euler 研究 Königsberg 七桥问题所采用的方法中, 是否需要考虑几何点的面积大小? 是否需要考虑相应几何点之间连线的长短曲直?

4. 设某次聚会有 6 个人参加, 分别是甲、乙、丙、丁、戊和己, 熟人指的是彼此都很了解对方. 其中甲和乙是熟人, 丙和丁是熟人, 乙和戊是熟人. 将每个人抽象成几何点, 熟人关系抽象成连线, 可得社交网络图 G, 请画出图 G.

5. 无人机编队飞行时, 为更好地完成进攻、观察、警戒和掩护等作战任务, 往往将无人机分为长机和僚机. 现有 4 架无人机组成编队飞行, 设无人机的编号分别为 1, 2, 3 和 4, 其中 4 号机是长机, 其他为僚机. 假设在该次编队飞行中, 长机能与僚机通信, 但僚机间不能直接通信. 请画出该编队的通信关系图 G.

6. 已知甲、乙、丙、丁、戊、己、庚在同一所大学读书, 设 "认识" 关系是相互的, 甲等 7 人的认识关系图如题图 1.1 所示.

(1) 试分析甲有几种不同方式认识庚?

(2) 试分析甲如何经过尽可能少的中间人认识庚?

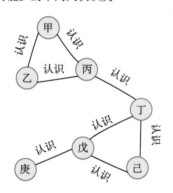

题图 1.1　甲等 7 人的认识关系图

7. (知识图谱) 每个顶点表示一个命名的实体, 实体之间的关系是边, 如果关系不是对称的, 就在边上加 "箭头", 如题图 1.2 是一个简单的知识图谱. 在知识图谱中, 常见的任务是知识图谱的补全, 即补充缺失的顶点或边.

(1) 请补充完整题图 1.2 中两个未知实体的名称.

(2) 请分析 "清明上河图" 与 "北京" 这两个实体间的关系.

8. (摆渡问题) 一个摆渡人, 要把一条船、一只羊、一头狼和一捆青草从河西运到河东. 由于船太小, 除摆渡人之外, 一次只能运一个 "乘客" 过河. 显然, 摆渡人不能让狼和羊单独留在岸边, 也不能让羊和青草单独留在岸边. 现用 F 表示摆渡人, W 表示狼, S 表示羊, H 表示青草. {F, W, S, H} 为全集, 根据题意, 允许留在岸边的子集有

{F, W, S, H}, {F, S, W}, {F, S, H}, {F, W, H}, {F, S}, {W, H}, {S}, {W}, {H}, ∅.

基于这些子集构造顶点, 一次摆渡前后留在岸边的子集间连边.

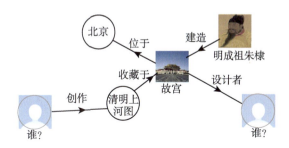

题图 1.2　知识图谱示例

(1) 请构造图 G;

(2) 基于 (1) 中图 G, 给出摆渡人的摆渡方案.

9. 某店铺有三个油壶, 容积分别为 8 升、3 升和 5 升, 其中 8 升壶装满油, 其他两个是空壶. 每次倒油时, 必须把油壶装满才能知道倒出多少油. 现有个顾客需要买 4 升的油, 问掌柜应如何倒出这 4 升油呢? 试通过建立图模型解决此问题.

(提示: 用三维向量表示三个油壶中油数, 如初始时油状态为 $(8,0,0)$, 以三维向量为顶点, 以一次倒油能到达为关系连边, 问题就转化为如何从 $(8,0,0)$ 走到 $(4,0,0)$.)

10. (期末考试安排问题) 设某研究团队为 20 名新生开设了 6 门课程, 学生选课情况如题表 1.1 所示.

题表 1.1　选课情况

课程	选课学生 (学号)				
课程 1	8	7	15	16	3	9
课程 2	4	10	14	19	11	
课程 3	13	17	3	5	16	6
课程 4	12	7	11	18		
课程 5	1	2	20	6		
课程 6	16	10	1	2	5	

请建立图模型确保所有新生顺利完成期末考试.

11. 把凸多面体的棱看成是边, 棱的交汇点看成顶点, 试画出正四面体、立方体、正八面体对应的图, 其中正四面体、立方体和正八面体的立体图形如题图 1.3 所示.

正四面体　　　　立方体　　　　正八面体

题图 1.3　凸多面体

12. 设图 G 如题图 1.4 所示.

(1) 求出 $N(v_1), N^E(v_1)$.

(2) 写出该图的度序列.

(3) 指出该图的环、重边、悬挂点和悬挂边.

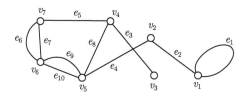

题图 1.4   图 G

13. 设 G 为 ν 阶简单图, 则 Δ 的最大值是 (   )

A. $\nu - 2$ B. $\nu - 1$ C. $\nu + 1$ D. ν

14. 设 G 为带有孤立顶点的 ν 阶简单图, 则 Δ 的最大值是 (   )

A. $\nu - 2$ B. $\nu - 1$ C. ν D. $\nu - 3$

15. 先判断下列序列是否为图序列, 再简要阐述理由.

(1) $(0, 1, 3, 4, 2, 2)$;

(2) $(2, 1, 4, 5, 2, 2)$;

(3) $(2, 2, 4, 5, 2, 2, 3)$.

16. 设 v_1, v_2 是图 G 中仅有的两个奇点, 证明: v_1 与 v_2 连通.

17. 设 n 阶图 G 的度序列为 $(d_1, d_2, \cdots, d_n)$, 求 $\sum\limits_{v \in V(G)} d(v)$ 和 $\sum\limits_{uv \in E(G)} (d(u) + d(v))$.

18. 设在一场聚会中, 任何两个人要么相互认识, 要么相互不认识, 且这场聚会中至少有两个人. 证明: 参加这场聚会的人群中至少有两个人, 他们的朋友数一样多.

19. 在一场聚会中有 n 个人参加, 其中有些人相互认识, 有些人相互不认识, 但每两个相互认识的人都没有共同的熟人, 每两个互相不认识的人都恰好有两个共同的熟人. 证明: 每一个聚会者都有相同数目的熟人.

20. 在一个化学实验室里, 有 n 个药箱, 其中每两个不同的药箱恰有一种相同的化学品, 而且每种化学品恰好在两个药箱中出现.

(1) 求每个药箱中有多少种化学品;

(2) 这 n 个药箱中共有多少种不同的化学品.

21. 先判断下列图形是否同构, 再简要阐述理由.

(1)

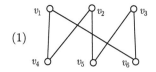
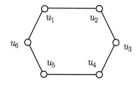

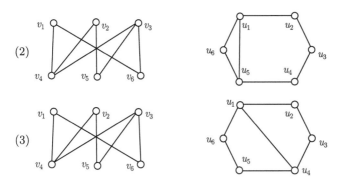

(2)

(3)

22. 设房间里有 n 个, 现已知至少有一个人没有与其他所有人握手, 则与所有人都握过手的人最多有 (　　)

A. $n-1$ B. $n-2$ C. $n-3$ D. $\left\lfloor \dfrac{n}{2} \right\rfloor$

23. 证明: 任何两个人以上组成的人群中, 至少有两个人有相同数目的朋友.

24. 设图 G 如题图 1.4 所示, 求 $d(v_1, v_3), R(G)$ 以及图 G 的直径和中心.

第 2 章 重要图类与图运算

本章将介绍图论中常用的重要图类, 包括完全图、正则图、二部图和有向图等. 计算机存储图时常用的矩阵有邻接矩阵、关联矩阵等, Laplace 矩阵则在图论研究中发挥重要作用. 最后, 本章还将介绍删去、添加、交、并和笛卡儿积、克罗内克积等常见的图运算, 为后续章节准备必要的术语和运算基础.

2.1 重 要 图 类

图论中的图千姿百态, 多种多样. 具有明显结构特征的图在图论理论研究和实际应用中都发挥着重要作用.

2.1.1 完全图

定义 2.1 (完全图) n 阶简单图最多有 $\begin{pmatrix} n \\ 2 \end{pmatrix}$ 条边, 我们称每对顶点都相邻的简单图为**完全图** (complete graph), 记作 K_n.

如, 3 圈就是 3 阶完全图. 又如图 2.1 中 (a) 图为 K_4, (b) 中的红色子图为 K_5.

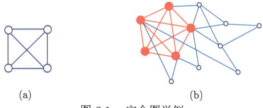

(a)　　　　　　　　(b)

图 2.1　完全图举例

空图 (empty graph) 是指边集为空集的图. 空图中的每个顶点都是孤立点. 若图中只有一个顶点, 则称之为平凡图 (trivial graph), 不是平凡图的一切其他图均称为非平凡图 (nontrivial graph).

例 2.1　证明: 在任意 6 个人的聚会上, 要么有 3 个人互相认识, 要么有 3 个人互相不认识.

证　构造 6 阶完全图 K_6, 其中 $V = \{v_1, v_2, \cdots, v_6\}$, v_i 代表第 i 个人. 若 v_i 与 v_j 互相认识, 则将 K_6 中的边 $v_i v_j$ 染成红色, 否则将边 $v_i v_j$ 染成蓝色. 于是,

问题就转化为这样得到的图中必有同色三角形.

注意到, 完全图 K_6 中每个顶点都与其他 5 个顶点相邻. 考虑顶点 v_1, 与它关联的 5 条边中至少 3 条边是同色的, 不妨设有 3 条红色边 v_1v_2, v_1v_3, v_1v_4. 再考虑由 $\{v_2, v_3, v_4\}$ 构成的顶点导出子图 G_1, 考虑 G_1 中边的颜色, 若这三条边都是蓝色, 则该 K_6 中有蓝色三角形 G_1. 否则, 不妨设 v_2v_3 边为红色, 记 G_2 为由 $\{v_1, v_2, v_3\}$ 构成的顶点导出子图, 则 G_2 是红色三角形, 即该 K_6 中有三个 v_1, v_2, v_3 互相都认识. □

2.1.2 正则图

定义 2.2(正则图) 每个顶点的度都相等的图称为**正则图** (regular graph). 每个顶点的度都为 k 的正则图, 称为 k 正则图. 一般情况下, k 正则图是指 k 正则的简单图.

0 正则图中没有边, 称为空图; 1 正则图是互不相邻的边且无孤立顶点的图; 圈是 2 正则图. $(k+1)$ 阶完全图 K_{k+1} 是 k 正则图, 因此, k 正则图总是存在的.

再如图 2.2 所示的立方体中, 每个顶点的度都是 3, 故立方体是 3 正则图.

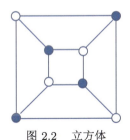

图 2.2　立方体

对于任意的正整数 n, 当 $n \geqslant k+1$ 且 nk 为偶数时, n 阶 k 正则图存在吗? 这个问题的答案是肯定的. 为此, 我们先介绍 k 正则图的一种生成方法——Γ_1 法则和 Γ_2 法则.

Γ_1 法则 (偶数正则图生成法则)

设图 G 是 ν 阶 k 正则图, 且 $k = 2m, m \geqslant 1$, 按下面的步骤生成新图 G':

Step 1　在图 G 中任取 m 条互不相邻的边 $v_1v_2, v_3v_4, \cdots, v_{2m-1}v_{2m}$;

Step 2　在图 G 中去掉这 m 条边;

Step 3　增加新的顶点 v, 并增加新边 $vv_i (i = 1, 2, \cdots, 2m)$ 得新图 G'.

由于在图 G 中增加边保证了 v 和 $v_i (i = 1, 2, \cdots, 2m)$ 的度数都是 $2m$, 其余顶点的度数保持不变, 所以新图 G' 为 $2m$ 正则图.

Γ_2 法则 (奇数正则图生成法则)

设图 G 是有 ν 个顶点的 k 正则图, 且 $k = 2m + 1$, $m \geqslant 1$, 按下面的步骤生成新图 G':

Step 1   在图 G 中任取 m 条互不相邻的边 $v_1 v_2, v_3 v_4, \cdots, v_{2m-1} v_{2m}$; 再取另外 m 条互不相邻的边 $u_1 u_2, u_3 u_4, \cdots, u_{2m-1} u_{2m}$, 其中可以有 v_i 和 u_j 是相同的, 但两组中所有的边都不相同.

Step 2   在图 G 中去掉这 m 条边 $v_1 v_2, v_3 v_4, \cdots, v_{2m-1} v_{2m}$, 增加新顶点 w_1, 并增加新边 $w_1 v_i$ $(i = 1, 2, \cdots, 2m)$;

Step 3   在图 G 中去掉这 m 条边 $u_1 u_2, u_3 u_4, \cdots, u_{2m-1} u_{2m}$, 增加新顶点 w_2, 并增加新边 $w_2 u_i$ $(i = 1, 2, \cdots, 2m)$;

Step 4   增加新边 $w_1 w_2$, 得新图 G'.

由于在图 G 中增加边保证了 w_1, w_2 和 v_i, u_i $(i = 1, 2, \cdots, 2m)$ 的度数都是 $2m + 1$, 其余顶点的度数保持不变, 所以新图 G' 仍为 $2m + 1$ 正则图.

定理 2.1 k 正则简单图存在的充要条件是 $k \leqslant n - 1$ 且 nk 为偶数.

证   (必要性) 设 G 是 n 阶 k 正则简单图, 由于简单图中没有重边, 也没有环, 故每个顶点最多与其他 $n - 1$ 个顶点相邻, 因此, $k \leqslant n - 1$ 成立. 注意到 nk 是所有顶点的度之和, 由握手引理知, nk 必为偶数.

(充分性) 由于 nk 为偶数, 故 n 和 k 中至少有一个为偶数, 不妨设 $k = 2m$ 为偶数. 取 $G = K_{k+1}$, 则 G 为 k 正则图. 注意到, 对图 G 施用一次 Γ_1 法则, 可使正则图中的顶点数增加 1, 因此, 对 G 重复施用 Γ_1 法则 $n - (k + 1)$ 次, 可得到 n 阶 k 正则图. $\square$

2.1.3   二部图

定义 2.3 (二部图)   设图 G 的顶点集可以划分成两个子集 X 和 Y, 使得 G 中每条边的一端点在 X 中, 另一个端点在 Y 中, 称 G 为**二部图** (bipartite graph), 二部图 G 记作 $G = (X, Y, E)$. 若 X 中每个顶点与 Y 中每个顶点之间都恰有一条边, 且 $X \neq \varnothing$, $Y \neq \varnothing$, 则称二部图 G 为**完全二部图** (complete bipartite graph). 若 $|X| = m$, $|Y| = n$, 则记这样的完全二部图为 $K_{m,n}$.

如图 2.2 中立方体是一个二部图, 四个深色顶点集合为 X, 四个白色顶点集合为 Y, 则立方体中的每条边都有一个深色端点和一个白色端点. 图 1.7 则是完全二部图 $K_{3,3}$.

可以用圈来刻画二部图, 这就是下面的定理.

定理 2.2   图 G 是二部图, 当且仅当 G 中不含奇圈.

证   (必要性) 设 $G = (X, Y, E)$ 是二部图, $C = v_0 v_1 \cdots v_k v_0$ 是 G 中的一个圈, 其长度为 $k + 1$. 不妨设 $v_0 \in X$, 于是 $v_1 \in Y$, $v_2 \in X$, $\cdots$, 一般地, 有 $v_{2i} \in X$, $v_{2i+1} \in Y$. 由于 $v_0 \in X$, 且 $v_k v_0 \in E$, 因此, 有 $k = 2l + 1$, 从而 C 为偶圈.

(充分性) 不妨设 G 连通 (若不连通, 则任取一个连通分支证明之). 假设 G 不含奇圈, 在 G 中任取一个顶点 u, 令

$$X = \{x | d(u, x) \text{ 为偶数}\}, \quad Y = \{y | d(u, y) \text{ 为奇数}\}.$$

显然 $V = X \cup Y$, $X \cap Y = \varnothing$, $u \in X$, X, Y 是 G 的一个划分. 为了证明 G 是二部图, 只需证明中 X (Y 中) 任何两个顶点都不相邻. 设 v 和 w 是 X 中的任意两个顶点, 令 P 是 G 中最短 (u, v) 链, Q 是 G 中最短 (u, w) 链. 设 P 与 Q 的最后一个公共顶点是 u_1, 因为 P 和 Q 都是最短链, 所以 P 的 (u, u_1) 节和 Q 的 (u, u_1) 节都是最短 (u, u_1) 链, 从而长度相等. 如图 2.3 所示. 又因 P 和 Q 的长度都是偶数, 故 P 的 (u_1, v) 节 P_1 和 Q 的 (u_1, w) 节 Q_1 有相同的奇偶性, 于是, (v, w) 链 $P_1^{-1}Q_1$ 的长是偶数. 因此, 若 v 与 w 相邻, 则 $P_1^{-1}Q_1wv$ 就是 G 中的一个奇圈, 这与假设矛盾. 即知 X 中任何两个顶点都不相邻.

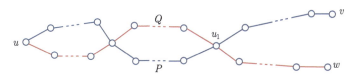

图 2.3 定理 2.2 充分性证明图示

同理, 可证 Y 中的任何两个顶点也都不相邻. $\square$

值得指出的是, 本定理充分性的证明关键是利用了 "最短链" 和 "最后一个公共顶点" 等具有 "极值" 特征的子图结构, 也就是利用了 "极小" 和 "极大", 我们把这种方法称为 "极小性原则" 或 "极大性原则", 它是图论证明中为数不多的常用方法之一.

2.1.4 其他常见的图

下面集中介绍一些图论中常见的图类.

轮图 (wheel) 是长为 n 的圈 $C_n = v_1 v_2 \cdots v_n v_1$ 添加顶点 v_0 及边 $v_0 v_i (i = 1, 2, \cdots, n)$ 得到的图, 记作 W_n. v_0 称为轮心, C_n 称为轮子, $v_0 v_i (i = 1, 2, \cdots, n)$ 称为辐条.

多层轮图 $W_{n_1, n_2, \cdots, n_k} (k \geqslant 2)$ 是有 k 层轮子, 第 i 层轮子上有 n_i 个顶点且与第 $i - 1$ 层轮子间恰有 n_i 个辐条 $(i = 1, 2, \cdots, k)$.

扇图 (fan) 是长为 n 的链 $P_n = v_1 v_2 \cdots v_{n+1}$ 添加顶点 v_0 及边 $v_0 v_i (i = 1, 2, \cdots, n + 1)$ 得到的图, 记作 F_n. P_n 称为扇沿.

多层扇图 $F_{n_1, n_2, \cdots, n_k} (k \geqslant 2)$ 是有 k 层扇沿, 第 i 层扇沿上有 n_i 个顶点且与第 $i - 1$ 层扇沿间恰有 n_i 个辐条 $(i = 1, 2, \cdots, k)$.

梯子图 (ladder) 是指在两条链 P_n 的对应顶点间连边后得到的图, 见图 2.4(a).

网格图 (grid) 是指先将若干条链 P_n 依次排列, 再在相邻两条链的对应顶点间连边得到的图, 见图 2.4(b). 梯子图和网格图都是以链 P_n 为主要结构形成的图.

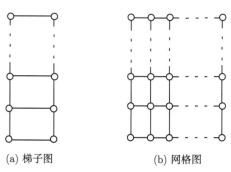

(a) 梯子图   (b) 网格图

图 2.4   梯子图和网格图

星图、毛毛虫图和龙虾图的定义都与悬挂点有关.

星图 (star) 是指去掉所有悬挂点及与悬挂点相关联的边后仅剩一个孤立点的图, 如图 2.5(a) 所示为 S_n.

毛毛虫图 (caterpillar) 是指去掉所有悬挂点及与悬挂点相关联的边后仅剩一条链的图. 图 2.5(b) 所示为一个毛毛虫图.

龙虾图 (lobster) 是指去掉所有悬挂点及与悬挂点相关联的边后剩一条毛毛虫图的图. 图 2.5(c) 所示为一个龙虾图.

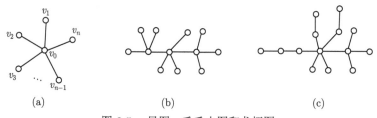

(a)   (b)   (c)

图 2.5   星图、毛毛虫图和龙虾图

蜘蛛图 (spider) 是指只有一个顶点的度严格大于 2 的图. 图 2.6 是一个蜘蛛图.

Petersen 图是图论中最著名的图, 是 1898 年丹麦学者 Petersen 为举反例而构造的图. 它有 10 个顶点和 15 条边, 具体结构如图 2.7 所示. 由于 Petersen 图的有趣性质, 至今仍常常被用于证明中的例子或反例.

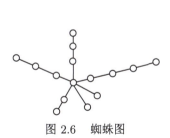

图 2.6 蜘蛛图

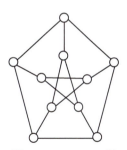

图 2.7 Petersen 图

2.2 有 向 图

2.2.1 定义

定义 2.4(有向图) **有向图** (digraph) D 是指一个有序三元组 $(V(D), A(D),$ $\psi_D)$, 其中 $V(D) \neq \varnothing$, $V(D) \cap A(D) = \varnothing$. $V(D)$ 称为 D 的顶点集, 其中的元素称为 D 的顶点; $A(D)$ 称为 D 的弧集 (arc set), 其中的元素称为 D 的弧 (arc); ψ_D 称为 D 的关联函数, 它使 D 的每条弧对应于 D 的有序顶点对. 如果 a 为 D 的弧, 且 $\psi_D(a) = (u, v)$, 则称 a 连接 u 到 v; u 称为 a 的尾 (tail), v 称为 a 的头 (head).

除非特殊声明, 本书中 "图" 均指无向图, 而有向图则一定指出 "有向" 两字.

为简便起见, 把 $\psi_D(a) = (u, v)$ 记作 $a = (u, v)$, 把 $D = (V(D), A(D), \psi_D)$ 记作 $D = (V(D), A(D))$, 这时, 只需把 $A(D)$ 中弧用它的尾和头的有序对表示. 例如, 图 2.8 就是有向图 $D = (V(D), A(D))$ 的一个图形: 顶点用小圆圈表示, 弧用从尾到头的标有箭头的线段表示, 其中 $V(D) = \{v_1, v_2, \cdots, v_9\}$, $A(D) = \{(v_1, v_2), (v_2, v_3), (v_2, v_3), (v_2, v_4), (v_4, v_5), (v_5, v_7), (v_6, v_6), (v_6, v_7), (v_6, v_9), (v_7, v_5),$ $(v_7, v_8), (v_8, v_9), (v_9, v_1)\}$. 注意这里的弧集 $A(D)$ 中有些元素是重复的, 如弧 (v_2, v_3) 重复出现了两次, 表示该有向图中有两条重弧 (v_2, v_3). 而 (v_5, v_7) 与 (v_7, v_5) 则是两条不同的弧, 它们不是重弧. 弧 (v_6, v_6) 是头尾重合的弧, 称为环. 既没有环也没有重弧的有向图称为简单有向图 (simple digraph).

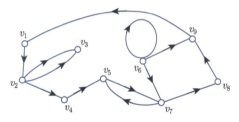

图 2.8 有向图的图形

与无向图一样, 有向图中顶点之间的关系由图形上代表弧的带有箭头的线唯一表示, 而与图形上小圆圈的位置及线段的长短曲直无关, 因此, 也可以把有向图与它对应的图形等同起来.

2.2.2　基础图

定义 2.5(基础图, 定向图)　如果把有向图 D 的每条弧上的箭头都去掉, 亦即把每条弧 (u,v) 用边 uv 来代替, 这样得到的图称为 D 的**基础图** (underlying graph). 反之, 给定一个图 G, 对 G 的每条边都规定一个方向, 即把顶点的无序对改为有序对, 得到的有向图称为 G 的**定向图** (oriented graph).

如图 2.9 中的无向图 G 就是图 2.8 中有向图 D 的基础图, 也可以把 D 看成是 G 是一个定向图.

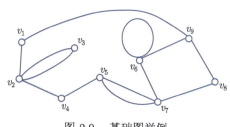

图 2.9　基础图举例

除非特殊声明, 本书中一般用 D 表示有向图, 用 G 表示无向图.

2.2.3　出度和入度

利用有向图的基础图, 图的每个概念均可自动地搬到有向图上来. 例如, 设 G 是 D 有基础图. 如果顶点 u 和 v 在 G 中是相邻的, 则称 u 和 v 在 D 中相邻; 如果 G 是连通图, 则称 D 是连通有向图; D 中的圈是指 D 中这样一些顶点的弧构成的序列: 使这些顶点和这些弧相对应的边构成 G 的圈. 同图的子图一样, 也可以定义有向子图.

由于在有向图中, "方向" 是很重要的, 因此, 下面介绍有向图中与方向有关的一些概念.

定义 2.6(入度、出度)　设 v 是有向图 D 的一个顶点, D 中以 v 为头的弧称为 v 的入弧 (in-arc); 以 v 为尾的弧称为 v 的出弧 (out-arc). v 的入弧总数记为 $d_D^-(v)$, 称为 v 的入度 (in-degree); v 的出弧的总数记作 $d_D^+(v)$, 称为 v 的出度 (out-degree).

我们用 $\delta^-(D), \delta^+(D), \Delta^-(D)$ 和 $\Delta^+(D)$ 分别表示有向图 D 的最小入度、最小出度、最大入度和最大出度. 仍用 $\nu(D), \varepsilon(D)$ 表示有向图 D 的顶点数 (阶数) 和弧数.

考虑到 D 的每条弧对 D 中顶点的入度总和以及 D 中顶点的出度总和分别贡献 1, 所以有下面的定理.

定理 2.3 对于任何有向图 D, 有

$$\sum_{v \in V} d_D^-(v) = \sum_{v \in V} d_D^+(v) = \varepsilon(D). \qquad \square$$

2.2.4 有向途径

定义 2.7 (有向途径) 设 D 为有向图, 有限非空序列

$$W = v_0 a_1 v_1 a_2 \cdots v_{k-1} a_k v_k,$$

若其中的项交替地为 D 的顶点和弧, 且 $a_i = (v_{i-1}, v_i)\,(1 \leqslant i \leqslant k)$, 则称 W 为有向途径 (directed walk). v_0 称为 W 的起点, v_k 称为 W 的终点, k 称为 w 的长. W 称为有向 (v_0, v_k) 途径. 若起点与终点相同, 则称为**有向闭途径**. **有向迹**是指弧互不相同的有向途径. **有向链** (又称为**路**) 是指顶点互不相同的有向途径.

同图的途径一样, 有向途径 $v_0 a_1 v_1 \cdots v_{k-1} a_k v_k$ 常常简单地用顶点序列 $v_0 v_1 \cdots v_k$ 表示. 还可以类似地定义有向途径 W 的 (v_i, v_j) 节以及两条有向途径的衔接.

例如, $v_1 v_2 v_4 v_5 v_7 v_5$ 是图 2.8 中有向图的一个有向 (v_1, v_5) 途径, 但不是路. $v_1 v_2 v_4 v_5 v_7$ 是路. 而 $v_1 v_2 v_4 v_5 v_7 v_6$ 是该图的途径但不是有向途径.

定义 2.8 (回路) 起点与内部点互不相同的有向闭途径称为**回路** (circuit). 弧互不相同的有向闭途径称为**有向闭迹**.

例如, 见图 2.8, $v_5 v_7 v_5$ 是该有向图的回路, 也是有向闭迹.

2.2.5 强连通分支

定义 2.9 (强连通) 设 u 和 v 是有向图 D 中的两个顶点, 若 D 中存在 (u, v) 路, 则称可从 u 到达 v. 若在 D 中既可从 u 到达 v 又可从 v 到达 u, 则称 u 和 v 在 D 中是**强连通的** (strongly connected).

强连通是 $V(D)$ 上的一个等价关系, 强连通关系确定了 $V(D)$ 的非空划分

$$V_1, V_2, \cdots, V_\omega,$$

它们在 D 中所导出的子图 $D[V_1], D[V_2], \cdots, D[D_\omega]$ 称为**强连通分支** (strong component). 如果有向图 D 只有一个强连通分支, 则称 D 是**强连通的** (strongly connected).

显然, 有向图 D 是强连通的, 当且仅当 D 中任何两个顶点 u 和 v 之间既存在 (u, v) 路也存在 (v, u) 路. 如图 2.10 画出了图 2.8 中有向连通图 D 的所有三

个强连通分支, 其中孤立顶点 v_3 构成一个强连通分支, 孤立顶点 v_6 构成了另一个强连通分支, 其他顶点合在一起构成第 3 个强连通分支. 因为该图的强连通分支数多于 1, 所以它不是强连通图.

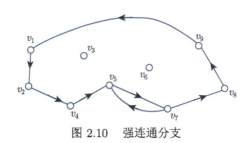

图 2.10   强连通分支

有向图的连通分支与强连通分支是两个不同的概念. 各个连通分支边集的并是有向图的边集, 但是强连通分支边集的并却不一定是有向图的边集.

关于连通有向图与强连通有向图的差别, 有以下直观解释. 设想有一个公路网连接若干个城镇, 并且每条公路都是单向行驶的. 这时可以把公路网看成一个有向图 D, D 的顶点是各城镇, D 的弧是公路网中各条公路. 从任何城镇出发, 严格按照规定的行驶方向, 能够到达任何其他城镇, 等同于有向图 D 强连通; 如果不管公路规定的行驶方向, 从任何城镇出发都能到达其他城镇, 则等同于有向图 D 连通.

2.3   网   络

2.3.1   无向网络和有向网络

在许多实际问题中, 需要给图的边上赋权, 该权可以理解为边的 "长度" "容量" "费用" 等, 在数学定义中边权可以为负数.

定义 2.10 (无向网络、有向网络)   若对图 (有向图) 中的每一条边 e, 都对应于一个实数 $w(e)$, 我们把 $w(e)$ 称为边 e 的**权**, 把这样的图称为**无向网络** (**有向网络**). 如果网络中每条边的权均为非负数, 则称之为非负权网络; 若每条边权均为正数, 则称之为正权网络.

如图 2.11, 是一个正权有向网络.

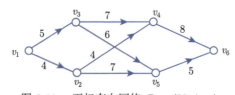

图 2.11   正权有向网络 $D = (V, A, w)$

在工程实践应用中, 根据边权的不同, 网络还有具体的物理含义. 习惯上, 网络从哪种类型的实际问题中抽象出来, 就称它是什么类型网络, 如开关网络、运输网络、通信网络、计划网络等.

定义 2.11(最短路)　设 $D = (V, A, w)$ 为连通图, P 是 D 的一条 (v_i, v_j) 路, 称 P 上所有弧权之和, 即

$$w(P) = \sum_{a \in A(P)} w(a)$$

为路 P 的**权**. 在网络所有 (v_i, v_j) 路中, 权最小的 (v_i, v_j) 路称为最短 (v_i, v_j) 路 (shortest (v_i, v_j)-path).

本节介绍求非负权网络中最短路的 Dijkstra 算法.

2.3.2　Dijkstra 算法

1959 年, 为了求非负权网络中从某一顶点出发到所有其他顶点的最短路, Dijkstra 给出了一个顶点标号算法. 1972 年, Dijkstra 获得图灵奖, 这是计算机科学中最具声望的奖项之一.

Dijkstra 算法的思想是将网络中顶点标号分成两类, 一类已经确定最短距离的永久标号, 用 S 表示永久标号顶点的集合; 另一类暂时还没有确定最短距离的临时标号, 用 R 表示临时标号顶点的集合.

比如, 对于图 2.11 所示有向网络 D, 求出从 v_1 出发到其他五个顶点的最短路. 为简洁起见, 记 $w_{ij} = w(v_i, v_j)$. 首先给顶点 v_1 标记永久标号 $(-, 0)$, 且将 v_1 放入 S, 即 $S := \{v_1\}$, $R := \bar{S}$, 标号 $(-, 0)$ 中 "$-$" 表示 v_1 没有前继顶点, "0" 表示最短 (v_1, v_1) 路的权是 0; 接下来, 考察从 S 中顶点一步到达的顶点 v_2 和 v_3, 发现 $w_{12} < w_{13}$, 所以 v_2 获得永久标号 $(v_1, 4)$, 并将 v_2 放入 S, 即 $S := S \cup \{v_2\}$, $R = \bar{S}$; 继续上述过程, 从 S 中顶点一步到达的顶点有 v_3, v_4, v_5, 它们获得的临时标号分别为 $(v_1, 5), (v_2, 8), (v_2, 11)$, 在这三个临时标号中距离最小的是 v_3, 所以 v_3 将获得永久标号, 并将 v_3 放入永久标号顶点集合 S. 重复这一过程, 可依次得到 v_4 的永久标号为 $(v_2, 8)$、v_5 的永久标号为 $(v_2, 11)$ 和 $(v_3, 11)$、v_6 的永久标号为 $(v_4, 16)$ 和 $(v_5, 16)$. 从而得到 v_1 到其他五个顶点的最短路分别为:

v_1 到 v_2 的最短路: $v_1 v_2$, 权为 4.

v_1 到 v_3 的最短路: $v_1 v_3$, 权为 5.

v_1 到 v_4 的最短路: $v_1 v_2 v_4$, 权为 8.

v_1 到 v_5 的最短路有两条: $v_1 v_2 v_5$, 权为 11; $v_1 v_3 v_5$, 权为 11.

v_1 到 v_6 的最短路有三条: $v_1 v_2 v_4 v_6$, 权为 16; $v_1 v_3 v_5 v_6$, 权为 16; $v_1 v_2 v_5 v_6$, 权为 16.

从这个例子中可以看出, 依次获得永久标号时, 相应标号中的第二个分量, 即权, 由小到大自动排列, 算法获得的是从 v_1 到其他顶点的最短路.

设 $V(D) = \{v_1, v_2, \cdots, v_n\}$, 对于网络中每条弧 (v_i, v_j), 记 $w_{ij} = w(v_i, v_j)$. 若 $(v_i, v_j) \notin A(D)$, 则令 $w_{ij} = \infty$. 用标号 (v_{l_j}, u_j) 给各顶点标号, 其中 v_{l_j} 记录 (v_1, v_j) 路的最后一条弧是 (v_{l_j}, v_j), 该路的权为 u_j. 于是, 求网络 D 中从 v_1 到其他顶点最短路的 Dijkstra 算法一般步骤是:

Step 0   令 $u_1 := 0, u_j := \infty \ (j = 2, 3, \cdots, n), S := \varnothing, R := \{v_1, v_2, \cdots, v_n\}$, 令

$$v_{l_j} := \text{``} - \text{''} \quad (j = 1, 2, \cdots, n).$$

顶点 v_1 标记永久标号 $(v_{l_1}, 0)$, 其他顶点标记临时标号 (v_{l_j}, u_j).

Step 1   取 $v_i \in R$, 使 $u_i = \min\limits_{v_j \in R} u_j$, 若 $u_i = \infty$, 停止, 从 v_1 到 R 中各标点都没有路; 否则, 转 Step 2.

Step 2   令 $S := S \cup \{v_i\}, R := R \setminus \{v_i\}$, 顶点 v_i 标号为永久标号; 若 $R = \varnothing$, 结束, u_j 为 D 中最短 (v_1, v_j) 路的权 $(j = 1, 2, \cdots, n)$; 否则, 转 Step 3.

Step 3 $\forall v_j \in R$, 令 $a_j = \min\limits_{v_i \in S} \{u_i + w_{ij}\}$, 若 $a_j \geqslant u_j$, 则保持 v_j 的标号不变; 若 $a_j < u_j$, 设 $a_j = u_{i_0} + w_{i_0 j}$, 则令 $u_j := a_j$ 且 $v_{l_j} := v_{i_0}$, 转 Step 1.

Dijkstra 算法循环 $n - 1$ 次, 每次循环中, Step 1 要做 $O(n)$ 次比较; Step 2 要做 $O(1)$ 次比较; Step 3 要做 $O(n)$ 次加法和比较, 因此, 算法总的复杂度为 $O(n^2)$.

用 Dijkstra 算法求最短路的关键在于各顶点的标号, 直到所有顶点都获得永久标号后结束.

例 2.2   用 Dijkstra 算法求图 2.12 所示网络 D 中从 v_1 到其他各顶点的最短路.

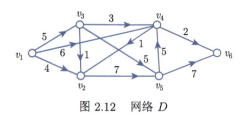

图 2.12   网络 D

解   由 Dijkstra 算法知, 各顶点初始标号为

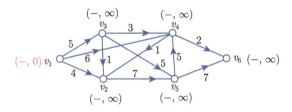

修改与永久标号顶点相邻的顶点标号, 得

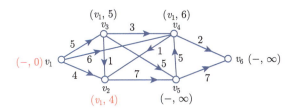

在临时标号中, 权值最小者为顶点 v_2, 于是 v_2 的标号将修改为永久标号.

继续修改与永久标号顶点相邻的顶点标号, 得

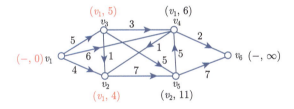

此时, 在临时标号中, 权值最小者为顶点 v_3, 于是 v_3 的标号将修改为永久标号.

继续修改与永久标号顶点相邻的顶点标号, 得

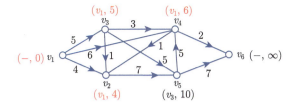

此时, 在临时标号中, 权值最小者为顶点 v_4, 于是 v_4 的标号将修改为永久标号.

继续修改与永久标号顶点相邻的顶点标号, 得

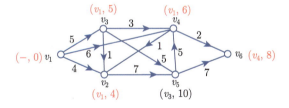

此时, 在临时标号中, 权值最小者为顶点 v_6, 于是 v_6 的标号将修改为永久标号.

继续修改与永久标号顶点相邻的顶点标号, 得

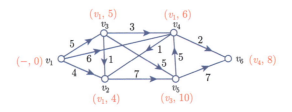

此时, 在临时标号中, 权值最小者为顶点 v_5, 于是 v_5 的标号将修改为永久标号.

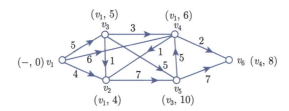

至此, 所有顶点都获得永久标号, 算法结束. 各顶点标号的第一个分量是其最短路的前继顶点, 第二个分量就是最短路的权, 即

v_1 到 v_2 的最短路: $v_1 v_2$, 权为 4;

v_1 到 v_3 的最短路: $v_1 v_3$, 权为 5;

v_1 到 v_4 的最短路: $v_1 v_4$, 权为 6;

v_1 到 v_5 的最短路: $v_1 v_3 v_5$, 权为 10;

v_1 到 v_6 的最短路: $v_1 v_4 v_6$, 权为 8.   □

从上述例题中可以看出, 每次修改临时标号时, 只要修改那些属于上轮循环中刚获得永久标号顶点的出邻域中的顶点标号即可.

2.4　矩　阵　表　示

邻接矩阵和关联矩阵是计算机记录图和有向图的两种主要方法, 而 Laplace 矩阵是常用的与图有关的矩阵之一. 本节介绍与这三种矩阵有关的概念及其性质.

2.4.1　邻接矩阵

设 G 是一个 ν 阶图, G 的邻接矩阵 (adjacent matrix) $\boldsymbol{A}(G) = (a_{ij})$ 是一个 $\nu \times \nu$ 矩阵, 其中 a_{ij} 等于第 i 个顶点与第 j 个顶点之间的边数.

例如图 2.13 中图 G 的邻接矩阵为

$$\boldsymbol{A}(G) = \begin{bmatrix} 0 & 0 & 0 & 0 & 0 \\ 0 & 0 & 1 & 0 & 1 \\ 0 & 1 & 0 & 1 & 2 \\ 0 & 0 & 1 & 1 & 1 \\ 0 & 1 & 2 & 1 & 0 \end{bmatrix}.$$

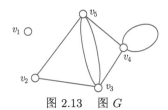

图 2.13 图 G

图的邻接矩阵有下列性质:

(1) $\boldsymbol{A}(G)$ 是一个以非负整数为元素的 ν 阶对称矩阵, 即 $\boldsymbol{A}^{\mathrm{T}}(G) = \boldsymbol{A}(G)$. 反之, 对于任何以非负整数为元素的 ν 阶对称矩阵 $\boldsymbol{Q}$, 总可以构造一个 ν 阶图 G, 使 $\boldsymbol{A}(G) = \boldsymbol{Q}$.

(2) G 中第 i 个顶点的度等于 $2a_{ii} + \sum\limits_{j \neq i} a_{ij}$.

(3) G 由 $\omega\,(\omega \geqslant 2)$ 个连通分支 $G_1, G_2, \cdots, G_\omega$ 组成, 当且仅当在顶点的适当标号下, G 的邻接矩阵 $\boldsymbol{A}(G)$ 可以写成如下块对角形式:

$$\boldsymbol{A}(G) = \begin{bmatrix} \boldsymbol{A}(G_1) & & & \\ & \boldsymbol{A}(G_2) & & \\ & & \ddots & \\ & & & \boldsymbol{A}(G_\omega) \end{bmatrix},$$

其中 $\boldsymbol{A}(G_i)$ 是连通分支 $G_i\,(i = 1, 2, \cdots, \omega)$ 的邻接矩阵.

不难知道, $\boldsymbol{A}(G)$ 中的元素 a_{ij} 其实可看成是 G 中连接第 i 个顶点与第 j 个顶点的长度为 1 的不同途径的数目. 推而广之, 有下述定理.

定理 2.4 设矩阵 $\boldsymbol{A}(G)$ 为图 G 的邻接矩阵, 则 $\boldsymbol{A}^r(G)$ 中第 i 行第 j 列的元素等于 G 中连接第 i 个顶点 v_i 与第 j 个顶点 v_j 的长度为 r 的不同途径的数目, $1 \leqslant i, j \leqslant \nu$, 这里 $\boldsymbol{A}^r(G)$ 是 r 个 $\boldsymbol{A}(G)$ 的乘积.

证 对 r 用数学归纳法.

当 $r = 1$ 时, 由前面的讨论知定理成立. 设 $\boldsymbol{A}^{r-1}(G)$ 的第 i 行第 j 列元素等于 G 中长为 $r - 1$ 的不同 (v_i, v_j) 途径的数目, $r \geqslant 2$, 将 $\boldsymbol{A}^r(G)$ 中第 i 行第 j 列元素记为 $a_{ij}^{(r)}$, 则由矩阵乘法的定义有

$$a_{ij}^{(r)} = \sum_{k=1}^{\nu} a_{ik}^{(r-1)} a_{kj},$$

则归纳假设, $a_{ik}^{(r-1)}$ 是 G 中长为 $r-1$ 的 $\boldsymbol{A}^r\,(G)$ 不同 (v_i, v_k) 途径的数目, 因而 $a_{ik}^{(r-1)} a_{kj}$ 就是 G 中以过 v_k 的长为 r 的不同 (v_i, v_j) 途径的数目, 于是

$$\sum_{k=1}^{\nu} a_{ik}^{(r-1)} a_{kj}$$

就是 G 中全部长为 r 的不同 (v_i, v_j) 途径的数目.　　　　　　　　　□

有向图的邻接矩阵与无向图的邻接矩阵类似. 设 D 是一个 ν 阶有向图, D 的邻接矩阵 (adjacent matrix) $\boldsymbol{A}\,(D) = (a_{ij})$ 是一个 $\nu \times \nu$ 矩阵, 其中 a_{ij} 等于以第 i 个顶点为尾、以第 j 个顶点为头的弧数.

图 2.14 中有向图 D 是图 2.13 中 G 的一个定向图, 它的邻接矩阵为

$$\boldsymbol{A}\,(D) = \begin{bmatrix} 0 & 0 & 0 & 0 & 0 \\ 0 & 0 & 0 & 0 & 1 \\ 0 & 1 & 0 & 0 & 1 \\ 0 & 0 & 1 & 1 & 1 \\ 0 & 0 & 1 & 0 & 0 \end{bmatrix}.$$

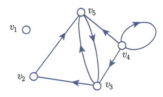

图 2.14　有向图 D

有向图的邻接矩阵有下列性质:

(1) $\boldsymbol{A}\,(D)$ 是一个以非负整数为元素的 ν 阶方阵. 与无向图不同, 它不一定是对称矩阵. 反之, 对于任何以非负整数为元素的 ν 阶方阵 $\boldsymbol{Q}$, 总可以构造一个 ν 阶有向图 D, 使 $\boldsymbol{A}\,(D) = \boldsymbol{Q}$.

(2) D 中第 i 个顶点的出 (入) 度等于第 i 行 (列) 元素之和.

(3) D 由 $\omega\,(\omega \geqslant 2)$ 个连通分支 $D_1, D_2, \cdots, D_\omega$ 组成, 当且仅当在顶点的适当标号下, D 的邻接矩阵 $\boldsymbol{A}\,(D)$ 可以写成如下块对角形式:

$$\boldsymbol{A}\,(D) = \begin{bmatrix} \boldsymbol{A}\,(D_1) & & & \\ & \boldsymbol{A}\,(D_2) & & \\ & & \ddots & \\ & & & \boldsymbol{A}\,(D_\omega) \end{bmatrix},$$

其中 $A(D_i)$ 是连通分支 $D_i (i = 1, 2, \cdots, \omega)$ 的邻接矩阵.

不难知道, $A(D)$ 中的元素 a_{ij} 其实可看成是 D 中以第 i 个顶点为尾、以第 j 个顶点为头的长度为 1 的不同有向途径的数目. 类似于无向图, 容易证明下述定理.

定理 2.5 设矩阵 $A(D)$ 为有向图 D 的邻接矩阵, 则 $A^r(D)$ 中第 i 行第 j 列的元素等于 D 中以第 i 个顶点 v_i 为尾、以第 j 个顶点 v_j 为头的长度为 r 的不同有向途径的数目, $1 \leqslant i, j \leqslant \nu$, 这里 $A^r(D)$ 是 r 个 $A(D)$ 的乘积. $\qquad\square$

2.4.2 Laplace 矩阵

定义 2.12(Laplace 矩阵) 设 G 为非空无环图, $A(G)$ 为图 G 的邻接矩阵, 对角矩阵 $D(G)$ 的主对角线上元素为相应顶点的度, 则称 $D(G) - A(G)$ 为图 G 的 **Laplace 矩阵**, 记作 $L(G)$.

例如图 2.15 中图 G 的 Laplace 矩阵为

$$L(G) = \begin{bmatrix} 4 & -1 & -1 & -2 \\ -1 & 2 & 0 & -1 \\ -1 & 0 & 2 & -1 \\ -2 & -1 & -1 & 4 \end{bmatrix}.$$

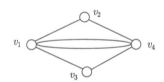

图 2.15 非空无环图 G

Laplace 矩阵的性质:

(1) Laplace 矩阵每行元素的和为 0;

(2) Laplace 矩阵的 0 特征值重数是图的连通分支个数 ω.

2.4.3 关联矩阵

设 G 是具有 ν 个顶点和 ε 条边的非空无环图. G 的关联矩阵 (incident matrix) $M(G) = (m_{ij})$ 是一个 $\nu \times \varepsilon$ 矩阵, 其中

$$m_{ij} = \begin{cases} 1, & \text{第 } i \text{ 个顶点与第 } j \text{ 条边关联,} \\ 0, & \text{否则.} \end{cases}$$

例如图 2.16, 图 G 的关联矩阵 $M(G)$ 为

$$M(G) = \begin{bmatrix} 1 & 0 & 0 & 0 & 0 & 0 & 0 \\ 0 & 1 & 1 & 0 & 0 & 0 & 0 \\ 0 & 0 & 1 & 0 & 1 & 1 & 1 \\ 0 & 0 & 0 & 1 & 0 & 0 & 1 \\ 1 & 1 & 0 & 1 & 1 & 1 & 0 \end{bmatrix}.$$

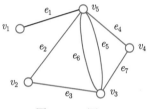

图 2.16　图 G

图的关联矩阵有下列性质:

(1) $M(G)$ 的每列恰好包含两个 1, 反之, 若一个 $\nu \times \varepsilon$ 的 0-1 矩阵 B 中每列恰好有两个 1, 则可以构造一个 ν 个顶点 ε 条边的无环图 G, 使得 $M(G) = B$.

(2) $M(G)$ 中每行所包含的 1 的个数等于对应顶点的度.

(3) 非空无环图 G 由 ω 个连通分支 $G_1, G_2, \cdots, G_\omega (\omega \geqslant 2)$ 组成, 当且仅当在顶点的适当标号下, G 的关联矩阵 $M(G)$ 可以写成如下块对角形式:

$$M(G) = \begin{bmatrix} M(G_1) & & & \\ & M(G_2) & & \\ & & \ddots & \\ & & & M(G_\omega) \end{bmatrix},$$

其中 $M(G_i)$ 是连通分支 $G_i (i = 1, 2, \cdots, \omega)$ 的关联矩阵.

下面介绍有向图的关联矩阵.

设 D 是具有 ν 个顶点和 ε 条弧的非空无环有向图. D 的关联矩阵 (incident matrix) $M(D) = (m_{ij})$ 是一个 $\nu \times \varepsilon$ 矩阵, 其中

$$m_{ij} = \begin{cases} 1, & \text{第 } i \text{ 个顶点为第 } j \text{ 条弧的尾,} \\ -1, & \text{第 } i \text{ 个顶点为第 } j \text{ 条弧的头,} \\ 0, & \text{否则.} \end{cases}$$

例如图 2.17, 图 G 的关联矩阵 $M(D)$ 为

$$M(D) = \begin{bmatrix} 1 & 0 & 0 & 0 & 0 & 0 & 0 \\ 0 & 1 & -1 & 0 & 0 & 0 & 0 \\ 0 & 0 & 1 & 0 & -1 & 1 & 1 \\ 0 & 0 & 0 & 1 & 0 & 0 & -1 \\ -1 & -1 & 0 & -1 & 1 & -1 & 0 \end{bmatrix}.$$

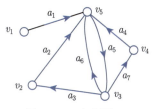

图 2.17　有向图 D

图的关联矩阵有下列性质:

(1) $M(D)$ 的每列恰好包含两个非零元素, 一个是 1 另一个是 −1. 反之, 若一个 $\nu \times \varepsilon$ 的矩阵 B 的元素为 0, 1 或 −1, 且每列恰有两个非零元素, 其中一个是 1 另一个是 −1, 则可以构造一个 ν 个顶点 ε 条弧的无环有向图 D, 使得 $M(D) = B$.

(2) $M(G)$ 中每行所包含的 1 的个数等于对应顶点的出度, −1 的个数对应于该顶点的入度.

(3) 非空无环图 D 由 ω 个连通分支 $D_1, D_2, \cdots, D_\omega\ (\omega \geqslant 2)$ 组成, 当且仅当在顶点的适当标号下, D 的关联矩阵 $M(D)$ 可以写成如下块对角形式:

$$M(D) = \begin{bmatrix} M(D_1) & & & \\ & M(D_2) & & \\ & & \ddots & \\ & & & M(D_\omega) \end{bmatrix},$$

其中 $M(D_i)$ 是连通分支 $D_i\ (i = 1, 2, \cdots, \omega)$ 的关联矩阵.

2.4.4 可达矩阵

设 G 是一个 ν 阶图, G 的可达矩阵 (accessible matrix) $R(G) = (r_{ij})$ 是一个 $\nu \times \nu$ 矩阵, 其中

$$r_{ij} = \begin{cases} 1, & \text{存在长至少为 1 的 } (v_i, v_j) \text{ 链,} \\ 0, & \text{否则.} \end{cases}$$

例如图 2.18, 图 G 的可达矩阵 $\boldsymbol{R}(G)$ 为

$$\boldsymbol{R}(G) = \begin{bmatrix} 1 & 1 & 1 & 0 & 0 \\ 1 & 1 & 1 & 0 & 0 \\ 1 & 1 & 1 & 0 & 0 \\ 0 & 0 & 0 & 0 & 0 \\ 0 & 0 & 0 & 0 & 1 \end{bmatrix}.$$

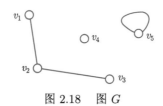

图 2.18　图 G

设 G 为 ν 阶图, 则可按如下方式由图 G 的邻接矩阵 $\boldsymbol{A}(G)$ 得到可达矩阵 $\boldsymbol{R}(G)$: 令 $\boldsymbol{P}(G) = \boldsymbol{A}(G) + \boldsymbol{A}^2(G) + \cdots + \boldsymbol{A}^{\nu-1}(G)$, 再将 $\boldsymbol{P}(G)$ 中不为零的元素修改为 1, 零元素保持不变, 即得可达矩阵.

类似地, 可定义有向图的可达矩阵. 设 D 是一个 ν 阶有向图, D 的可达矩阵 $\boldsymbol{R}(D) = (r_{ij})$ 是一个 $\nu \times \nu$ 矩阵, 其中

$$r_{ij} = \begin{cases} 1, & \text{存在长至少为 1 的 } (v_i, v_j) \text{ 路,} \\ 0, & \text{否则.} \end{cases}$$

例如图 2.19, 有向图 D 的可达矩阵 $\boldsymbol{R}(D)$ 为

$$\boldsymbol{R}(D) = \begin{bmatrix} 0 & 1 & 0 & 0 & 0 \\ 0 & 0 & 0 & 0 & 0 \\ 0 & 1 & 0 & 0 & 0 \\ 1 & 1 & 0 & 0 & 0 \\ 1 & 1 & 0 & 1 & 1 \end{bmatrix}.$$

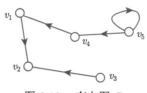

图 2.19　有向图 D

一般地, 有向图 D 的可达矩阵 $\boldsymbol{R}(D)$ 也可以通过它的邻接矩阵 $\boldsymbol{A}(D)$ 得到.

可达矩阵表述了图中顶点 "最终" 可达的关系, 若图中顶点个数较多, 往往需要有限 k 步内可达. 比如, 在研究人际关系网中的 "亲密小团体" 时, 两个顶点 v_i 和 v_j 具有亲密关系是指最短 (v_i, v_j) 链的长小于 k. 而且随着 k 值由小到大, 可以看出网络中联系最密切的顶点群如何逐步扩大其影响的动态演化过程.

2.5　　运　　算

2.5.1　删去、添加和补图

设 F 是 $E(G)$ 的非空子集, $G - F$ 表示从 G 中删去 F 中一切边后得到图. 若 F 中只有一条边, 即 $F = \{e\}$, 则 $G - \{e\}$ 简记作 $G - e$. 删边运算 $G - F$ 只删去 F 中的边, 并不删去任何顶点, 因此, $G - F$ 必为 G 的支撑子图.

例如, 设 G 如图 2.20(a) 所示, $F = \{e_3, e_4, e_5, e_6\}$, 则 $G - F$ 为图 2.20(b) 所示.

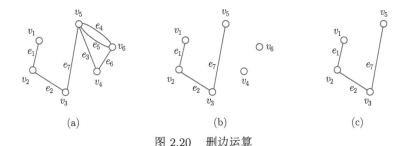

图 2.20　删边运算

借助于删边运算, 可得到补图概念. 若 H 是 G 的子图, 则 H 在 G 中的补图 (complement) 是指 G 的支撑子图 $G - E(H)$, 记作 $\bar{H}(G)$. 特别地, 若 H 是简单图, 则把 H 在完全图 $K_{\nu(H)}$ 中的补图简称为 H 的补图, 记作 $\bar{H}$.

类似地, 有如下删去顶点运算.

设 S 是 $V(G)$ 的非空真子集, 则 $G - S$ 表示从 G 中删去 S 的所有顶点及其与 S 中顶点关联的一切边后得到的图. 同样, $G - \{v\}$ 简记为 $G - v$. 显然, $G - S = G[V \backslash S]$.

例如, 设 G 如图 2.20(a) 所示, $S = \{v_4, v_6\}$, 则 $G - S$ 为图 2.20(c) 所示.

与删去边集相对应的是添加边集. 若在图 G 中添加一条以 G 的顶点 u 和 v 为端点的边 e, 则得到的图记作 $G + e$. 类似地可以定义添加边集 E' 为 $G + E'$.

与删去顶点集相对应的是添加顶点集. 若在图 G 中添加一个新的顶点 u, 则得到的图记作 $G + u$. 类似地可以定义添加顶点集 V' 为 $G + V'$. 添加顶点后往往还会进一步添加与新顶点相关联的边.

在图 G 中删去顶点或边得到的都是它的子图, 子图结构又往往可以恢复出原图的结构. 比如在判断图同构时, 有如下著名的 Ulam 猜想: 设 G 和 H 都是 $\nu\,(\nu \geqslant 3)$ 阶图, 记 $V(G) = \{v_1, v_2, \cdots, v_\nu\}$, $V(H) = \{u_1, u_2, \cdots, u_\nu\}$, 若

$$G - v_i \cong H - u_i \quad (\forall i \in \{1, 2, \cdots, \nu\}),$$

则 $G \cong H$.

在图 G 中添加顶点或边也可以得到一些有趣的结论. 比如, 1936 年, König 通过添加顶点或边的方式, 证明了对于任何一个非正则图 G, 总存在一个以 G 为子图的正则图. 但是, König 方法并不能保证以 G 为子图的正则图中顶点个数最少.

2.5.2　交和并

设图 $G_1 = (V_1, E_1)$, $G_2 = (V_2, E_2)$. 若 $V_1 \cap V_2 = \varnothing$, 则称 G_1 和 G_2 是不交的 (disjoint); 若 $E_1 \cap E_2 = \varnothing$, 则称 G_1 和 G_2 是边不交的 (edge-disjoint).

G_1 和 G_2 的**并图** (union) 记作 $G_1 \cup G_2$, 是指图 $(V_1 \cup V_2, E_1 \cup E_2)$. 若 G_1 和 G_2 是不交的, 则把 $G_1 \cup G_2$ 记作 $G_1 + G_2$; 若 G_1 与 G_2 至少有一个公共顶点, 则定义 $G_1 \cap G_2 = (V_1 \cap V_2, E_1 \cap E_2)$, 称 $G_1 \cap G_2$ 为 G_1 与 G_2 的交图 (intersection).

例如, 图 2.21 是并图、交图运算示意图. 注意: 在做图的运算时, 边的标记很重要.

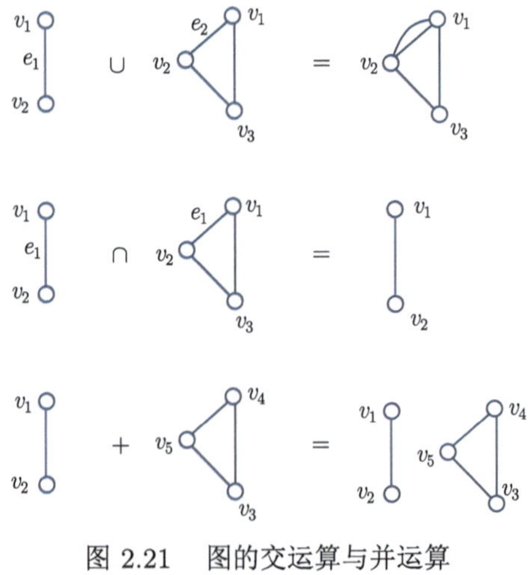

图 2.21　图的交运算与并运算

从图 2.21 中可以看出, 顶点或边的标号不同则相应的交 (并) 运算结果也不同.

2.5.3 收缩和剖分

设 $e = uv$ 是图 G 的一条连杆, 在 G 中去掉 e, 把顶点 u 和 v 合并为一个新顶点, 而除 e 外, G 中一切与 u 或 v 关联的边都改为与新顶点关联, 并且图中其他顶点的边以及它们的关联关系保持不变, 这样得到的新图称为在图 G 中**收缩** (contract) 边 e 后得到的图, 记作 $G \cdot e$.

图 2.22 给出一个收缩运算示意图. 显然, 收缩一条连杆后, 顶点数减少 1, 边数也减少 1.

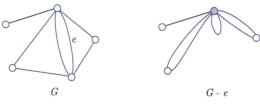

图 2.22 收缩运算

下面介绍剖分运算.

一条边 e 称为被**剖分** (subdivision) 是指去掉边 e, 并以一条连接 e 的两个端点的长为 2 的链代替. 图 2.23 给出一个剖分运算示意图. 显然, 剖分一条边后, 顶点数增加 1, 边数也增加 1.

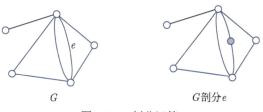

图 2.23 剖分运算

2.5.4 笛卡儿积

设 $G_1 = (V_1, E_1)$ 和 $G_2 = (V_2, E_2)$ 是两个图, G_1 和 G_2 的笛卡儿积 (Cartesian products) 记作 $G_1 \times G_2$, 它的顶点集为 $V_1 \times V_2$; 两个顶点 (v_{1i}, v_{2j}) 和 (v_{1k}, v_{2l}) 相邻当且仅当 $v_{1i} = v_{1k}$ 且 $v_{2j} v_{2l} \in E_2$ 或者 $v_{2j} = v_{2l}$ 且 $v_{1i} v_{1k} \in E_1$. 如图 2.24 所示.

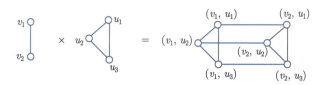

图 2.24 笛卡儿积 $K_2 \times K_3$

显然, 笛卡儿积图中的顶点数 $\nu(G_1 \times G_2) = \nu(G_1)\nu(G_2)$, 边数 $\varepsilon(G_1 \times G_2) = \nu(G_1)\varepsilon(G_2) + \nu(G_2)\varepsilon(G_1)$.

通过笛卡儿积可归纳地构造一些重要的图, 比如 n 立方体 Q_n $(n \geqslant 1)$. 它的定义如下:

当 $n = 1$ 时, $Q_1 = K_2$;

当 $n > 1$ 时, $Q_n = Q_{n-1} \times K_2$.

我们用 $0, 1$ 表示 2 阶完全图 K_2 的两个顶点, 则立方体 Q_n 的顶点可以用 n 维 $0, 1$ 序列表示, 两个顶点相邻当且仅当它们恰有一个分量不同. 因此, n 立方体 Q_n 有 2^n 个顶点, 有 $n2^{n-1}$ 条边. 立方体 Q_n 是 n 正则图. 图 2.25 所示分别为 Q_1, Q_2 和 Q_3.

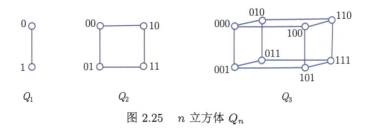

图 2.25 n 立方体 Q_n

2.5.5   克罗内克积

设 $G_1 = (V_1, E_1)$ 和 $G_2 = (V_2, E_2)$ 是两个图, G_1 和 G_2 的克罗内克积 (Kronecker products) 记作 $G_1 \otimes G_2$, 它的顶点集为

$$V(G_1 \otimes G_2) = \{(v_{1i}, v_{2j}) \,|\, v_{1i} \in V(G_1), v_{2j} \in V(G_2)\}.$$

两个顶点 (v_{1i}, v_{2j}) 和 (v_{1k}, v_{2l}) 相邻当且仅当 $v_{1i}v_{1k} \in E_1$ 且 $v_{2j}v_{2l} \in E_2$. 如图 2.26 所示.

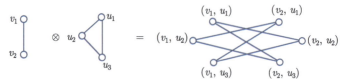

图 2.26   克罗内克积 $K_2 \otimes K_3$

显然, 克罗内克积图中的顶点数 $\nu(G_1 \otimes G_2) = \nu(G_1)\nu(G_2)$, 边数 $\varepsilon(G_1 \otimes G_2) = 2\varepsilon(G_1)\varepsilon(G_2)$.

设矩阵 $\boldsymbol{A} = (a_{ij})_{m \times n}, \boldsymbol{B} = (b_{ij})_{p \times q}$, 则矩阵克罗内克积 $\boldsymbol{A} \otimes \boldsymbol{B}$ 是一个

$mp \times nq$ 的分块矩阵, 即

$$
\boldsymbol{A} \otimes \boldsymbol{B} = \begin{bmatrix} a_{11}\boldsymbol{B} & a_{12}\boldsymbol{B} & \cdots & a_{1n}\boldsymbol{B} \\ a_{21}\boldsymbol{B} & a_{22}\boldsymbol{B} & \cdots & a_{2n}\boldsymbol{B} \\ \vdots & \vdots & & \vdots \\ a_{m1}\boldsymbol{B} & a_{m2}\boldsymbol{B} & \cdots & a_{mn}\boldsymbol{B} \end{bmatrix}.
$$

设矩阵 $\boldsymbol{A}$ 为 m 阶方阵, $\boldsymbol{B}$ 为 n 阶方阵, $\boldsymbol{I}_k$ 为 k 阶单位矩阵, 则矩阵克罗内克和 $\boldsymbol{A} \oplus \boldsymbol{B} = \boldsymbol{A} \otimes \boldsymbol{I}_n + \boldsymbol{I}_m \otimes \boldsymbol{B}$.

图运算与矩阵运算有密切联系.

两个图的邻接矩阵的克罗内克积是这两个图的克罗内克积图的邻接矩阵, 即

$$
\boldsymbol{A}\left(G_1\right) \otimes \boldsymbol{A}\left(G_2\right) = \boldsymbol{A}\left(G_1 \otimes G_2\right).
$$

两个图的邻接矩阵的克罗内克和则是这两个图的笛卡儿积图的邻接矩阵, 即

$$
\boldsymbol{A}\left(G_1\right) \oplus \boldsymbol{A}\left(G_2\right) = \boldsymbol{A}\left(G_1 \times G_2\right).
$$

习　题　二

1. 给定一个大三角形 K_3, 它的三个顶点为 v_1, v_2, v_3, 现将 K_3 三角化, 即把它细分成有限多个较小的三角形, 每个细分出来的三角形的边都是另一个细分三角形的边或落在大三角形的边上. 将各顶点以下述的规定标记:

(1) 顶点 v_i 的标号为 $i, i = 1, 2, 3$;

(2) 在边 $v_i v_j$ 上的顶点只可以用 i 或 j 作为标号;

(3) 若顶点不在大三角形 K_3 的边上, 则它可随意标号为 $i\,(i \in \{1, 2, 3\})$. 如题图 2.1 所示.
证明: 至少存在一个顶点标号恰为 $1, 2, 3$ 的细分三角形.

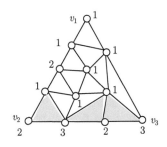

题图 2.1　三角形 K_3 的细分

2. (多选题) 设图 G 如题图 2.2 所示, 则 (　　) 是它的子图

A. K_5　　　　　　　　B. P_5　　　　　　　　C. C_5　　　　　　　　D. $K_{1,4}$

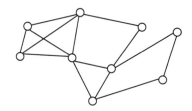

题图 2.2　图 G

3. 设简单图 G 中有 7 个顶点, 16 条边, 证明: G 一定是连通图.

4. (多选题) 如题图 2.3 是轮图 W_8, 则下列选项中是它的支撑子图的有 (　　　)

A. $\overline{K_9}$　　　　　　B. P_9　　　　　　C. C_9　　　　　　D. $K_{1,8}$

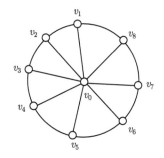

题图 2.3　轮图 W_8

5. (多选题) 如题图 2.4 是扇图 F_4. 给 F_4 的顶点随意染上颜色, 顶点旁的数字为其颜色. 则下列说法正确的有 (　　　)

A. 所有颜色 1 的顶点导出子图是连通图

B. 所有颜色 2 的顶点导出子图是连通图

C. 所有颜色 1 的顶点导出子图有 3 个连通分支

D. 所有颜色 2 的顶点导出子图有 3 个连通分支

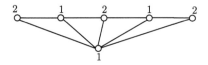

题图 2.4　扇图 F_4

6. (多层轮图) 如题图 2.5 所示为二层扇图 $W_{2,5}$, 请判断它是否为简单图, 并说明理由.

7. (多层扇图) 如题图 2.6 所示为二层扇图 $F_{2,5}$. 现用 5 种颜色给该二层扇图的边染色且任何相邻边的颜色互不相同, 各边颜色为用数字表示, 如题图 2.6 所示. 请画出由所有颜色 1 或 2 的边构成的边导出子图 G', 并求出 $\Delta(G')$.

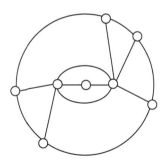

题图 2.5　二层轮图 $W_{2,5}$

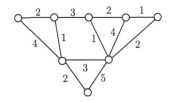

题图 2.6　二层轮图 $F_{2,5}$

8. 请构造一个 8 阶五正则图.

9. 请构造一个 9 阶四正则图.

10. (多选题) 下列图中是二部图的有 (　　　)

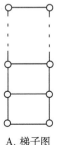 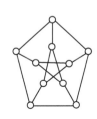 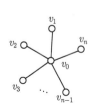 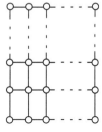

A. 梯子图　　　　　B. Petersen图　　　　　C. 星图 S_n　　　　　D. 网格图

11. 已知 D 是有向图, 举例说明下列命题不真.

(1) 若 D 中任何 (u,v) 路和 (v,u) 路都有公共弧, 则存在弧 $a \in A(D)$, 使每条 (u,v) 路和 (v,u) 路都含有弧 a.

(2) 若 D 中有 k 条弧不交的 (u,v) 路, 则存在 k 条弧不交的 (v,u) 路.

12. 设 $f: V(D_1) \to V(D_2)$ 是有向图 D_1 和 D_2 的顶点集之间的双射, 如果对于 D_1 的每一对顶点 u 和 v, D_1 中从 u 到 v 的弧的数目与 D_2 中从 $f(u)$ 到 $f(v)$ 的弧的数目相同, 则称 f 是 D_1 和 D_2 间的一个同构对应. 如果 D_1 和 D_2 间有同构对应, 则称 D_1 和 D_2 同构. 把有向图 D 的每一条弧的方向都倒过来得到的图称为 D 的逆图, 记作 $\overleftarrow{D}$. 试求一个有向图 D, 使得 D 与 $\overleftarrow{D}$ 同构.

13. 设有向图 D 中无回路, 证明:

(1) $\delta^-(D) = 0, \delta^+(D) = 0$;

(2) 可以把 D 的顶点编号排列成 $v_1, v_2, \cdots, v_\nu$, 使得以顶点 $v_i (1 \leqslant i \leqslant \nu)$ 为头的一切弧的尾属于顶点集 $\{v_1, v_2, \cdots, v_{i-1}\}$.

14. 证明: G 有一个定向图 D, 使得 $\forall v \in V$, 有 $\left| d_D^+(v) - d_D^-(v) \right| \leqslant 1$.

15. 设 D 为有向图, $v_s, v_t \in V(D)$ 且 $d^+(v) = d^-(v) (\forall v \in V(D) \setminus \{v_s, v_t\})$. 若

$$d^+(v_s) - d^-(v_s) = 3,$$

求 $d^+(v_t) - d^-(v_t)$.

16. 用 Dijkstra 算法求题图 2.7 中从 v_1 到其他各顶点的最短路.

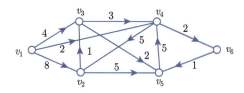

题图 2.7　正权有向网络 D

17. 试将题图 2.8 中无向图 G 顶点按到 v_1 距离的分层, 其中 v_1 属于第 0 层顶点, 若 $d(v_1, v_i) = k$, 则 v_i 属于第 k 层.

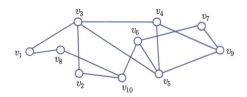

题图 2.8　图 G

18. 设有向图 D 如题图 2.9 所示.

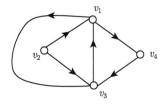

题图 2.9　有向图 D

(1) 画出它的基础简单图, 判断它的基础简单图是否为简单图;

(2) 求它的所有强连通分支;

(3) 求出各顶点的出度和入度;

(4) 求它的邻接矩阵;

(5) 求它的关联矩阵;

(6) 求它的可达矩阵.

19. 写出题图 2.10 的邻接矩阵、Laplace 矩阵和关联矩阵.

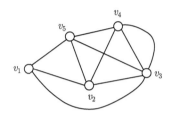

题图 2.10 图 G

20. 求图 G, 使得

$$\boldsymbol{M}(G) = \begin{bmatrix} 1 & 0 & 0 & 1 & 0 \\ 1 & 1 & 0 & 0 & 1 \\ 0 & 1 & 1 & 0 & 1 \\ 0 & 0 & 1 & 1 & 0 \end{bmatrix}.$$

21. 有向图 D 的关联矩阵为 $\boldsymbol{M}(G) = \begin{bmatrix} 1 & 0 & 0 & -1 & 0 \\ -1 & 1 & 0 & 0 & -1 \\ 0 & -1 & 1 & 0 & 1 \\ 0 & 0 & -1 & 1 & 0 \end{bmatrix}$, 画出有向图 D.

22. 设 G_1, G_2 如题图 2.11 所示, 求

(1) $G_1 + E_1$, 其中 $E_1 = \{v_1v_1, v_2v_3, v_1v_3\}$;

(2) $G_2 - E_2$, 其中 $E_2 = \{u_1u_2, u_2u_3\}$;

(3) $G_1 \cap G_2$;

(4) $G_1 \cup G_2$;

(5) $G_1 \cdot v_1v_2$;

(6) G_2 剖分边 u_1u_2;

(7) $G_1 \times G_2$.

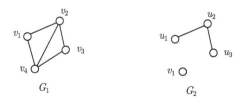

题图 2.11 图 G_1 和图 G_2

23. 设 $(d_1, d_2, \cdots, d_\nu)$ 是图 G 的度序列, 求

$$\sum_{uv \in E(G)} (d(u) + d(v)).$$

24. 设 G 是具有 $2m$ 个顶点的梯子图, 问 G 是否可以表示为笛卡儿积图? 如果可以, 请给出笛卡儿积图的具体表示形式; 如果不可以, 请简要说明理由.

25. 证明: n 立方体 Q_n 是二部图.

26. 判断题.

(1) 设 $D_1, D_2, \cdots, D_n$ 为有向图 D 的所有强连通分支, 则 $D = D_1 \cup D_2 \cup \cdots \cup D_n$;

(2) 设 $G_1, G_2, \cdots, G_n$ 为有图 G 的所有连通分支, 则 $G = G_1 \cup G_2 \cup \cdots \cup G_n$.

(3) 设 G_1, G_2 是二部图, 则 $G_1 \times G_2$ 是二部图;

(4) 设 G 是二部图, $v_1 v_2 \in E(G)$, 则剖分 $v_1 v_2$ 得到的图也是二部图;

(5) $\lambda = 0$ 是 Laplace 矩阵 $\boldsymbol{L}(G)$ 的单重特征值;

(6) 邻接矩阵一定是对称矩阵.

27. 设 G, H 是两个图, 顶点 $v \in V(G), u \in V(H)$, 证明:

$$d_{G \times H}((v, u)) = d_G(v) + d_H(u).$$

28. 设 G, H 是两个二部图, 证明 $G \times H$ 也是二部图.

第 3 章　树及其算法

　　树是图论中最简单、最重要的一类图, 无论在理论研究, 还是工程实践中都有广泛应用. 树, 特别是支撑树, 可以说是图的骨骼. 理论研究中, 当我们无法证明某一猜测时, 总是用树作验证, 看看该猜测对于树是否成立, 或者是对于树这类特殊的图, 先找一个证法. 实践中, 特殊的树如最小支撑树、二叉树、Huffman 树等都应用广泛.

3.1　树 和 森 林

3.1.1　树的基本概念

　　定义 3.1 (树)　连通且不含圈的图就称为**树** (tree), 通常用 T 表示树. 不含圈的图称为无圈图 (acyclic graph).

　　图 3.1 给出所有互不同构的 6 阶树, 它们的个形都很像一棵树. 因此, 图论中的树的概念也正是从这类图的形象而得名.

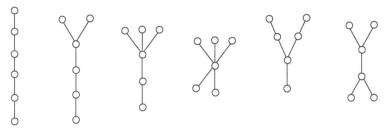

图 3.1　所有 6 阶树

　　因为无圈图的每个连通分支都是树, 所以我们又称无圈图为森林 (forest). 显然, 树和森林都是简单图, 也都是二部图.

3.1.2　破圈法和避圈法

　　连通图不一定无圈, 也就是说, 连通图不一定是树. 如果图 G 的支撑子图 T 是树, 则称 T 为 G 的支撑树 (spanning tree). 若 G 有支撑树 T, 则由 T 的连通性知 G 必连通. 反之, 若 G 连通, 则 G 中是否一定有支撑树呢? 答案是肯定的.

　　设 G 是连通图, 若 G 中含有圈 C, 注意到去掉圈 C 上的任一条边 e 得到的图 $G - e$ 仍连通, 但圈却至少减少一个. 再考察连通图 $G - e$ 是否含圈, 若有, 则继续去掉圈上的一边, 如此下去, 终将使所得图中无圈, 此时, 得到的图既连通又无圈, 是 G 的支撑树. 这种通过删去 G 中圈上的边而得到支撑树的方法, 称为**破圈法**. 因此, 有下面的定理.

定理 3.1　图 G 有支撑树当且仅当 G 连通.　　　　　　　　　　　□

例 3.1　用破圈法求图 3.2 中连通图 G 的支撑树.

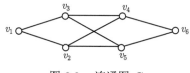

图 3.2　连通图 G

解　易见图 G 中含有圈, 于是, 在 G 中任取一个圈 $C_1 = v_1v_2v_4v_3v_1$, 任取 C_1 上的一条边 v_1v_3, 令 $G_1 = G - v_1v_3$. 见图 3.3(a).

图 G_1 中也含有圈, 于是, 在 G_1 中任取一个圈 $C_2 = v_2v_4v_6v_5v_2$, 任取 C_2 上的一条边 v_4v_6, 令 $G_2 = G_1 - v_4v_6$. 见图 3.3(b).

图 G_2 中也含有圈, 于是, 在 G_2 中任取一个圈 $C_3 = v_3v_4v_2v_5v_3$, 任取 C_3 上的一条边 v_3v_5, 令 $G_3 = G_2 - v_3v_5$. 见图 3.3(c).

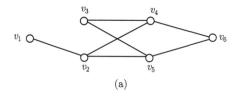

(a)

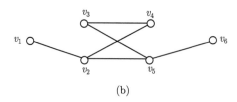

(b)

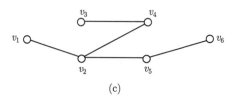

(c)

图 3.3　破圈法求连通图的支撑树

图 G_3 中不含圈, 故 G_3 就是图 G 的一个支撑树. □

不难看出, 用破圈法求图的支撑树时, 选择不同的圈, 或者去掉不同的边, 就会得到不同的支撑树. 而且, 只要图中有圈, 则任取其一, 将其 "破开" 即可, 而不必考察图中的所有圈.

破圈法是通过删去图中的边, 使图在连通条件下达到无圈状态. 与此相对应的是, 从空图出发, 通过在空图中添加一条确保无圈的边, 该边来自于图 G, 并这样依次添加下去, 最终可使图达到连通无圈状态, 获得图的支撑树, 这种方法称为避圈法.

例 3.2 用避圈法求图 3.2 中图 G 的一个支撑树.

解 从 6 阶空图出发, 依次添加边 $v_1v_3, v_1v_2, v_2v_4, v_3v_5, v_4v_6$, 此时, 所得图已经连通且无圈, 故得到了图 G 的一个支撑树. 添加边的过程见图 3.4. □

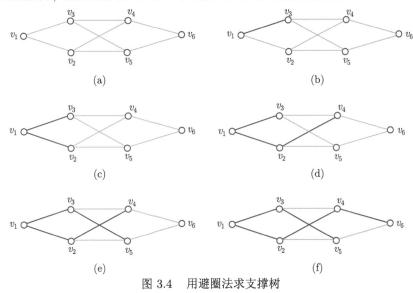

图 3.4 用避圈法求支撑树

需要注意的是, 在添加边的过程中, 不能使添加边的图中含有圈. 比如, 在图 3.4(f) 中不能再添加剩下的 v_3v_4, v_2v_5, v_5v_6 中任何一条边, 因为添加它们当中的任何一个, 都会含有圈. 而此时, 所得的图也恰好首次达到连通状态.

应当指出, 破圈法和避圈法都能保证获得连通图的一个支撑树. 当连通图中的边数较少时, 用破圈法要快一些. 当边数较多时则用避圈法快一些. 而且, 无论用破圈法还是避圈法, 所得到的支撑树一般都不唯一.

3.1.3 六个等价命题

在例 3.1 和例 3.2 中, 我们用破圈法和避圈法得到了两个不同的支撑树, 但这两个支撑树有共同点, 比如, 它们都有 5 条边, 这说明树图具有共性. 为了充分认识树的特征, 下面我们给出树的等价命题.

定理 3.2　设 T 是 ν 阶图, 下列命题等价.

(1) T 是树;

(2) T 是无环图, 且 T 的任何两个顶点间有唯一一条链;

(3) T 是无圈图, 且有 $\nu - 1$ 条边;

(4) T 是连通图, 且有 $\nu - 1$ 条边;

(5) T 是连通图, 但 $\forall e \in E(T), T - e$ 是非连通图;

(6) T 是无圈图, 但添加任何一条边后得到的图中将含有唯一的圈.

证　$(1) \Rightarrow (2)$ 设 T 是树, 显然 T 中无环. 假设 T 中存在两条不同的 (v_1, v_2) 链 P_1 和 P_2, 则有边 $e = xy \in E(P_1) \backslash E(P_2)$ (如图 3.5). 设 P_1 上的 (v_1, x) 节与 P_2 的最后一个公共顶点为 u, P_1 上的 (y, v_2) 节与 P_2 的第一个公共顶点为 w, 则 P_1 的 (u, w) 节 Q_1 与 P_2 的 (u, w) 节 Q_2 无公共内部点, 从而 $Q_1 Q_2^{-1}$ 是 T 的一个圈, 矛盾.

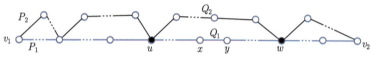

图 3.5　两条不同 (v_1, v_2) 链中蕴含圈 $Q_1 Q_2^{-1}$

$(2) \Rightarrow (3)$ 设 T 满足 (2), 则 T 是无圈图. 下面对 T 的阶数 ν 用归纳法证明 T 的边数为 $\nu - 1$. 当 $\nu = 1$ 时, T 是空图, 结论成立. 假设 $\nu < k$ 时, 结论成立. 现设 $\nu = k \geqslant 2$, $v_1 v_2 \in E(T)$, 则 $T - v_1 v_2$ 中不含 (v_1, v_2) 链, 从而 $T - v_1 v_2$ 是非连通图, 且 $T - v_1 v_2$ 恰好有两个连通分支 T_1 和 T_2. 因为 T 是无圈图, 所以 T_1 和 T_2 也都是无圈图, 从而 T_1 和 T_2 都是树. 由前面的证明知 T_1 和 T_2 都满足 (2), 且它们的阶数均小于 k, 因此, 由归纳假设有 $\varepsilon(T_i) = \nu(T_i) - 1 \, (i = 1, 2)$. 于是有

$$\varepsilon(T) = \varepsilon(T_1) + \varepsilon(T_2) + 1 = \nu(T_1) + \nu(T_2) - 1 = \nu(T) - 1.$$

由归纳原理知结论成立.

$(3) \Rightarrow (4)$ 设 T 满足 (3), 只需证明 T 连通. (反证法) 假设 T 的连通分支为 $T_1, T_2, \cdots, T_k$, $k \geqslant 2$, 易见 $T_i \, (i = 1, 2, \cdots, k)$ 为树. 由于已知 $\varepsilon(T_i) = \nu(T_i) - 1 \, (i = 1, 2, \cdots, k)$, 因此, 有

$$\varepsilon(T) = \sum_{i=1}^{k} \varepsilon(T_i) = \sum_{i=1}^{k} (\nu(T_i) - 1) = \nu(T) - k < \nu(T) - 1,$$

此与 $\varepsilon(T) = \nu(T) - 1$ 相矛盾.

(4)⇒(5) 设 T 满足 (4), 只需证明: $\forall e \in E(T)$, $T-e$ 是非连通图. 假若 $T-e$ 连通, 当 $T-e$ 不含圈时, $T-e$ 是树, 此时 $\varepsilon(T-e) = \nu(T-e) - 1$; 当 $T-e$ 含圈时, 由破圈法可知, $\varepsilon(T-e) > \nu(T-e) - 1$, 因此, 总有

$$\varepsilon(T) = \varepsilon(T-e) + 1 \geqslant \nu(T-e) = \nu(T),$$

此与 $\varepsilon(T) = \nu(T) - 1$ 相矛盾.

(5)⇒(6) 设 T 满足 (5), 则 T 是无圈图 (若 T 中含有圈, 则去掉圈上任何一条边仍连通), 从而 T 是树. 假若添加新边 $e = xy$, $T + xy$ 不含圈, 则 $T + xy$ 是树, 于是

$$\varepsilon(T + xy) = \nu(T + xy) - 1 = \nu(T) - 1,$$

故 $\varepsilon(T) = \varepsilon(T+xy) - 1 = \nu(T) - 2$, 此与 T 是树矛盾, 所以 $T + xy$ 中含有圈. 因 T 中不含圈, 故 $T+e$ 中任何圈 C 都必含有边 e, 则 $C-e$ 是 T 中的 (x,y) 链. 又由 (2) 知 T 中只有一条 (x,y) 链, 因此, 圈 C 唯一.

(6)⇒(1) 设 T 满足 (6), 只需证明 T 连通. 假若 T 是非连通图, 任取 T 的两个连通分支 T_1 和 T_2, 设 $v_i \in V(T_i)$, $i = 1, 2$, 则 $T + v_1 v_2$ 不含圈, 此与 (6) 矛盾. □

定理 3.2 中的 (2)~(6) 都与树的定义等价, 因此, 它们都可以作为树的定义. 我们把删去任何一条边后不再连通的连通图称为极小连通图, 把添加任何一条边后就含有圈的无圈图称为极大无圈图. 由定理 3.2(5) 知, 树是极小连通图; 由定理 3.2(6) 知, 树是极大无圈图.

推论 3.1 若树 T 的阶数 $\nu \geqslant 2$, 则 T 至少有两个悬挂点.

证 (反证法) 假设 T 至多有一个悬挂点. 因为 $\nu \geqslant 2$, 所以 T 中每个顶点的度都不为 0. 于是, T 中度为 1 的顶点至多有一个, 其他顶点的度都大于 1, 从而有

$$\sum_{v \in V(T)} d(v) \geqslant 1 + 2(\nu(T) - 1) = 2\nu(T) - 1,$$

另一方面, 考虑 $\varepsilon(T) = \nu(T) - 1$ 及握手引理, 知

$$\sum_{v \in V(T)} d(v) = 2\varepsilon(T) = 2\nu(T) - 2,$$

得到矛盾. □

推论 3.2 设 G 有 ν 个顶点, ε 条边, ω 个连通分支, 则 G 是森林当且仅当

$$\varepsilon = \nu - \omega.$$

证 (必要性) 设 G 的每个连通分支为 $G_1, G_2, \cdots, G_\omega$, 则每个连通分支 G_i 都是树, 因此, 由定理 3.2 知 $\varepsilon(G_i) = \nu(G_i) - 1 (i = 1, 2, \cdots, \omega)$, 从而有

$$\varepsilon = \sum_{i=1}^{\omega} \varepsilon(G_i) = \sum_{i=1}^{\omega} \nu(G_i) - \omega = \nu - \omega.$$

(充分性) 假若 G 不是森林, 则 G 中含有圈, 从而至少存在 G 的一个连通分支含有圈, 于是根据定理 3.2 中 $(4) \Rightarrow (5)$ 的证明, 对于 G 中任何含有圈的连通分支 G_i, 都有 $\varepsilon(G_i) > \nu(G_i) - 1$; 对于 G 中任何不含圈的连通分支 G_j, 都有 $\varepsilon(G_j) = \nu(G_j) - 1$, 因此

$$\varepsilon = \sum_{k=1}^{\omega} \varepsilon(G_k) > \sum_{k=1}^{\omega} (\nu(G_k) - 1) = \nu - \omega,$$

得到矛盾.   □

3.2 支撑树的计数

一般来说, 连通图的支撑树是不唯一的, 除非它本身就是树. 如例 3.1 和例 3.2 中, 我们用破圈法和避圈法求得的支撑树不同. 一个自然的问题是: 对于一个连通图 G, 如何确定它的不同支撑树的数目. 本节将给出两种求支撑树个数的方法.

需要指出的是: "不同支撑树" 指的是两个树的边集不完全相同. 尽管两个树可能是同构的, 但只要它们的边集不同, 它们就是不同的支撑树. 或者说, 本节讨论的图是顶点标号的连通图 G. 用 $\tau(G)$ 表示图 G 的不同支撑树的个数.

3.2.1 递推公式

利用收缩运算, 我们有如下求 $\tau(G)$ 的递推公式.

定理 3.3 设 e 是 G 的连杆, 则 $\tau(G) = \tau(G - e) + \tau(G \cdot e)$.

证 把 G 的支撑树分为两类: 第一类含有边 e, 第二类不含有边 e. 显然, 第二类支撑树与 $G - e$ 的支撑树一一对应, 即第二类支撑树的个数为 $\tau(G - e)$.

设 T 是第一类支撑树, 注意到 $T \cdot e$ 仍然是树, 故 $T \cdot e$ 是 $G \cdot e$ 的支撑树; 反过来, 设 $e = v_1 v_2$, 对 $G \cdot e$ 的支撑树, 只要把 e 收缩而得的新顶点用链 $v_1 e v_2$ 代替, 即得 G 的含边 e 的支撑树, 从而第一类支撑树与 $G \cdot e$ 的支撑树一一对应, 即第一类支撑树的个数为 $\tau(G \cdot e)$, 因此 $\tau(G) = \tau(G - e) + \tau(G \cdot e)$.   □

例 3.3 求图 3.6 中连通图 G 的支撑树的数目.

解 为简洁起见, 我们用图表示其支撑树个数, 并省略图中各顶点的标号. 求支撑树个数的过程如图 3.7 所示.

图 3.6　图 G　　　　　图 3.7　支撑树个数的计算过程

图 3.7 中红色的边表示被收缩的边, 其中 (a) 图有 3 条重边, 故它有 3 个支撑树; (b) 图有 4 条重边, 故它有 4 个支撑树. 从而 $\tau(G) = 3 + 4 = 7$.　　□

例 3.4　用递推公式求图 3.2 中连通图 G 的不同支撑树的数目.

解　求支撑树个数的过程如图 3.8 所示, 其中红色的边表示被收缩的边. 为了简洁, 图的支撑树个数就用图来表示, 并省略了图中各顶点的标号.

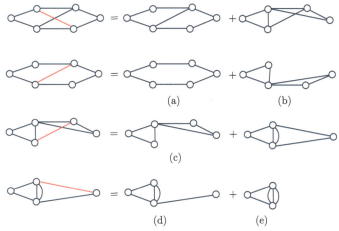

图 3.8　支撑树个数计算过程

图 3.8 中, 由例 3.3 知 (e) 图有 7 个支撑树; 类似地, (d) 图有 5 个支撑树; (c) 图有 2 个边不交的 3 圈, 因此, (c) 图有 $3 \times 3 = 9$ 个支撑树; 类似于 (c), (b) 图中也有 9 个支撑树; (a) 图中只有一个 6 圈, 故它有 6 个支撑树. 从而

$$\tau(G) = 6 + 9 + 9 + 5 + 7 = 36.$$　　□

定理 3.4 (Cayley, 1889)　n 阶完全图 K_n 的互不相同的支撑树个数 $\tau(K_n) = n^{n-2}$.

证　当 $n = 1, 2$ 时, 结论显然成立. 下设 $n \geqslant 3$. 设 $N = \{1, 2, \cdots, n\}$ 为 K_n 的顶点集. 当每个 a_i 都从 N 中取值时, 共有 n^{n-2} 个不同的序列 $(a_1, a_2, \cdots, a_{n-2})$. 因此, 如果能够证明 K_n 的支撑树与这种序列之间的一一对应关系, 定理就得到了证明.

设 T 为 K_n 的一个支撑树, T 中标号最小的悬挂点为 b_1, 则 b_1 有唯一相邻的顶点 a_1. 从 T 中删除顶点 b_1, 假定由此得到的 $n - 1$ 阶标号树中最小的悬挂点

为 b_2, 唯一与 b_2 相邻的顶点为 a_2, 除去 b_2 得到一个 $n-2$ 阶树, 设这个树中标号最小的顶点为 b_3, 唯一与 b_3 相邻的顶点为 a_3, 依次下去, 直到剩下两个顶点为止, 这样就得到了序列 $(a_1, a_2, \cdots, a_{n-2})$. 例如 $n=8$, 如图 3.9 所示.

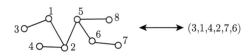

图 3.9　K_8 的支撑树与序列 $(a_1, a_2, \cdots, a_6)$ 之间的一一对应关系

反过来, 从序列 $(a_1, a_2, \cdots, a_{n-2})$ 也可以求出和它对应的支撑树. 首先容易看出, T 中度为 $d_T(v)$ 的顶点在 $(a_1, a_2, \cdots, a_{n-2})$ 中共出现 $d_T(v)-1$ 次, 而悬挂点则不会出现在 $(a_1, a_2, \cdots, a_{n-2})$ 中, 于是可按照下面的方法从 $(a_1, a_2, \cdots, a_{n-2})$ 中构造出 T. 记 b_1 是不在 $(a_1, a_2, \cdots, a_{n-2})$ 中出现的标号最小的顶点, 在 a_1 与 b_1 之间连上一条边, 记 b_2 是 N 中不属于 $\{b_1, a_2, a_3, \cdots, a_{n-2}\}$ 的标号最小的顶点, 在 a_2 与 b_2 之间连上一条边. 这样进行下去, 直到连出 $n-2$ 条边 $a_1 b_1, a_2 b_2, \cdots, a_{n-2} b_{n-2}$, 最后用边连接 $N \setminus \{b_1, b_2, \cdots, b_{n-2}\}$ 中的两个顶点 b_{n-1}, b_n. 我们断言, 这样得到的图就是树 T. 事实上, 此时 T 中有 n 个顶点, $n-1$ 条边, 且无环, 由 T 中边的构造易知 b_1 为 T 的悬挂点, 故 b_1 不在 T 的任何圈上, 而 b_2 则是 $T-b_1$ 的悬挂点, 故 b_2 也不在任何圈上, 依次下去, 可知 T 中任何顶点都不在圈上, 即 T 中无圈, 故 T 必为树.

综上所述, 从 K_n 的任一去支撑树 T 出发, 可以造出它对应的序列, 这个序列按照上面的规则反过来又可构造出与它对应的支撑树, 显而易见, 这个支撑树正是原先的支撑树 T, 因此, 以上建立了支撑树与序列之间的对应关系是一一对应, 从而定理得证. □

由 Cayley 公式可以看出, 随着阶数 n 的增长, n 阶完全图 K_n 的支撑树的数目增长的速度相当惊人, 3 阶完全图只有 3 个不同的支撑树, K_4 有 16 个支撑树, K_6 有 1296 个支撑树, 而 K_{10} 则有 10^8 个支撑树. 也就是说, 一个小小的 10 阶完全图, 它所包含的不同的支撑树竟有一亿个. 值得注意的是, 这些不同的支撑树中有许多都是同构的, 实际上, 10 阶图的互不同构的支撑树只有 106 个.

3.2.2　矩阵-树定理

用递推公式求不同支撑树数目的过程, 能体现出包含或不包含被收缩边的不同支撑树个数. 但是, 当图的阶数较大时, 则计算过程比较繁琐. 下面介绍矩阵-树定理, 它借助于图的关联矩阵、Laplace 矩阵以及行列式等计算支撑树个数.

设 $M(D)$ 是有向图 D 的关联矩阵, 若将 $M(D)$ 的第 i 行记为 $M_i (1 \leqslant i \leqslant \nu)$, 则 $M(D)$ 的秩 (rank) 就是 $M_1, M_2, \cdots, M_\nu$ 所包含的线性无关的向量的个

数的最大值.

定理 3.5 设 D 有 ν $(\nu \geqslant 2)$ 阶连通的非空无环有向图, 则

$$\operatorname{rank} \boldsymbol{M}(D) = \nu - 1.$$

证 由条件知, $\nu \geqslant 2$, 由于 $\boldsymbol{M}(D)$ 的每一列恰好有一个 1 和一个 -1, 因此

$$\boldsymbol{M}_1 + \boldsymbol{M}_2 + \cdots + \boldsymbol{M}_\nu = \boldsymbol{O}.$$

所以 $\boldsymbol{M}_1, \boldsymbol{M}_2, \cdots, \boldsymbol{M}_\nu$ 线性相关, 于是 $\operatorname{rank} \boldsymbol{M}(D) \leqslant \nu - 1$.

下面证明 $\boldsymbol{M}(D)$ 中任何 $\nu - 1$ 个行向量都是线性无关的. 若不然, 不失一般性假设 $\boldsymbol{M}_1, \boldsymbol{M}_2, \cdots, \boldsymbol{M}_{\nu-1}$ 线性相关, 即存在不全为 0 的数 $c_1, c_2, \cdots, c_{\nu-1} \in \mathbb{R}$, 使

$$c_1 \boldsymbol{M}_1 + c_2 \boldsymbol{M}_2 + \cdots + c_\nu \boldsymbol{M}_\nu = \boldsymbol{O}.$$

设 $c_{i_1}, c_{i_2}, \cdots, c_{i_k}$ 是 $c_1, c_2, \cdots, c_{\nu-1}$ 中所有不为 0 的数, 则

$$c_{i_1} \boldsymbol{M}_{i_1} + c_{i_2} \boldsymbol{M}_{i_2} + \cdots + c_{i_k} \boldsymbol{M}_{i_k} = \boldsymbol{O}. \tag{1}$$

另一方面, 设 D 中与 $\boldsymbol{M}_{i_l}$ 相对应的顶点为 $v_{i_l}(1 \leqslant l \leqslant k)$, 因 D 连通, 故 D 中必有一条边, 设为第 j 条边, 它的一个端点属于 $\{v_{i_1}, v_{i_2}, \cdots, v_{i_k}\}$ (设为 v_{i_1}), 另一个端点不属于

$$\{v_{i_1}, v_{i_2}, \cdots, v_{i_k}\},$$

于是 $\boldsymbol{M}_{i_1}$ 的第 j 个分量不为 0, 可能是 1 或 -1, 而 $\boldsymbol{M}_{i_1} \boldsymbol{M}_{i_2}, \cdots, \boldsymbol{M}_{i_k}$ 的第 j 个分量均等于 0, 所以行向量 $c_{i_1} \boldsymbol{M}_{i_1} + c_{i_2} \boldsymbol{M}_{i_2} + \cdots + c_{i_k} \boldsymbol{M}_{i_k}$ 的第 j 个分量为 $c_{i_1} \neq 0$, 此与式 (1) 矛盾. □

从非空无环有向图 D 的关联矩阵 $\boldsymbol{M}(D)$ 中任意删去一行后所得到的矩阵称为 D 的基本关联矩阵 (basic incident matrix), 记作 $\boldsymbol{M}_f(D)$, 被删去的一行所对应的顶点称为参考点 (consult vertex).

推论 3.3 ν 阶非空无环有向图 D 是连通的, 当且仅当

$$\operatorname{rank} \boldsymbol{M}(D) = \operatorname{rank} \boldsymbol{M}_f(D) = \nu - 1.$$

证 由定理 3.5 知必要性成立. 只需证明充分性.

假设 D 不连通, 设 D 有 $\omega(\omega \geqslant 2)$ 个连通分支 $D_1, D_2, \cdots, D_\omega$, 由 2.4 节有向图的关联矩阵性质 (3) 知 $\boldsymbol{M}(D)$ 可以写成分块对角矩阵形式

$$\boldsymbol{M}(D) = \begin{bmatrix} \boldsymbol{M}(D_1) & & & \\ & \boldsymbol{M}(D_2) & & \\ & & \ddots & \\ & & & \boldsymbol{M}(D_\omega) \end{bmatrix}.$$

于是 $\mathrm{rank}\boldsymbol{M}(D) = \mathrm{rank}\boldsymbol{M}(D_1) + \mathrm{rank}\boldsymbol{M}(D_2) + \cdots + \mathrm{rank}\boldsymbol{M}(D_\omega)$, 对每个连通分支, 由定理 3.5 知 $\mathrm{rank}\boldsymbol{M}(D_i) = \nu(D_i) - 1 (1 \leqslant i \leqslant \nu)$, 于是

$$\mathrm{rank}\boldsymbol{M}(D) = \nu(D) - \omega,$$

此与 $\mathrm{rank}\boldsymbol{M}(D) = 1$ 矛盾.   □

定理 3.6   非空无环有向图 D 的子图 T 是支撑树, 当且仅当 T 的边在 $\boldsymbol{M}_f(D)$ 中对应的列组成的子矩阵是非奇异矩阵.

证   (必要性) 记 $\nu(D) = \nu$, D 的子图 T 的边在 $\boldsymbol{M}_f(D)$ 中对应的列组成的子矩阵为 $\boldsymbol{M}$.

若 T 是 D 的支撑树, 则 $\boldsymbol{M}$ 是 $\nu - 1$ 阶方阵, 且 $\boldsymbol{M}$ 是 T 的基本关联矩阵. 因为 T 连通, 由推论 3.3 知 $\mathrm{rank}\boldsymbol{M} = \nu - 1$, 即 $\boldsymbol{M}$ 是非奇异的.

(充分性) 若 $\boldsymbol{M}$ 是非奇异矩阵, 则 $\boldsymbol{M}$ 是 $\nu - 1$ 阶方阵. 由于 T 是由与 $\boldsymbol{M}$ 的列相对应的边组成的子图, 因此 T 有 $\nu - 1$ 条边, 有 ν 个顶点 (包括参考点), 于是 $\boldsymbol{M}$ 是 T 的基本关联矩阵. 因为 $\mathrm{rank}\boldsymbol{M} = \nu - 1$, 所以由推论 3.3 知 T 连通, 从而 T 是 G 的支撑树.   □

由定理 3.6 可知, 非空无环有向图 D 中支撑树的数目等于 D 中基本关联矩阵 $\boldsymbol{M}_f(D)$ 中非奇异的 $\nu - 1$ 阶子方阵的个数.

定义 3.2(全单位模矩阵)   如果一个矩阵的任何子方阵的行列式等于 $1, -1$ 或 0, 则称该矩阵为全单位模矩阵 (total unimodular matrix).

不难知道, 全单位模矩阵的一个明显的必要条件是它的元素为 $1, -1$ 或 0. 下面的定理给出了全单位模矩阵的一个充分条件.

定理 3.7   设 $\boldsymbol{B} = (b_{ij})$, 且对一切 i 和 j, $b_{ij} = 1, -1$ 或 0, 如果下面两个条件都满足, 则 $\boldsymbol{B}$ 是全单位模矩阵:

(1) $\boldsymbol{B}$ 的每一列最多有两个非零元素;

(2) $\boldsymbol{B}$ 的行可分划成两个子集 R_1 和 R_2, 使得对于同一列中两个非零元素, 当这两个非零元素符号相同时, 对应的两行在不同的行子集中; 当符号不同时, 对应的两行在同一行子集中.

证   只需证明 $\boldsymbol{B}$ 的任何一个子方阵 $\boldsymbol{B}'$ 的行列式 $|\boldsymbol{B}'| = 1, -1$ 或 0. 设 $\boldsymbol{B}'$ 是 n 阶方阵, 对 n 用归纳法. 当 $n = 1$ 时, 则显然成立.

由于 $\boldsymbol{B}$ 满足 (1) 和 (2), 因此 $\boldsymbol{B}$ 的任何子矩阵也满足这两个条件. 假设 $\boldsymbol{B}$ 的 k 阶子方阵的行列式等于 $1, -1$ 或 0, 任取 $\boldsymbol{B}$ 的 $k + 1$ 阶子方阵 $\boldsymbol{B}'$, 它也满足条件 (1) 和 (2). 如果 $\boldsymbol{B}'$ 的某一列不含非零元素, 则 $|\boldsymbol{B}'| = 0$; 如果 $\boldsymbol{B}'$ 的某一列恰有一个非零元素, 记该元素在 $\boldsymbol{B}'$ 中的余子式为 b, 则 $|\boldsymbol{B}'| = \pm b$, 则归纳假设知 $b = 1, -1$ 或 0, 从而有 $|\boldsymbol{B}'| = 1, -1$ 或 0; 如果 $\boldsymbol{B}'$ 的每一列恰有两个非元素, 则

对 $\boldsymbol{B}'$ 中任何列 j 有

$$\sum_{i \in R_1} b_{ij} = \sum_{i \in R_2} b_{ij},$$

把 $\boldsymbol{B}'$ 的第 i 行记为 $\boldsymbol{B}'_i$, 则

$$\sum_{i \in R_1} \boldsymbol{B}'_i - \sum_{i \in R_2} \boldsymbol{B}'_i = \boldsymbol{O},$$

即 $\boldsymbol{B}'$ 的所有行向量是线性相关的, 故 $|\boldsymbol{B}'| = 0$. □

定理 3.8 非空无环有向图 D 的关联矩阵 $\boldsymbol{M}(D)$ 是全单位模矩阵.

证 设 D 是非空无环有向图, 因为 $\boldsymbol{M}(D)$ 的每列恰有两个非元素 1 和 -1, 所以把 $\boldsymbol{M}(D)$ 的行分成两个部分 R_1 和 R_2, 其中 $R_2 = \varnothing$, 于是由定理 3.7 知结论成立. □

由定理 3.8, $\boldsymbol{M}_f(D)$ 中非奇异 $\nu - 1$ 阶子方阵的行列式为 ± 1, 根据关于矩阵乘积行列式的 Binet-Cauchy 定理又有

$$\left| \boldsymbol{M}_f(D) \cdot \boldsymbol{M}_f^{\mathrm{T}}(D) \right| = \sum \left(\boldsymbol{M}_f(D) \text{ 的 } \nu - 1 \text{ 阶子方阵的行列式} \right)^2.$$

而上式右端每个非零项恰好等于 1, 所以上式右端的值等于 D 中不同的支撑树的数目, 即

$$\tau(D) = \left| \boldsymbol{M}_f(D) \cdot \boldsymbol{M}_f^{\mathrm{T}}(D) \right|. \tag{2}$$

定理 3.9 设 D 是非空无环有向图, G 是 D 的基础图, $\boldsymbol{M}(D)$ 是 D 的关联矩阵, $\boldsymbol{L}(G)$ 是 G 的 Laplace 矩阵, 则 $\boldsymbol{M}(D) \cdot \boldsymbol{M}^{\mathrm{T}}(D) = \boldsymbol{L}(G)$.

证 设 $\boldsymbol{M}(D) = (m_{ij})_{\nu \times \nu}$, $\boldsymbol{M}(D) \cdot \boldsymbol{M}^{\mathrm{T}}(D) = (b_{ij})_{\nu \times \nu}$, 则由矩阵乘法得

$$b_{ij} = \sum_{k=1}^{\varepsilon} m_{ik} m_{jk}, \quad i, j = 1, 2, \cdots, \nu.$$

由于 D 的每个顶点 v_i 恰好与 $d_G(v_i)$ 条弧关联, 因此, $\boldsymbol{M}(D)$ 的第 i 行恰有 $d_G(v_i)$ 个非零元素 (1 或 -1), 故

$$b_{ii} = \sum_{k=1}^{\varepsilon} m_{ik} m_{ik} = d_G(v_i), \quad i = 1, 2, \cdots, \nu.$$

设 G 的邻接矩阵 $\boldsymbol{A}(G) = (a_{ij})_{\nu \times \nu}$, 则 D 的任何两个顶点 v_i 和 $v_j (i \neq j)$ 之间有 a_{ij} 条弧, 从而 $\boldsymbol{M}(D)$ 的第 i 行和第 j 行中, 恰有 a_{ij} 个位置上, 这两个行向量的分量一个为 1, 而另一个为 -1, 于是

$$b_{ij} = \sum_{k=1}^{\varepsilon} m_{ik} m_{jk} = -a_{ij}, \quad i, j = 1, 2, \cdots, \nu, i \neq j.$$

这就证明了 $\boldsymbol{M}(D) \cdot \boldsymbol{M}^{\mathrm{T}}(D) = \boldsymbol{L}(G)$.   □

设 $\boldsymbol{M}_f(D)$ 是 D 的基本关联矩阵, v_i 为参考点, 则 $\boldsymbol{M}_f(D) \cdot \boldsymbol{M}_f^{\mathrm{T}}(D)$ 就是 $\boldsymbol{M}(D) \cdot \boldsymbol{M}^{\mathrm{T}}(D)$ 中删去第 i 行和第 i 列后得到的矩阵, 因此, $\boldsymbol{M}_f(D) \cdot \boldsymbol{M}_f^{\mathrm{T}}(D)$ 就是在 $\boldsymbol{L}(G)$ 中删去第 i 行和第 i 列后的矩阵. 结合式 (2), 得到如下矩阵-树定理:

定理 3.10 (矩阵-树定理, 1847)   设 G 为非空无环连通图, 则 $\tau(G) = |\boldsymbol{L}_i(G)|$, 其中 $\boldsymbol{L}_i(G)$ 表示删去 Laplace 矩阵 $\boldsymbol{L}(G)$ 的第 i 行和第 i 列后得到的矩阵.   □

例 3.5   用矩阵-树定理求图 3.2 中连通图 G 的不同支撑树的数目 $\tau(G)$.

解   易知

$$\boldsymbol{L}(G) = \begin{bmatrix} 2 & -1 & -1 & 0 & 0 & 0 \\ -1 & 3 & 0 & -1 & -1 & 0 \\ -1 & 0 & 3 & -1 & -1 & 0 \\ 0 & -1 & -1 & 3 & 0 & -1 \\ 0 & -1 & -1 & 0 & 3 & -1 \\ 0 & 0 & 0 & -1 & -1 & 2 \end{bmatrix},$$

去掉 $\boldsymbol{L}(G)$ 的第 1 行第 1 列得 $\boldsymbol{L}_1(G)$, 于是

$$\tau(G) = |\boldsymbol{L}_1(G)| = \begin{vmatrix} 3 & 0 & -1 & -1 & 0 \\ 0 & 3 & -1 & -1 & 0 \\ -1 & -1 & 3 & 0 & -1 \\ -1 & -1 & 0 & 3 & -1 \\ 0 & 0 & -1 & -1 & 2 \end{vmatrix} = 36.$$ □

例 3.5 中用矩阵-树定理求出的结果与例 3.4 中用递推公式求出的结果完全一致, 但求解过程更简洁, 适用求较大规模图的不同支撑树个数.

3.3   树上顶点和边的性质

树是极小连通图, 也是极大无圈图, 因此, 树上的顶点和边具有特殊性质.

3.3.1   割边

为了研究树中边的性质, 我们先考察图 G 删去一条边 e 后, 连通分支的变化情况, 有如下引理.

引理 3.1   设图 $G = (V, E)$, $\forall e \in E(G)$, 有 $\omega(G) \leqslant \omega(G-e) \leqslant \omega(G)+1$.

证   图 G 可以看作由 $G-e$ 添加边 e 而得到. 由于在一个图中添加一条后其连通分支数要么不变, 要么减少 1. 因此, 或者 $\omega(G) = \omega(G-e)$, 或者 $\omega(G) = \omega(G-e)-1$, 由此知结论成立.   □

由此, 给出割边的定义.

定义 3.3(割边) 在图 G 中, 满足 $\omega(G-e) > \omega(G)$ 的边 e 称为 G 的**割边** (cut edge).

例如, 在图 3.10 中, 边 xy 和 uv 是割边, 其他边都不是割边.

图 3.10 割边

那么, 割边在图中有何特征呢? 定理 3.11 给出了割边的等价刻画.

定理 3.11 $e \in E(G)$ 是图 G 的割边当且仅当 e 不在 G 的任何圈上.

证 (必要性) 设 $e \in E(G)$ 是 G 的割边, 则 $\omega(G-e) > \omega(G)$, 从而 G 中存在两个顶点 u 和 v 在 G 中连通, 在 $G-e$ 中不连通. 因此, G 中必有一条 (u,v) 链 P 经过边 e. 设 $e = xy$, 并且在 P 上 x 位于 y 之前, 记 P 的 (u,x) 节为 P_1, P 的 (y,v) 节为 P_2. 若 e 在 G 的某个圈 C 上, 则 $C - e$ 是 $G - e$ 中的 (x,y) 链 Q, 从而 $P_1 Q P_2$ 是 $G - e$ 中一条 (u,v) 途径, 于是 u 和 v 在 $G - e$ 中连通, 矛盾.

(充分性) 假设 $e = xy$ 不是 G 的割边, 则由引理 3.1 知 $\omega(G) = \omega(G-e)$, 因为边 xy 是 G 中一条 (x,y) 链, 所以 x 和 y 在 G 的同一个连通分支中, 从而亦在的 $G - e$ 同一个连通分支中, 即 $G - e$ 中存在 (x,y) 链 P, 于是 $P + e$ 是 G 中的圈, 它包含边 e, 与已知矛盾. $\square$

树是无圈图, 由定理 3.11, 树上的每条边都是割边. 利用割边的概念, 定理 3.2(5) 中结论可表述为: T 是树当且仅当 T 是每条边都为割边的连通图.

3.3.2 边割

边割是与割边完全不同的概念.

定义 3.4(边割) 设 S, S' 是 $V(G)$ 的非空子集, 记 $[S, S'] = \{uv \in E(G) | u \in S, v \in S'\}$. 若 $S \subset V(G)$, $\overline{S} = V(G) \backslash S$, 且 $[S, \overline{S}] \neq \varnothing$, 则称 $[S, \overline{S}]$ 为 G 的**边割** (edge-cut).

割边是一条边, 而边割则是由若干条边构成的边的集合.

如图 3.11 中, 取 $S = \{v_1, v_2, v_3\}$, 则 $[S, \overline{S}] = \{v_1v_4, v_2v_4, v_2v_7, v_3v_5\}$ 是边割. 边集 $E_1 = \{v_1v_3, v_1v_4, v_1v_2\}$ 是边割, 因为可取 $S_1 = \{v_1\}$, 则 $E_1 = [S_1\overline{S_1}]$, 因此, 边集 E_1 是边割. 但边集 $E_2 = \{v_1v_3, v_1v_2\}$ 不是边割, 因为它无法表达成 $[S, \overline{S}]$ 形式.

定义 3.5(极小边割) 若边割的任何真子集都不再是边割, 则称这样的边割为**极小边割** (minimal edge-cut). 极小边割又称为**补圈** (或**余圈**).

如图 3.11 中, 边集 $E_1 = \{v_1v_3, v_1v_4, v_1v_2\}$ 的任何真子集都不再是边割, 因此, 它是极小边割.

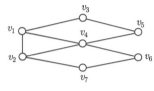

图 3.11　边割

下面的定理刻画了极小边割的特征.

定理 3.12　设 G 是连通图, 则 G 的边割 $[S,\overline{S}]$ 是极小边割, 当且仅当 $G[S]$ 和 $G[\overline{S}]$ 都连通.

证　(充分性) 因为 $G[S]$ 和 $G[\overline{S}]$ 都连通, 所以从连通图 G 中删去 $[S,\overline{S}]$ 的任何真子集后得到的图仍然连通, 因此, $[S,\overline{S}]$ 是极小边割.

(必要性) 设 $[S,\overline{S}]$ 是连通图 G 的极小边割, 若 $G[S]$ 不连通. 设 H 是 $G[S]$ 的一个连通分支, 由 G 的连通性知 $[V(H), V(G)\backslash V(H)]$ 是边割, 且是 $[S,\overline{S}]$ 的真子集, 这与 $[S,\overline{S}]$ 是极小边割相矛盾. 同理可证, 若 $G[\overline{S}]$ 不连通, 亦可得到矛盾.　　　　□

推论 3.4　设 $[S,\overline{S}]$ 为图 G 的一个边割, 则 $[S,\overline{S}]$ 或者是极小边割, 或者是一些边不交的极小边割的并.

证　分两种情况讨论.

情况 1: G 是连通图.

如果 $G[S], G[\overline{S}]$ 都连通, 则由定理 3.12 知 $[S,\overline{S}]$ 是极小边割. 如果 $G[S]$ 和 $G[\overline{S}]$ 不都连通, 不失一般性, 设 $G[S]$ 不连通, 把 $G[S]$ 的连通分支记为 $H_1, H_2, \cdots, H_n$. 设 $G - V(H_i)$ 的各个边通分支为 $G_{i1}, G_{i2}, \cdots, G_{ir_i}(i = 1, 2, \cdots, n)$. 由于 G 连通, 因此, H_i 与各个 $G_{ij}(1 \leqslant j \leqslant r_i)$ 均有边相连, 故 $G[\overline{V(G_{ij})}]$ 连通 $(1 \leqslant i \leqslant n, 1 \leqslant j \leqslant r_i)$, 由定理 3.12 知 $[\overline{V(G_{ij})}, V(G_{ij})]$ 是 G 的极小边割. 显然, 这些极小边割互不相交, 并且

$$\bigcup_{i=1}^{n}\bigcup_{j=1}^{r_i}\left[\overline{V(G_{ij})}, V(G_{ij})\right] = \bigcup_{i=1}^{n}\bigcup_{j=1}^{r_i}[V(H_i), V(G_{ij})]$$
$$= \bigcup_{i=1}^{n}\left[V(H_i), \overline{V(H_i)}\right]$$
$$= \bigcup_{i=1}^{n}[V(H_i), \overline{S}] = [S,\overline{S}].$$

情况 2: G 是非连通图.

设 G 的连通分支为 $G^{(1)}, G^{(2)}, \cdots, G^{(\omega)}$, 令 $S_k = S \cap V(G^{(k)})$, $\overline{S_k} = V(G^{(k)}) \setminus S_k$, $k = 1, 2, \cdots, \omega$, 显然, $[S, \overline{S}] = \bigcup\limits_{k=1}^{\omega} [S_k, \overline{S_k}]$.

注意到 $[S_k, \overline{S_k}]$ 是 $G^{(k)}$ 的边割, $k = 1, 2, \cdots, \omega$, 因此, 由情况 1 可知, $[S_k, \overline{S_k}]$ 可表示为 $G^{(k)}$ 中若干个不交的极小边割的并, 进而, $[S, \overline{S}]$ 可表示为 G 中若干个不交的极小边割的并. □

连通图的树与极小边割密切相关. 设 G 是连通图, T 是 G 的一个支撑树, 则称补图 $\overline{T}(G)$ 为 G 的补树 (cotree), 记作 $\overline{T}$. 树中不含圈, 但添加一条边后, 就会含有唯一一个圈. 事实上, 补树和极小边割之间也有类似的关系. 如, 对于图 3.12 所示连通图 G, 取它的一个支撑树 T 如图 3.12(a) 中红色边所示, 取 e 为图 3.12(b) 中绿色边, $S = \{v_4, v_6, v_7\}$, 则边集

$$\{v_1v_4, v_2v_4, v_2v_7, v_4v_5\} = [S, \overline{S}],$$

该边集是 $\overline{T} + e$ 的一个极小边割, 易见 $\overline{T} + e$ 中仅有这一个极小边割. 补树与极小边割之间的密切关系在定理 3.13 中证明, 正因如此, 极小边割也被称为补圈.

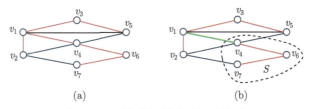

图 3.12 图 G 及其支撑树和补圈

定理 3.13 设 T 是连通图 G 的支撑树, $e \in E(T)$, 则

(1) 补树 $\overline{T}$ 不含有任何补圈;

(2) $\overline{T} + e$ 中含有唯一补圈.

证 (1) 设 $[S, \overline{S}]$ 是 G 的一个补圈, 则 $G - [S, \overline{S}]$ 不连通, 因而 $G - [S, \overline{S}]$ 不包含树 T, 即存在 $e_0 \in E(T)$ 但 $e_0 \notin G - [S, \overline{S}]$, 于是 $e_0 \in [S, \overline{S}]$, 故 $[S, \overline{S}]$ 不包含在 $\overline{T}$ 中.

(2) 由定理 3.2(5) 知 $T - e$ 由两个树 T_1 和 T_2 组成, 根据定理 3.12 知 $[V(T_1), V(T_2)]$ 是 G 的补圈, 它包含在 $\overline{T} + e$ 之中.

下面证明 $[V(T_1), V(T_2)]$ 是 $\overline{T} + e$ 中唯一补圈.

设边集 E_0 是包含于 $\overline{T} + e$ 中的一个补圈, 则 $T - e$ 包含在 $G - E_0$ 中. $\forall b \in [V(T_1), V(T_2)]$, 假若 $b \notin E_0$, 则 $T - e + b$ 包含于 $G - E_0$. 注意到 $T - e + b$ 是连通图且 $\varepsilon(T - e + b) = \nu(T) - 1$, 故 $T - e + b$ 是 G 的支撑树, 即 $G - E_0$

中包含连通子图 $T - e + b$, 与 $G - E_0$ 不连通矛盾, $b \in E_0$. 由 E_0 是补圈可知 $E_0 = [V(T_1), V(T_2)]$, 于是 $\bar{T} + e$ 中含有 G 的唯一补圈.　　　　　□

3.3.3　割点

本小节我们来介绍树上顶点的性质. 在图 3.13 中, 图 G_1 是树, 若去掉顶点 v_3, 则树 G_1 不再连通; 而图 G_2 不是树, 且去掉其上任何一个顶点, G_2 仍然连通.

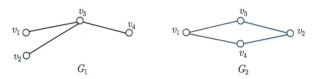

图 3.13　树上顶点的性质

定义 3.6(割点)　如果图 G 的边集 E 可以分划成两个非空子集 E_1 和 E_2, 使 $G[E_1]$ 和 $G[E_2]$ 有唯一公共顶点 v, 则称 v 为图 G 的**割点** (cut vertex).

在图 3.13 中, v_3 是图 G_1 的唯一割点, 而图 G_2 中则没有割点.

一般地, 关于割点有如下结论.

引理 3.2　若顶点 v 满足 $\omega(G - v) > \omega(G)$, 则 v 是 G 的割点. 反之, 若 G 的割点 v 上无环, 则 $\omega(G - v) > \omega(G)$.

证　设 v 满足 $\omega(G - v) > \omega(G)$, 且 v 是 G 有连通分支 H 中的顶点, 把 $H - v$ 的连通分支记为 $H_1, H_2, \cdots, H_k$, 由假设知 $k \geqslant 2$, 令

$$E_1 = E(H_1) \cup \{uv \in E(H) \mid u \in V(H_1)\},$$

$$E_2 = E(G) \setminus E_1,$$

显然, E_1, E_2 是 G 的一个划分, 且 $E_1 \neq \varnothing$, $E_2 \neq \varnothing$, $G[E_1]$ 和 $G[E_2]$ 有唯一公共顶点 v, 从而 v 是 G 的割点.

设 v 是 G 的割点, 且 v 上无环, v 是 $G[E_1]$ 和 $G[E_2]$ 的唯一公共顶点, 这里 E_1, E_2 是 $E(G)$ 的非空划分. 因 v 上无环, 故存在连杆 $vu_1 \in E_1$, $vu_2 \in E_2$, 即 u_1 和 u_2 在 G 的同一个连通分支中. 由于 v 是 $G[E_1]$ 和 $G[E_2]$ 的唯一公共顶点, 因此, G 中所有 (u_1, u_2) 链必定经过 v, 于是 u_1, u_2 在 $G - v$ 的不同连通分支, 即 $\omega(G - v) > \omega(G)$.　　　　　□

需要指出的是, 若 G 的割点 v 上有环, 则 $\omega(G - v) > \omega(G)$ 不一定成立. 如图 3.14 所示, v_1 是 G 的割点, 但是 $\omega(G - v_1) = \omega(G) = 1$.

弄清割点在图中的分布对认识一个连通图的结构很有帮助.

定义 3.7(块)　没有割点的连通图称为块 (block). 图 G 的块是指 G 的这样的子图 B, B 是块, 且 G 的任何以 B 为真子图的子图都不是块, 即 B 是 G 的极大块.

1 阶块只能是 K_1 或含有一个环的平凡图. 2 阶块只能是 K_2 或含有多条连杆的 2 阶图. 至少含有三个顶点的块中不存在割点, 即在块 (阶大于 2) 中去掉任何顶点都仍然保持连通.

如图 3.15 所示, 三个实心顶点 u, v, w 是图 G 的割点, 沿割点处将图 G 切开, 得到的图 G_1 中有四个连通分支, 这四个连通分支都是图 G 的块.

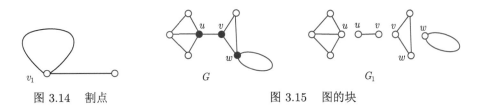

图 3.14　割点　　　　　　　　　图 3.15　图的块

定理 3.14　树 T 的顶点 v 是割点, 当且仅当 $d(v) > 1$.

证　(必要性) 若 $d(v) = 0$, 则树 T 只能是 1 阶完全图, 故 v 不是割点. 若 $d(v) = 1$, 则 $T-v$ 仍是无圈图, 且有 $\varepsilon(T)-1$ 条边, 从而有 $\nu(T)-2 = \nu(T-v)-1$ 条边, $T-v$ 是树, 所以 $\omega(T-v) = \omega(T)$, 由引理 3.2 知 v 不是割点.

(充分性) 若 $d(v) > 1$, 则 T 中存在两个相异顶点 u 和 w 与 v 相邻, 链 uvw 是 T 中唯一 (u,w) 链, 由此知 $T-v$ 中不再有 (u,w) 链, 故 $\omega(T-v) > \omega(T)$, 由引理 3.2 知 v 是 G 的割点.　　　　　　　　　　　　　　　　　　　　□

推论 3.5　任何无环的非平凡连通图中至少有两个顶点不是割点.

证　设 G 是无环的非平凡连通图, 由定理 3.1 知, G 有非平凡的支撑树, 根据推论 3.1 知, T 至少有两个悬挂点, 再由推论 3.1 知 T 至少有两个顶点不是割点.

设 v 不是 T 的割点, 则 $\omega(T-v) = \omega(T) = 1$, 因为 T 是 G 的支撑树, 所以 $T-v$ 是 $G-v$ 的支撑子图, 从而 $\omega(G-v) \leqslant \omega(T-v)$, 于是 $\omega(G-v) = 1$, 而 G 是无环图, 由引理 3.2 知 v 不是 G 的割点. 由于 T 至少有两个这样的点, 故 G 至少有两个顶点不是割点.　　　　　　　　　　　　　　　　　　　　□

从推论的证明过程可以看到支撑树的重要作用, 正是因为我们注意到结论对图 G 的支撑树 T 成立, 才最终证明该结论对非平凡连通图也成立. 事实上, 对于一般的非连通无环图有: 若无环图 G 有 ω 个非平凡连通分支, 则可断言 G 至少有 2ω 个顶点不是割点.

3.4　最小支撑树

六城镇高速公路建设问题: 设某区域有六个城镇, 规划在这六城镇之间建设高速公路, 由于地形、搬迁等因素的影响, 各城镇间修建公路的费用不同. 问如何选择建设路段, 既满足这六城镇都能有高速公路到达, 又能使总造价费用最少？这是一个与树有关的网络优化问题. 我们可建立一个特殊的图, 如图 3.16 所示, 其中顶点表示城镇, 边表示相应城镇间的公路. 此图之所以 "特殊", 是因为我们在图 3.16 的边上标记数字, 用这些数字表示相应城镇间的公路建设费用.

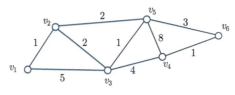

图 3.16　高速公路网络

3.4.1　定义

在第 2 章中介绍了带边权的无向网络和有向网络. 下面介绍连通无向网络中最小支撑树的概念.

定义 3.8(最小支撑树)　设 G 为连通图, T 是 G 的一个支撑树, 称树 T 上所有边权之和, 即

$$w\left(T\right) = \sum_{e \in E(T)} w(e)$$

为树 T 的**权**. 在连通图 G 所有支撑树中, 权最小的支撑树被称为最小支撑树 (minimum cost spanning tree).

六城镇间高速公路建设问题, 就是要在图 3.16 所示的高速公路网络上寻找一个最小支撑树 T.

Prim 算法和 Kruskal 算法是构造最小支撑树的两个著名算法. 这两个算法都是贪婪算法. 精彩的是, 它们在贪婪地追求局部利益的同时, 即每步都做最优选择, 最终也幸运地实现了全局最优.

3.4.2　Prim 算法

Prim 算法是 1957 年由时年 36 岁的 Prim 给出的. 为了求 ν 阶连通图 G 的最小支撑树, Prim 算法的基本思想是: 通过一步步添加边的方式, 获得最小支撑树. 每步添加的边需要满足如下三个要求:

① 不与已添加的边构成圈;

② 与已添加的某条边相邻;

③ 权尽可能小.

Prim 算法的正确性, 稍后在定理 3.15 中讨论. 我们先通过一个例子了解算法的执行过程.

例 3.6　用 Prim 算法求图 3.16 中高速公路网络的最小支撑树.

解 首先添加权最小的边, 如 v_1v_2, 得 $G_1 = G[\{v_1v_2\}]$; 再添加权尽可能小且与 v_1v_2 相邻的边, 如 v_2v_3, 得 $G_2 = G[\{v_1v_2, v_2v_3\}]$; 继续添加权尽可能小且与 G_2 中某边相邻的边 v_3v_5, 得 $G_3 = G[\{v_1v_2, v_2v_3, v_3v_5\}]$.

继续添加边, 需要注意的是, 此时满足 Prim 算法三条要求的边是 v_5v_6, 而不是权更小的 v_2v_5, 因为它不满足要求 ①, 即 $G_4 = G[\{v_1v_2, v_2v_3, v_3v_5, v_5v_6\}]$.

继续添加边, 此时, 满足要求的边只有 v_4v_6, 得

$$G_5 = G[\{v_1v_2, v_2v_3, v_3v_5, v_5v_6, v_4v_6\}].$$

至此, G_5 已经是一个支撑树, 算法结束, G_5 即为所求.

算法的添边过程如图 3.17 所示, 图中浅色边表示待添加的边, 深色图表示算法迭代过程中得到的各个边导出子图. □

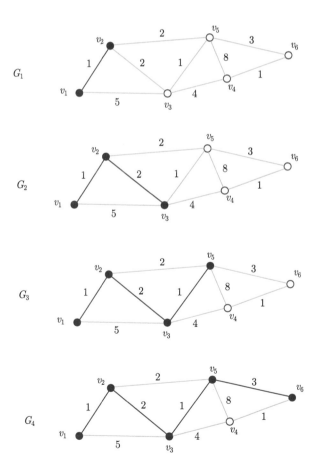

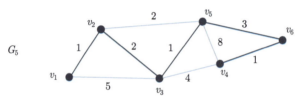

图 3.17　Prim 算法添边过程

从 Prim 算法执行结果可得六城镇高速公路建设路段为 $\{v_1v_2, v_2v_3, v_3v_5, v_5v_6, v_6v_4\}$.

接下来, 我们讨论 Prim 算法的正确性.

设 Prim 算法相继添加的边依次为 $e_1, e_2, \cdots, e_n$, 考虑边导出子图

$$G_k = G\left[\{e_1, e_2, \cdots, e_k\}\right] \quad (k = 1, 2, \cdots, n),$$

知 Prim 算法执行过程有如下特点:

(1) Prim 算法添加的第一条边一定是网络中权最小的边, 即 $w(e_1) \leqslant w(e)$ ($\forall e \in E(G)$). 这是因为 Prim 算法的要求 ③;

(2) 每个 G_k 都是树 $(k = 1, 2, \cdots, n)$. 这是因为, Prim 算法的要求 ① 使 G_k 中无圈, 要求 ② 使 G_k 连通;

(3) G_k 比 G_{k-1} 多 1 个顶点 $(k = 2, 3, \cdots, n)$. 这是因为, G_k 和 G_{k-1} 都是树, 树上的边数等于顶点数减 1, 显然, G_k 比 G_{k-1} 多 1 条边, 因此, 也必然多 1 个顶点; 这也说明, Prim 算法每次添加边时, 总添加一个端点属于 $V(G_{k-1})$, 另一个端点不属于 $V(G_{k-1})$ 的边.

(4) Prim 算法共添加了 $\nu - 1$ 条边. 这是因为, G 中共有 ν 个顶点, G_1 中有 2 个顶点, 以后每添加一条边, 就相应增加 1 个顶点, 因此, 算法添加 $\nu - 1$ 条边时即得到了一个支撑树.

Prim 算法结束时构造的子图必为支撑树. 下面的定理保证了该树必为最小支撑树.

定理 3.15　设 G 是连通加权图, 由 Prim 算法构造的支撑树一定是图 G 的最小支撑树.

证　设 Prim 算法相继添加的边依次为 $e_1, e_2, \cdots, e_{\nu-1}$, 设边导出子图 $G_k = G\left[\{e_1, e_2, \cdots, e_k\}\right] (k = 1, 2, \cdots, \nu - 1)$. 我们用归纳法, 证明每个 G_k 都是最小支撑树的子图, 从而 $G_{\nu-1}$ 是最小支撑树.

当 $k = 1$ 时 (反证法), 假设 G_1 不是任何最小支撑树的子图, 即边 e_1 不是最小支撑树中的边. 任取 G 的一个最小支撑树 T, 则 $e_1 \notin E(T)$, 由定理 3.2(6) 知, $T + e_1$ 含有唯一圈 C. 任取边 $e \in E(C) \setminus \{e_1\}$, 则 $T - e + e_1$ 仍连通且无圈, 即 $T - e + e_1$ 为树, 且由 $w(e_1) \leqslant w(e)$ 及

$$w\left(T-e+e_1\right)=w\left(T\right)-w\left(e\right)+w\left(e_1\right)\leqslant w\left(T\right),$$

知 $T-e+e_1$ 也是最小支撑树. 显然, 该最小支撑树 $T-e+e_1$ 包含边 e_1, 矛盾.

设 G_{k-1} 是最小支撑树 T 的子图. 考虑图 G_k, 若 $e_k\in E(T)$, 则 G_k 也是 T 的子图, 结论成立; 下设 $e_k\notin E(T)$, 由定理 3.2(6) 知, $T+e_k$ 含有唯一圈 C'.

记 V_{k-1} 是边导出子图 $G[\{e_1,e_2,\cdots,e_{k-1}\}]$ 的顶点集. 设 $e_k=u_kv_k$, 由 Prim 算法的特点 (2) 知 e_k 必有一个端点属于 V_{k-1}, 另一个端点不属于 V_{k-1}. 由圈是闭途径知, 圈 C' 上必存在另一条边 $e'=u'v'$ 同 e_k 一样: 一个端点属于 V_{k-1}, 另一个端点不属于 V_{k-1}, 这说明在由 G_{k-1} 构造 G_k 时, e' 满足 Prim 算法的要求 ②.

T 是支撑树, T 中无圈, 而 $G[\{e_1,e_2,\cdots,e_{k-1},e'\}]$ 是 T 的子图, 故

$$G[\{e_1,e_2,\cdots,e_{k-1},e'\}]$$

中也无圈, 这说明在由 G_{k-1} 构造 G_k 时, e' 满足 Prim 算法的要求 ①.

于是, Prim 算法在添加边 e_k 时, e' 也是备选边之一. 再考虑到 Prim 算法的要求 ③, 必有 $w(e_k)\leqslant w(e')$. 于是, 对树 $T-e'+e_k$ 有

$$w\left(T-e'+e_k\right)=w\left(T\right)-w\left(e'\right)+w\left(e_k\right)\leqslant w\left(T\right),$$

故它也是最小支撑树. 显然, 该最小支撑树 $T-e'+e_k$ 上含有边 e_k, 即 G_k 是最小支撑树 $T-e'+e_k$ 的子图. 由归纳原理知结论成立. □

3.4.3 Kruskal 算法

Kruskal 算法是 1956 年由时年 28 岁的 Kruskal 给出的. 这个算法的基本思想与避圈法、Prim 算法类似: 都是通过一步步向网络中添加 $\nu-1$ 条边的方式, 获得最小支撑树. 与 Prim 算法不同的是, Kruskal 算法从 ν 阶空图出发, 每步添加的边只需满足如下两个要求:

① 不与已添加的边构成圈;

② 权尽可能小.

也就是说, Kruskal 算法执行过程中的边导出子图可以不连通, 这是它与 Prim 算法最大的不同.

我们通过如下例题阐述 Kruskal 算法的具体执行过程.

例 3.7 用 Kruskal 算法求图 3.16 中高速公路网络的最小支撑树.

解 从 6 阶空图 G_0 开始, 首先向 G_0 中添加权最小的边, 如 v_1v_2, 得 $G_1=G_0+v_1v_2$; 再向 G_1 中添加权最小的边, 如 v_3v_5, 得 $G_2=G_1+v_3v_5$; 继续向 G_2 中添加权最小的边 v_4v_6, 得 $G_3=G_2+v_4v_6$; 继续向 G_3 中添加权最小的边, 如 v_2v_3, 得 $G_4=G_3+v_2v_3$.

继续向 G_4 中添加权最小的边, 需要注意, 此时剩余边中 v_2v_5 的权最小, 但由于 v_2v_5 与已添加的 v_2v_3, v_3v_5 构成圈, 因而, 尽管它的权小但不满足无圈条件, 不能把它添加进来, 而只能添加边权次小的 v_5v_6, 得 $G_5 = G_4 + v_5v_6$. 至此, 已经添加了 $\nu - 1$ 条边, 算法结束, G_5 为所求的最小支撑树. 算法的添边过程如图 3.18 所示, 图中浅色边表示待添加的边, 深色边表示已经添加的边.   □

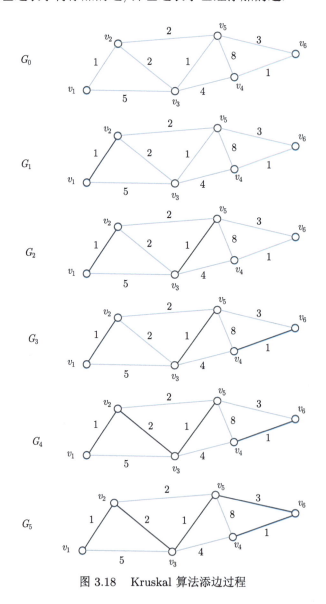

图 3.18   Kruskal 算法添边过程

从 Kruskal 算法执行过程可知, 六城镇高速公路建设方案有两个. 方案一: 建

设路段为 $\{v_1v_2, v_2v_3, v_3v_5, v_5v_6, v_6v_4\}$; 方案二: 建设路段为 $\{v_1v_2, v_2v_5, v_3v_5, v_5v_6, v_6v_4\}$. 需要的最小建设费用为 8.

接下来, 我们讨论 Kruskal 算法的正确性. 首先, Kruskal 算法得到一个 $\nu-1$ 条边的无圈图, 由定理 3.2(3) 可知, 算法结束时构造的子图必为支撑树. 下面的定理保证了该树必为最小支撑树.

定理 3.16 设 G 是连通加权图, 由 Kruskal 算法构造的支撑树一定是图 G 的最小支撑树.

证 Kruskal 算法从空图 G_0 开始, 设相继添加的边依次为 $e_1, e_2, \cdots, e_{\nu-1}$, 设

$$G_k = G_0 + \{e_1, e_2, \cdots, e_k\} \quad (k = 1, 2, \cdots, \nu-1).$$

我们用归纳法, 证明每个 G_k 都是最小支撑树的子图, 从而 $G_{\nu-1}$ 是最小支撑树.

当 $k = 1$ 时, 同定理 3.15 中的证明, 可知 G_1 是某最小支撑树的子图.

假设 G_{k-1} 是最小支撑树 T 的子图. 考虑图 G_k, 若 $e_k \in E(T)$, 则 G_k 也是 T 的子图, 结论成立; 下设若 $e_k \notin E(T)$, 由定理 3.2(6) 知, $T + e_k$ 含有唯一圈 C'.

由 Kruskal 算法执行过程知, 边导出子图 $G[\{e_1, e_2, \cdots, e_k\}]$ 中不含圈, 故圈 C' 上必有边 $e' \notin \{e_1, e_2, \cdots, e_k\}$. T 是支撑树, T 中无圈, 而 $G[\{e_1, e_2, \cdots, e_{k-1}, e'\}]$ 是 T 的子图, 故 $G[\{e_1, e_2, \cdots, e_{k-1}, e'\}]$ 中也无圈, 这说明 Kruskal 算法在添加边 e_k 时, e' 满足 Kruskal 算法的要求 ①, 也是备选边之一.

由于 Kruskal 算法总是选择使图中无圈且权最小的边, 因此必有 $w(e_k) \leqslant w(e')$. 于是, 对树 $T - e' + e_k$ 有

$$w(T - e' + e_k) = w(T) - w(e') + w(e_k) \leqslant w(T)$$

故它也是最小支撑树, 且该最小支撑树 $T - e' + e_k$ 上含有边 e_k. 由归纳原理知结论成立. □

3.5 二元树与前缀码

本节介绍树的典型应用.

3.5.1 二元树

定义 3.9 (根树) 设 T 是一个树, 且每条边都规定一个方向, 即 T 是个有向树. 若存在一个入度为 0 的顶点 v_0, 即 $d^-(v_0) = 0$, 而其余顶点 v 的入度都为 1, 即 $d^-(v) = 1$, 则称 T 为**根树** (rooted tree). v_0 称为**根**; 称出度为 0 的顶点为**叶子**.

如图 3.19(a) 给出了一个根树, 其中 v_0 为根, 顶点 v_1, v_3, v_4, v_5 都是叶子.

通常我们习惯于把根树的根顶点画在最上方, 由于边的方向都是一致的, 因此, 当根明确后, 边的方向均可省去, 即可用图 3.19(b) 代替图 3.19(a).

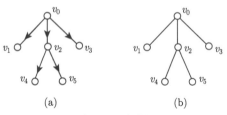

(a)   (b)

图 3.19　根树

定义 3.10 (n 元树)　设 T 为根树, $\forall v \in V(T)$, $d^+(v) \leqslant n$, 则称 T 为 **n 元树**. 若边 $e = uv$ 的方向是从 u 指向 v, 则称 u 为 v 之父, 称 v 为 u 之子. 同父之子称为兄弟. 除叶子顶点外, 每个顶点皆有 n 个儿子的根树, 称为典型 n 元树. 若根树的每个顶点的儿子们有序时, 则称之为**有序树**.

图 3.19(b) 是三元树. 在二元树中, 每个顶点向下至多有两分支, 分别把这两个分支称作该顶点的左子树和右子树. 若我们特别规定, 在有序二元树中 "左下方是儿子, 右下方是兄弟", 则可以把任何有序树转化为有序二元树. 图 3.20(a) 为有序树, 图 3.20(b) 是与之相应的有序二元树. 在图 3.20(a) 中 v_0 有三个儿子 v_1, v_2, v_3, 按转化规则, v_1 应在 v_0 的左子树而 v_2, v_3 都在 v_1 的右子树.

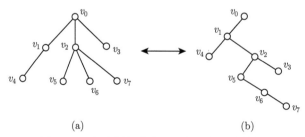

(a)   (b)

图 3.20　有序树与有序二元树间的对应转化

按 "左下方是儿子, 右下方是兄弟" 的规则, 我们不仅可以把有序与有序二元树相互转化, 而且还可以实现多个有序树与一个有序二元树之间的相互转化, 这时, 我们只需把各个有序树的根也看成是兄弟即可.

3.5.2　有序二元树的个数

n 阶有序二元树是多种多样的, 但数量肯定有限, 一个自然的问题是由 n 个顶点究竟能构造出多少个顶点无标号且结构不同的有序二元树. 例如 3 个顶点能够构造出 5 个有序二元树, 如图 3.21 所示.

图 3.21　全体 3 阶有序二元树

为求有序二元树的个数, 我们先介绍如下好括号列的概念.

括号列是指由左括号 "(" 和右括号 ")" 组成的有限序列, 而好括号是指:

(1) 空列是好的;

(2) 若 A 与 B 是好括号列, 则 AB 也是;

(3) 若 A 是好括号列, 则 (A) 也是;

(4) 除了上述 (1), (2), (3) 中的括号以外, 再无其他好括号列.

不是好括号列者, 则是坏括号列, 例如 (()(())) 是好括号列, 而 ())((()) 是坏括号列.

引理 3.3　一个括号列是好括号列的充要条件是它由偶数个括号组成, 其中一半是左括号, 一半是右括号, 且从左向右读这个括号列时, 任何时刻读出的右括号个数不超过读出的左括号个数.

证　(必要性) 若括号列是好括号列, 则显然它必是由左括号和右括号各占一半的偶数个括号组成的. 下面对括号个数用归纳法证明, 从左至右读出的右括号个数不会超过左括号的个数. 若括号的个数为 2, 则显然有一个左括号和一个右括号, 结论成立. 设 m 个左括号和 m 个右括号组成的好括号列命题已真, 我们考虑 n 个左括号和 n 个右括号组成的好括号列 $(n > m)$, 分两种情形考虑.

(a) 若造此括号列时, 最后一步是 (3), 则命题显然成立.

(b) 若造此括号列时, 最后一步是 (2), 此括号列形如 AB, A 与 B 皆为非空好括号列, 从左至右读时, 只要还在读 A, 由归纳假设, 读出的左括号不比右括号少, 当我们读到 A 的最后一个括号时, 读出的左、右括号个数一样, 再读下去, 即读 B, 由归纳假设, 读出的右括号总数仍然不会超过读出的左括号总数.

(充分性) 仍用归纳法.

若括号数为 2, 则只有一个左括号和一个右括号, 命题显然成立. 假设 $m < n$ 时, 若 m 个左括号和 m 个右括号组成的括号列, 满足从左至右读时读出的左括号个数不少于右括号个数, 则此括号列是好括号列. 考虑 n 个左括号 n 个右括号的括号列, 从左向右读时, 若读了 $2m$ 个括号后, 读得的左括号和右括号相等, 则由归纳假设, 读出的这个子列 A 是好括号列, 右面未读出的子列 B 也满足命题条件, 由归纳假设, B 亦是好括号列, 所以整个括号列形如 AB, 故也是好括号列.

另一方面, 若从左向右读时, 在未读完所有括号时, 读得的左括号数和右括号数总不相等. 由已知条件, 读的第一个括号必是左括号, 读到只剩一个括号未读时,已读出的左括号不比右括号少, 而左、右括号各占总数的一半, 故最后一个括号必然是右括号, 于是整个括号列形如 (A), A 满足命题条件, 由归纳假设, A 是好括号列, 故 (A) 亦是好括号列.   □

下面我们来求由 $2n$ 个括号组成的好括号列个数.

定理 3.17   由 $2n$ 个括号组成的好括号列个数是

$$c(n+1) = \frac{1}{n+1} \binom{2n}{n},$$

这个 $c(n+1)$ 叫做 Catalan 数.

证   设 $P_1 P_2 \cdots P_{2n}$ 是 n 个左括号 n 个右括号构成的坏括号列. 由引理 3.3 知从左至右读这个括号列时, 必有某个时刻使右括号比左括号多, 设 $P_1 P_2 \cdots P_j$ 的右括号比左括号多, 且 j 最小, 这时右括号比左括号多 1 个, 把从 P_{j+1} 开始的每个括号 "翻" 过来 (即把左括号改为右括号, 右括号改为左括号), 则得到 $n-1$ 个左括号和 $n+1$ 个右括号的坏括号列, 显然这一变换是可逆的, 故 n 个左括号与 n 个右括号组成的坏括号列与 $n-1$ 个左括号与 $n+1$ 个右括号组成坏括号列一一对应. 而 $n-1$ 个左括号与 $n+1$ 个右括号组成的括号列共计有 C_{2n}^{n+1} 个, n 个左括号与 n 个右括号组成的括号列共有 C_{2n}^{n} 个, 所以 $2n$ 个括号组成的好括号列共有

$$\binom{2n}{n} - \binom{2n}{n+1} = \frac{1}{n!} 2n \left(2n-1\right) \cdots \left(2n-n+1\right)$$

$$- \frac{1}{(n+1)!} 2n \left(2n-1\right) \cdots \left(2n-n\right)$$

$$= \frac{1}{n+1} \binom{2n}{n}. \qquad \square$$

n 阶有序二元树的个数恰好也是 Catalan 数 $c(n+1)$. 这就是下面的定理.

定理 3.18 n 阶有序二元树的个数是 Catalan 数 $c(n+1)$.

证   把有序二元的根顶点标以 (), 我们知道在有序二元树中, 相邻两个顶点的关系可能是父子关系, 也可能是兄弟关系. 对于父子关系标以 (()), 其中外层括号为父, 内层括号为子; 对于兄弟关系则标以 ()() 且左侧括号对应的顶点位于右侧括号对应顶点的上方. 这样, 我们就建立 n 阶有序二元树与 $2n$ 个括号组成的好括号列之间的一一对应, 如图 3.22 所示, 所以由定理 3.17 知, n 阶有序二元树的个数是 Catalan 数.   □

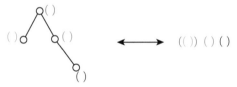

图 3.22　有序二元树与好括号列

注意到, 典型有序二元树叶子顶点数 $L(T)$ 与非叶子顶点数 $I(T)$ 之间满足
$$L(T) = I(T) + 1,$$
而 $L(T) + I(T) = n$, 故对于 n 阶典型有序二元树, 其叶子顶点共有 $\frac{1}{2}(n+1)$ 个, 去掉 n 阶典型有序二元树的 $\frac{1}{2}(n+1)$ 个叶子顶点, 则得到一个 $\frac{1}{2}(n-1)$ 阶有序二元树. 实际上, n 阶典型有序二元树与 $\frac{1}{2}(n-1)$ 个有序二元树是一一对应的, 从而由定理 3.18 知下列结论成立.

推论 3.6　n 阶典型有序二元树的个数是 $c\left(\dfrac{n+1}{2}\right)$.　　　　　□

另外, 我们知道, 按 "左下方是儿子, 右下方是兄弟" 的规则, 任何一个有序树都可用有序二元树表示, 见图 3.20. 同时注意到, 这个有序二元树的根顶点总是没有右子树的, 由此可知, n 阶有序树与 $n-1$ 阶有序二元树之间存在一一对应关系, 因此, 我们有

推论 3.7　n 阶有序树的个数是 $c(n)$.　　　　　□

3.5.3　前缀码

我们可以用二进制序列表达 26 个英文字母. 如可用 $000, 11, 010, 011, 100$ 分别表示字母 e, l, h, i, o. 这样, 在接收端, 如果收到信息串 010011, 可知其表达的信息是 hi; 而信息串 0100001111100 表达的信息则是 hello. 但是, 如果我们用 0 表示字母 h, 用 1 表示 i, 用 01 表示 e, 那么当接收端收到信息串 01 时, 就不能确定传递的信息是 hi 还是 e. 无法正确译码的原因在于, 编码 01 的前缀 0 也是字母的编码, 也就不能确定 0 单独翻译, 还是 01 结合翻译. 为了避免这种混乱, 我们引入前缀码的概念.

定义 3.11(前缀码)　设有一个序列的集合, 如果在这个集合中, 任何序列都不是另一个序列的前缀, 则称这个集合为前缀码.

例如, 0 是 011 的前缀, 01 也是 011 的前缀, 但是 1 不是 011 的前缀. 集合 $\{10, 01, 00, 11\}$ 是前缀码, 集合 $\{00, 01, 010\}$ 不是前缀码.

前缀码与有序二元树密切相关. 如, 可用图 3.23 中有序二元树的叶子顶点生成字母 e, l, h, i, o 的前缀码. 在有序二元树中, 每个左儿子顶点标记 0, 右儿子顶点

标记 1, 则叶子顶点对应的序列就是所需编码. $\{000, 11, 010, 011, 100\}$ 对应的有序二元树如图 3.23 所示.

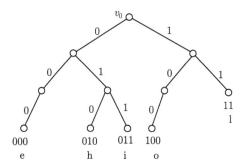

图 3.23　$\{000, 010, 011, 100, 11\}$ 对应的有序二元树

如果我们设计一个有 26 个叶子的有序二元树, 每个叶子代表一个英文字母, 则这个有序二元树上的叶码序列是一个前缀码. 用该前缀码可以表示出任何一句话, 进而, 可以表达任何一篇文章的信息.

3.5.4　Huffman 树

在生成 26 个英文字母的前缀码时, 我们希望使用频率高的字母相应的叶码短一点, 而使用频率低的字母相应的叶码则可以长一点儿, 这样可以使整篇文章的总叶码较短. 为此, 我们引入 Huffman 树.

定义 3.12 (Huffman 树)　以 v_0 为根、以 $v_1, v_2, \cdots, v_n$ 为叶子的有序二元树中, 称 (v_0, v_i) 链的长 l_i 为叶子 v_i 的码长. 若 v_i 代表的事物出现的频率为 p_i, 且 $\sum\limits_{i=1}^{n} p_i = 1$, 则称使

$$m(T) = \sum_{i=1}^{n} p_i l_i$$

达到最小的有序二元树 T 为带权 $p_1, p_2, \cdots, p_n$ 的 Huffman 树, 也叫做最优二元树.

如图 3.24 所示的两个树 T_1 和 T_2 都是带权为 $0.1, 0.2, 0.3, 0.4$ 的有序二元树, 但它们的权却不一样. 这两个树的权分别为

$$m(T_1) = 3(0.1 + 0.4) + 2 \cdot 0.2 + 0.3 = 2.2,$$

$$m(T_2) = 2(0.1 + 0.2 + 0.3 + 0.4) = 2,$$

可见, $m(T_2) < m(T_1)$, 即 T_2 优于 T_1.

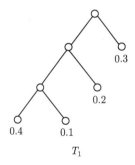
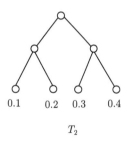

图 3.24 带权的有序二元树

一个自然的问题就是: 如何求出带权 $p_1, p_2, \cdots, p_n$ 的 Huffman 树? 我们给出如下算法, 设 $p_1 \leqslant p_2 \leqslant \cdots \leqslant p_n$, v_i 为与 p_i 相应的叶子顶点.

Step 1 把权为 p_1, p_2 的两个顶点 v_1, v_2 连接到同一个新顶点上, 并设该顶点的权为 $p_1 + p_2$.

Step 2 在权 $p_1 + p_2, p_3, \cdots, p_n$ 中选出两个最小权, 把它们对应的顶点连接到另一个新顶点上, 并给这个新顶点赋权为此两个最小权的和.

Step 3 重复 Step 2, 直到形成 $n-1$ 个新顶点、n 个叶子为止.

通过对 Huffman 树的叶子数目 n 用归纳法, 易见算法所求出的树是最优树.

运用上述方法, 可得带权 $0.1, 0.2, 0.3, 0.4$ 的 Huffman 树如图 3.25 所示, T_3 的权为

$$m(T_3) = 3(0.1 + 0.2) + 2 \cdot 0.3 + 0.4 = 1.9 < \min\{m(T_1), m(T_2)\},$$

可见, T_3 优于 T_1, T_2, T_3 是带权 $0.1, 0.2, 0.3, 0.4$ 的最优有序二元树.

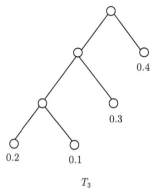

图 3.25 Huffman 树

3.6　与树有关的猜想

3.6.1　优美树猜想

设 $G = (V, E)$ 为简单图. 若存在单射 $f : V(G) \to \{0, 1, 2, \cdots, \varepsilon\}$ 满足

$$\{|f(u) - f(v)| : uv \in E(G)\} = \{1, 2, \cdots, \varepsilon\},$$

则称 f 为图 G 图的优美标号 (graceful labeling), 称 G 为优美图 (graceful graph). 否则, 称 G 不是优美图或非优美图.

例如, 设 G 如图 3.26(a) 所示, 则它不是优美图; 若 G 如图 3.26(b) 所示, 则它有一个优美标号 f, 如每个顶点 v 上的数字为该顶点的标号 $f(v)$, 则 f 是一个优美标号, 图 G 是一个优美图.

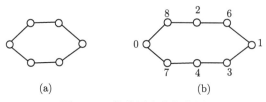

图 3.26　优美图和非优美图

1964 年, Rosa 提出了著名的优美树猜想.

优美树猜想　所有的树都是优美图.

该猜想至今尚未得到证明.

图的分解是指将图划分成一组边不交的子图. 设 T 为任意 $n+1$ 阶树, Ringle-Kotzig 猜想: K_{2n+1} 可分解为 $2n+1$ 个边不交且与 T 同构的树. 若优美树猜想成立, 则 Ringle-Kotzig 猜想也成立.

3.6.2　强九龙树猜想

强九龙树猜想研究的是将一个图 G 的边最多能分解为多少个森林. 它与图的荫度有关.

图 G 的荫度 (arboricity) 是指 G 边分解所需要的最少森林数. 图 G 的分数荫度 (fractional arboricity) 定义为

$$\gamma_f(G) = \max_{H \subseteq G, \nu(H) > 1} \frac{\varepsilon(H)}{\nu(H) - 1}.$$

例如, 设 G 如图 3.27 所示, 从分数荫度的定义可以看出, 当子图 H 中的顶点数 $\nu(H)$ 固定时, 应使 $\varepsilon(H)$ 尽可能大. 注意到该图 G 中含有的最大团是 K_4, 因

此, 它的分数荫度

$$\gamma_f(G) = \max\left\{ \frac{\varepsilon(K_4)}{\nu(K_4) - 1}, \frac{\varepsilon(G)}{\nu(G) - 1} \right\}$$

$$= \max\left\{ \frac{6}{3}, \frac{9}{4} \right\} = \frac{9}{4}.$$

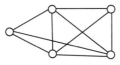

图 3.27 图 G

著名的 Nash-Williams 定理 (1964) 指出: 一个图 G 的边最多能分解为 k 个边不交的森林当且仅当 $\gamma_f(G) \leqslant k$.

2012 年, Montassier 等基于图 G 的分数荫度概念提出了著名的九龙树猜想和强九龙树猜想[①]. 九龙树猜想已经于 2017 年被证明是正确的[②]. 而强九龙树猜想在一些特殊情况下也已被证明, 因此, 人们倾向于认为强九龙树猜想也是正确的.

九龙树猜想 (Nine Dragon Tree Conjecture, NDT) 设 k, d 均为非负整数, 如果图 G 的分数荫度

$$\gamma_f(G) \leqslant k + \frac{d}{k + d + 1},$$

则 G 的边集可以分解为 $k + 1$ 个森林, 且其中一个森林的最大度为 d.

例如, 设 G 如图 3.27 所示, 则它的分数荫度 $\gamma_f(G) = 9/4$, 于是, 可取 $k = 2, d = 1$ 使得

$$\gamma_f(G) = \frac{9}{4} \leqslant 2 + \frac{1}{2 + 1 + 1} = k + \frac{d}{k + d + 1}$$

成立. 而图 G 确实可以分解为 3 个森林, 其中两个是长为 4 的链 P_4, 一个 P_1, 且 P_1 的最大度为 1.

强九龙树猜想 (Strong Nine Dragon Tree Conjecture, SNDT) 设 k, d 均为非负整数, 如果图 G 的分数荫度

$$\gamma_f(G) \leqslant k + \frac{d}{k + d + 1},$$

① Montassier M, de Mendez P O, Raspaud A, Zhu X. Decomposing a graph into forests. J. Combin. Theory Ser. B, 2012, 102: 38-52.

② Jiang H B, Yang D Q. Decomposing a graph into forests: The nine dragon tree conjecture is true. Combinatorica, 2017, 37(6): 1125-1137.

则 G 的边集可以分解为 $k+1$ 个森林, 且其中一个森林的每个连通分支最多包含 d 条边.

　　例如, 容易验证, 对于如图 3.27 所示图 G, 强九龙树猜想也是正确的.

3.6.3　Erdös-Sós 猜想

　　互不同构 ν 阶树的个数有限, 如互不同构 5 阶树只有 3 个, 如图 3.28 所示. 简单图 G 中的边数越多, 它包含的子图种类也越多. 如果要求任何 k 阶树都是图 G 的子图, 那么对图 G 有何要求呢?

图 3.28　互不同构的 5 阶树

　　Erdös-Sós 猜想[①]　如果简单图 G 的平均度大于 $k-2$, 即

$$\varepsilon(G) > \frac{(k-2)\nu(G)}{2},$$

则 G 包含任何 k 阶树.

　　例如, 设 G 如图 3.27 所示, 则它的平均度为 18/5, 容易验证, 图 3.28 中全部 3 个五阶树都是它的子图. 对于链、蜘蛛树、毛毛虫树、最大直径小于 5 的树等特殊情形, Erdös-Sós 猜想已被证明.

习　题　三

1. 全部互不同构的七阶树有 (　　)

A. 6 个　　　　　　　　B. 9 个　　　　　　　C. 11 个　　　　　　　D. 15 个

2. 画出全部互不同构的 8 阶树.

3. 设图 G 如题图 3.1 所示.

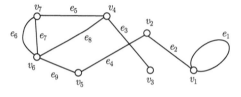

题图 3.1　图 G

　　① Erdös P. Extremal problems in graph theory[M]//Fiedler J, Theory of Graphs and Its Applications. New York: Academic Press, 1965: 29-36.

(1) 用破圈法求 G 的一个支撑树.

(2) 用避圈法求 G 的一个支撑树.

4. 若图 G 有 n 个顶点, 则它一定有 (　　) 条边

A. n　　　　　　　B. $n-1$　　　　　　C. $n+1$　　　　　D. 以上选项都不对

5. 已知图 G 是 ν 阶连通图, 则下列说法正确的是 (　　)

A. G 中至少有 $\nu-1$ 条边　　　　　　　　B. G 中恰有 $\nu-1$ 条边

C. G 中至多有 $\nu-1$ 条边　　　　　　　　D. 以上选项都不对

6. 若图 G 中存在某边 $e = un \in E(G)$, 使得 $G \cdot e$ 为圈, $G - e$ 为树, 证明 G 必是圈.

7. 如果分子式为 C_mH_n 的碳氢化合物对应的图是树, 证明: $n = 2m + 2$.

8. 设图 G 有 ν 个顶点、ε 条边和 ω 个连通分支, G 中不同圈的个数为 n, 则下列关于 n 的说法最恰当的是 (　　)

A. $n \geqslant \varepsilon - \nu$　　　B. $n \geqslant \varepsilon - \nu + \omega$　　　C. $n \leqslant \varepsilon - \nu - \omega$　　　D. $n \leqslant \nu - \omega$

9. 设 $A_1, A_2, \cdots, A_n$ 是集合 $X = \{1, 2, \cdots, n\}$ 的 n 个不同子集, 则必存在 $x \in X$, 使得 $A_1 \cup \{x\}, A_2 \cup \{x\}, \cdots, A_n \cup \{x\}$ 互不相同.

10. 10 个学生参加一次考试, 试题有 10 道, 已知没有两个学生做对的题目完全相同. 证明: 在这 10 道题中可以去掉一道试题, 使每两个学生做对的题目不完全相同.

11. 设 T 是阶为 $k+1$ 的树, G 是满足 $\delta \geqslant k$ 的任一简单图, 证明 G 中一定有子图与 T 同构.

12. 证明正整数序列 $(d_1, d_2, \cdots, d_n)$ 是某个树的度序列的充要条件是

$$\sum_{i=1}^{n} d_i = 2(\nu - 1).$$

13. 先判断正误, 再说明理由.

(1) 树 T 中的每条边都是割边;

(2) 若无环图 G 中恰有两个悬挂点, 则 G 一定是链;

(3) 若无环图 G 中恰有 $2k$ 个悬挂点, 则 G 一定是 k 条边不交的链的并;

(4) 无环图 G 的边集 $\varepsilon(G)$ 一定是边割;

(5) 若图 G 中有 n 个顶点, m 条边, 且 $m \geqslant n$, 则 G 中一定有圈;

(6) 若图 G 中有 n 个顶点, m 条边, 且 $m < n$, 则 G 中一定无圈;

(7) 设 $e_0 \in E(G)$, 若 $\omega(e_0) < \min\{\omega(e), e \in E(G) \backslash e_0\}$, 则 e_0 一定包含在 G 的任何一棵最小支撑中.

14. 设 G 是阶 $\nu \geqslant 3$ 的连通图, 证明:

(1) 如果 G 有割边, 则 G 中顶点 v 满足 $\omega(G - v) \geqslant \omega(G)$;

(2) 举例说明 (1) 中逆命题不真.

15. 设 T 是 $\nu(\nu \geqslant 4)$ 阶树, x_i 表示 T 中度为 i 的顶点的数目, 证明:

$$x_1 = x_3 + 2x_4 + 3x_5 + \cdots + (\Delta - 2)x_\Delta + 2.$$

16. (多选题) 设 G 如题图 3.2 所示, 则下列选项中是边割的有 (　　)

A. $\{e_3, e_6\}$　　　B. $\{e_3, e_6, e_2\}$　　　C. $\{e_3, e_6, e_2, e_4\}$　　　D. $\{e_3, e_6, e_2, e_4, e_5\}$

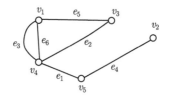

题图 3.2　图 G

17. 设图 $G = (V, E)$, 边子集 $E_1 \subset E$ 且 E_1 为边割, 则边导出子图 $G[E_1]$ 中含有奇圈吗? 为什么?

18. 设 G 如题图 3.2 所示, 设 $S = \{v_1, v_5\}$, 请将边割 $[S, \bar{S}]$ 分解为若干个边不交的极小边割的并.

19. 用递推公式求题图 3.2 中图 G 的不同支撑树的个数.

20. 用矩阵-树定理求题图 3.2 中图 G 的不同支撑树的个数.

21. 求如题图 3.3 图 G 的不同支撑树的个数 $\tau(G)$. (注: 此图有割点, $\tau(G)$ 可分解成不同子图的支撑树个数乘积)

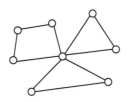

题图 3.3　图 G

22. (多选题) 在用递推公式求图的不同支撑树时, 下列做法正确的有 (　　)

A.

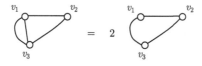

B.

C.

D.

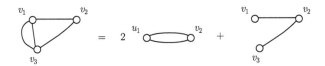

23. 求题图 3.2 中包含边 e_2 的不同支撑树的数目.

24. 求顶点标号完全图 K_n 的不同支撑树的数目 $\tau(K_n)$.

25. 求顶点标号完全二部图 $K_{m,n}$ 的不同支撑树的数目 $\tau(K_{m,n})$.

26. 求顶点标号轮图 W_n 的不同支撑树的数目 $\tau(W_n)$.

27. 求顶点标号扇图 F_n 的不同支撑树的数目 $\tau(F_n)$.

28. 设 T 是树, 证明:

(1) T 是二部图;

(2) 设 $T = (X, Y, E)$, 则

(i) 若 $|X| \geqslant |Y| \geqslant 1$, 则 X 中至少有一个悬挂点;

(ii) 若 $|X| = |Y| + k$, 且 $|Y| \geqslant 1$, 则 X 中至少有 $k + 1$ 个悬挂点.

29. 证明: 如果 G 是无环连通图, 并且只有唯一的支撑树, 则 $G = T$.

30. 设 $T_i = (V_i, E_i)(i = 1, 2, \cdots, k)$ 是树 T 的子树, $S = V_1 \cap V_2 \cap \cdots \cap V_k$, 证明:

(1) 若 $V_i \cap V_j \neq \varnothing, 1 \leqslant i \neq j \leqslant k$, 则 $S \neq \varnothing$;

(2) 若 $S \neq \varnothing$, 则 $T[S]$ 是 T 的子树.

31. 设 C_1 与 C_2 是图 G 中的圈, B_1 与 B_2 是 G 中的补圈 (把它们都看成边的集合, 补圈即极小边割), 证明:

(1) $C_1 \oplus C_2$ 是互不相交的圈的并;

(2) $B_1 \oplus B_2$ 是互不相交的补圈的并;

(3) 对 G 中的任一条边 e, $(C_1 \cup C_2)/\{e\}$ 中含圈;

(4) 对 G 中的任一条边 e, $(B_1 \cup B_2)/\{e\}$ 中含补圈,

其中 $A \oplus B$ 表示 A 与 B 的对称差, 即 $A \oplus B = (A - B) \cup (B - A)$.

32. 设网络 G 如题图 3.4 所示,

(1) 用 Prim 算法求题图 3.4 的最小支撑树;

(2) 用 Kruskal 算法求题图 3.4 的最小支撑树.

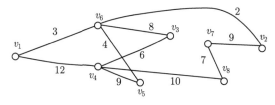

题图 3.4 网络 G

33. 某公园的主要景点系统见题图 3.5, 图中的圆圈及其字母显示了该公园主要景点的分布图, 其中包含了一个入口 v_s、一个出口 v_t 和五个景点 A, B, C, D, E. 现需要铺设光导纤维

为主要景点及出入口间提供通信服务. 图中各边表示相应景点间可以铺设线路及其成本费用, 若两个景点间没有边, 则说明这两个景点间铺设成本过高或地形等因素不允许铺设光缆. 请为公园管理层设计一个铺设方案, 使所有景点及出入口间可通信且铺设成本最少.

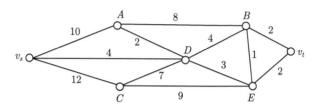

题图 3.5　公园光缆通信网络

34. 构造与括号列 $((()()())())(((())((()())))$ 相对应的有序二元树.

35. 饭后, 姐姐洗碗, 妹妹把姐姐洗过的碗一个一个地放进碗橱摞成一摞. 共有 n 个图样两两相异的碗, 洗前按图样 $1, 2, \cdots, n$ 摞成一摞. 因为妹妹贪玩, 碗拿进碗橱不及时, 姐姐把洗过的碗摞在旁边, 问妹妹摞起的碗可能有几种方式?

36. 求 8 阶有序树个数、8 阶典型有序二元树个数、8 阶有序二元树个数.

37. 根据题图 3.6 所示的有序二元树, 对下列每个二进制串进行解码.

(1) 100111101;

(2) 10001011001;

(3) 10000110110001;

(4) 0001100010110000.

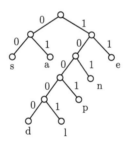

题图 3.6　有序二元树及其叶子编码

38. 根据题图 3.6 所示的有序二元树, 对下列单词进行编码.

(1) deal　　　　(2) sale　　　　(3) leaden　　　　(4) penned

39. 画出带权 0.2, 0.18, 0.12, 0.1, 0.1, 0.08, 0.06, 0.06, 0.06, 0.04 的 Huffman 树.

40. 现有一个英文句子: Youth is not a time of life, it is a state of mind. 根据英文字母在资料中出现的频率, 不包括标点符号, 构造一个字母 Huffman 树.

第 4 章　最大流及其算法

现实生活中有各种各样的网络, 网络中的边有方向, 沿着边的方向存在着 "流". 如石油运输网络, 石油在管道中流动时, 具有方向性. 再比如, 客流, 物质流, 信息流, ···, 不胜枚举. 广而言之, "流" 就是将一些 "物质" 从一个地点运至另一个地点.

本章将研究赋权有向网络中与流有关的概念、理论和算法. 研究流可以优化结构, 提高效率, 使社会效益和经济效益最大化.

4.1　网 络 模 型

输油网问题: 设有一个输油管道网络, 原油在码头 v_s 卸下, 通过网络输送到炼油厂 v_t. 顶点 v_1, v_2, v_3, v_4 表示中间泵站, 弧表示系统的子管道及原油的流动方向, 弧上的权表示管道的容量. 如图 4.1 所示. 那么如何运输才能使从源头到炼油厂送油量最大呢?

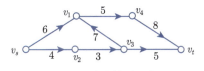

图 4.1　输油管道网络

4.1.1　容量网络

定义 4.1 (容量网络)　如果一个加权有向网络 D 满足如下三个条件:

① 存在唯一入度为 0 的顶点, 称为**源**, 记作 v_s;

② 存在唯一出度为 0 的顶点, 称为**汇**, 记作 v_t;

③ 每条弧 (v_i, v_j) 上赋权 c_{ij} 是一个非负数, 称为弧 (v_i, v_j) 的**容量**, 则把这个加权有向网络 D 称为**容量网络**.

如图 4.1 为一个容量网络, 其中顶点 v_s 的入度为 0, 它是容量网络的源; 顶点 v_t 的出度为 0, 它是容量网络的汇; 弧上的数字表示相应弧的容量, 如, 弧 (v_s, v_1) 的容量是 6, 表示从 v_s 到 v_1 这段管道的最大输油量是 6.

4.1.2   流

定义 4.2(流) 设 D 是一个容量网络, 令 c_{ij} 表示弧 (v_i, v_j) 的容量. 设 f 是定义在 D 的弧集上的一个函数, 它赋予每条弧 (v_i, v_j) 一个非负实数 f_{ij}, 若 f 满足:

① $f_{ij} \leqslant c_{ij}$;

② $\forall v_j \in V(D) \setminus \{v_s, v_t\}$ 有

$$\sum_{(v_i, v_j) \in A(D)} f_{ij} = \sum_{(v_j, v_i) \in A(D)} f_{ji},$$

则称 f 为容量网络 D 的一个**流** (flow). 称 f_{ij} 为弧 (v_i, v_j) 上的**流量**; 称

$$\sum_{(v_i, v_j) \in A(D)} f_{ij}$$

为流入顶点 v_j 的**流入量**; 称

$$\sum_{(v_j, v_i) \in A(D)} f_{ij}$$

为流出顶点 v_j 的**流出量**.

定义 4.2 中的条件 ① 要求弧上的流量不能超过弧的容量, 故该条件称为**相容条件**; 条件 ② 说明任何中间顶点的流入量与流出量相等, 所以该条件称为**守恒条件**.

若某条弧上的流量与容量相等, 则称弧在流下是**饱和弧**, 否则, 称该弧是**非饱和弧**.

流是定义在弧集上的非负函数, 为简洁起见, 我们把弧的流量写在网络上, 如图 4.2, 其中每条弧上的红色数字表示相应弧的流量. 弧 (v_2, v_3) 和 (v_1, v_4) 都是饱和弧, 其他弧都是非饱和弧. 对于顶点而言, 所有中间顶点的流入量和流出量都相等; 源没有入弧只有出弧, 因此, 源 v_s 的流入量是 0; 汇顶点没有出弧, 汇的流出量是 0. 源的出弧有两个, (v_s, v_1) 和 (v_s, v_2), 相应的流量为 $f_{s1} = 3$ 和 $f_{s2} = 3$, 于是, 源的流出量是 $f_{s1} + f_{s2} = 6$; 同理, 汇的流入量是 $f_{4t} + f_{3t} = 5 + 1 = 6$. 其他中间顶点的流入量与流出量相等, 即满足守恒条件.

图 4.2   流

4.1.3 流值

在图 4.2 中, 源的流出量与汇的流入量相等, 这并非偶然, 一般地, 有如下定理.

定理 4.1 设 f 是容量网络 D 的一个流, 其中源为 v_s, 汇为 v_t, 由源的流出量等于汇的流入量, 即

$$\sum_{(v_s, v_i) \in A(D)} f_{si} = \sum_{(v_i, v_t) \in A(D)} f_{it}.$$

证 注意到每条弧上的流量, 既是其头顶点的流入量, 也是其尾顶点的流出量, 因此, 所有弧上的流量之和、所有顶点的流入量之和、所有顶点的流出量之和, 这三者相等.

设中间顶点集为 $V' = V \setminus \{v_s, v_t\}$, 由于源 v_s 的流入量为 0, 故所有顶点的流入量之和为

$$\sum_{v_j \in V'} \sum_{(v_i, v_j) \in A(D)} f_{ij} + \sum_{(v_i, v_t) \in A(D)} f_{it}.$$

同理, 所有顶点的流出量之和为

$$\sum_{v_j \in V'} \sum_{(v_j, v_i) \in A(D)} f_{ji} + \sum_{(v_s, v_i) \in A(D)} f_{si}.$$

由流的定义条件 ② 知, $\forall v_j \in V'$ 有

$$\sum_{(v_i, v_j) \in A(D)} f_{ij} = \sum_{(v_j, v_i) \in A(D)} f_{ji}.$$

由上述三式, 可知结论成立. □

定义 4.3(流值) 设 f 是容量网络 D 的一个流, 其源为 v_s, 汇为 v_t, 称源的流出量 (也即汇的流入量) 为流 f 的**流值**, 记作 $\mathrm{val}(f)$.

由定义 4.3 知图 4.2 中流的流值为 6.

4.1.4 最大流

不同流的流值有大有小, 在实际应用中, 人们往往需要流值尽可能大.

定义 4.4(最大流) 设 D 是一个容量网络, 若 f 是 D 上流值最大的流, 则把 f 称为 D 的**最大流** (maximal flow).

显然, 容量网络 D 的最大流不一定唯一, 但, 最大流的流值是唯一确定的.

下面的讨论如何判断一个流是否为最大流.

流值与截容量有关.

与 3.3 节中定义的无向图的边割不同, 对于有向图而言, 边带有方向, 故此, 我们给出有向边割的概念.

定义 4.5(有向边割)　设有向图 $D = (V, A)$, $\forall S, S' \subseteq V$, 称方向从 S 指向 T 的弧的集合

$$(S, S') = \{(v_i, v_j) \in A(D) \,|\, v_i \in S, v_j \in S'\}$$

为**有向边割**, 记作 (S, S').

定义 4.6(截)　设 D 是一个容量网络, 源为 v_s, 汇为 v_t. 设顶点子集 $S \subset V(D), \bar{S} = V(D) \backslash S$, 且 $v_s \in S, v_t \in \bar{S}$, 则称弧集 $\{(v_i, v_j) \in A(D) \,|\, v_i \in S, v_j \in \bar{S}\}$ 为**容量网络 D 的截**, 记作 $(S, \bar{S})$.

定义 4.7(截的容量)　我们称截 $(S, \bar{S})$ 中所有弧的容量之和, 即

$$\sum_{(v_i, v_j) \in (S, \bar{S})} c_{ij}$$

为**截 $(S, \bar{S})$ 的容量**, 记作 $c(S, \bar{S})$.

定义 4.8(截的流量)　设 f 为容量网络 D 的一个流, 称截 $(S, \bar{S})$ 中所有弧的流量之和, 即

$$\sum_{(v_i, v_j) \in (S, \bar{S})} f_{ij}$$

为**截 $(S, \bar{S})$ 在流 f 下的流量**, 记作 $c_f(S, \bar{S})$.

如图 4.2, 取 $S = \{v_s, v_1, v_2\}$, 则截 $(S, \bar{S}) = \{(v_1, v_4), (v_2, v_3)\}$, 该截中包含有两条弧. 注意弧 (v_3, v_1) 不属于 $(S, \bar{S})$. 它的容量 $c(S, \bar{S}) = c_{14} + c_{23} = 5 + 3 = 8$, 流量 $c_f(S, \bar{S}) = f_{14} + f_{23} = 8$.

容量网络中, 一般而言, 不同截的容量不同, 我们称容量达最小的截为**最小截**. 最小截与最大流之间有密切的关系.

定理 4.2　设 D 是一个容量网络, 源为 v_s, 汇为 v_t. 设 f 是容量网络 D 的一个流, $(S, \bar{S})$ 是 D 的一个截, 则有 $\mathrm{val}(f) \leqslant c(S, \bar{S})$.

证　记 $S_1 = S \backslash \{v_s\}$, 则 S_1 中所有顶点都是中间顶点, 它们都满足守恒条件, 故 S_1 中所有顶点的流出量之和与流入量之和相等. 而 S_1 中所有顶点的流出量之和为

$$c_f(S_1, \bar{S}) + c_f(S_1, S_1).$$

S_1 中所有顶点的流入量之和为

$$c_f(\bar{S}, S_1) + c_f(S_1, S_1) + c_f(v_s, S_1).$$

由上述两式相等, 知 $c_f\left(S_1, \bar{S}\right) = c_f\left(\bar{S}, S_1\right) + c_f\left(v_s, S_1\right)$. 将此式代入 $c_f\left(S, \bar{S}\right) = c_f\left(S_1, \bar{S}\right) + c_f\left(v_s, \bar{S}\right)$ 得

$$c_f\left(S, \bar{S}\right) = c_f\left(\bar{S}, S_1\right) + c_f\left(v_s, S_1\right) + c_f\left(v_s, \bar{S}\right).$$

显然 $\mathrm{val}(f) = c_f\left(v_s, S_1\right) + c_f\left(v_s, \bar{S}\right), c_f\left(S, \bar{S}\right) \leqslant c\left(S, \bar{S}\right), c_f\left(\bar{S}, S_1\right) = c_f(\bar{S}, S)$, 于是

$$c_f\left(S, \bar{S}\right) = c_f\left(\bar{S}, S\right) + \mathrm{val}(f) \leqslant c(S, \bar{S}). \tag{1}$$

而 $c_f\left(\bar{S}, S_1\right) \geqslant 0$, 故有 $\mathrm{val}(f) \leqslant c\left(S, \bar{S}\right)$. □

注 1 定理 4.2 中不仅证明了流值比截的容量小, 而且从 (1) 式也可以看出, 使流值与截容量相等, 当且仅当如下两个条件成立:

① 截 $(S, \bar{S})$ 上的流量与容量相等, 即 $(S, \bar{S})$ 中的每条弧都是饱和弧;

② 截 $(\bar{S}, S)$ 上的流量为 0, 即 $(\bar{S}, S)$ 中每条弧流量都 0.

注 2 定理 4.2 也说明了, 若容量网络的一个流 f 的流值等于某个截 $(S, \bar{S})$ 的容量, 即 $c\left(S, \bar{S}\right) = \mathrm{val}(f)$, 则 f 为最大流, $(S, \bar{S})$ 为最小截.

4.2 最大流算法

本节讨论求出最大流的算法, 其基本思想是: 从某个初始流开始, 通过修改某些弧的流量以增加流值, 直到流值不能继续增加为止, 得到一个最大流. 那么应该修改哪些弧的流量? 如何修改弧上的流量?

4.2.1 增广链

设 D 是容量网络, v_s 为源, v_t 为汇, 设 $P = v_s v_1 v_2 \cdots v_n v_t$ 是一条从 v_s 到 v_t 的一条链, 规定链 P 的方向上源指向汇, P 中与规定方向一致的弧称为**正向弧**, 否则称为**反向弧**.

图 4.3(a) 中三条弧都是正向弧, 且这三条弧上的流量都小于容量, 于是, 沿着这条 (v_s, v_t) 链修改流量, 即每条弧上的流量增加 1, 则从源流出的流量增加 1, 汇流入的流量也增加 1, 同时中间顶点 v_2, v_3 的流入量和流出量都增加 1, 从而中间顶点仍满足守恒条件, 即修改后得到的仍为流, 且可使流值增加 1.

与图 4.3(a) 中全是正向弧不同, 图 4.3(b) 中存在反向弧 (v_4, v_3). 沿着这条 (v_s, v_t) 链修改流量, 即每条正向弧上的流量增加 2, 反向弧上流量减少 2, 也则可使流值增加 2. 这是因为, 此时, 对于中间顶点 v_3, 弧 (v_s, v_3) 和弧 (v_4, v_3) 都是它的入弧, 由于 (v_s, v_3) 是正向弧, 它的流量增加 2, 而弧 (v_4, v_3) 是反向弧, 它的流量减少 2, 因此, 中间顶点 v_3 的流入量保持不变, 显然, v_3 的出弧都不属于这条 (v_s, v_t) 链, 因此, 中间顶点 v_3 的流出量保持不变, 这样, 修改流量后的中间顶点

v_3 仍然满足守恒条件. 同理, 中间顶点 v_4 也仍然满足守恒条件. 修改流量后, 易见, 源的流出量和汇的流入量都增加 2, 因此, 流值增加 2.

$$图 4.3\quad 正向弧和反向弧$$

图 4.3 揭示了两种可使流值增加的 (v_s, v_t) 链. 于是, 我们得到增广链的定义.

定义 4.9(增广链)　设 P 是一条 (v_s, v_j) 链, 如果

① 对 P 中每条正向弧 (v_i, v_j), $f_{ij} < c_{ij}$;

② 对 P 中每条反向弧 (v_i, v_j), $f_{ij} > 0$,

则称 (v_s, v_j) 为 f 非饱和链; 否则, 称其为 f 饱和链; 从源到汇的 f 非饱和链, 即非饱和 (v_s, v_t) 链, 称为 f **增广链**.

设 P 是容量网络 D 的一条 f 增广链, 记 $\Delta = \min\{\Delta_1, \Delta_2\}$, 其中

$$\Delta_1 = \min\{c_{ij} - f_{ij}\,|\,(v_i, v_j)\ 为正向弧\}, \quad \Delta_2 = \min\{f_{ij}\,|\,(v_i, v_j)\ 为反向弧\}.$$

则给 P 中正向弧的流量增加 Δ, 反向弧的流量减少 Δ, 其他弧的流量不变, 则可使新流的流值比原流值增加 Δ. 称 Δ 为增广链 P 的容量.

如图 4.2 红色数字所示的流 f, (v_s, v_t) 链 $P = v_s v_1 v_3 v_t$ 上两条正向弧 (v_s, v_1) 和 (v_3, v_t) 都是 f 非饱和弧, 反向弧 (v_3, v_1) 流量大于 0, 故 P 是一条 f 增广链且可使流值增加 $\Delta = 2$.

4.2.2　最大流 Ford-Fulkerson 算法

由 f 增广链的定义可知, 若容量网络中存在 f 增广链, 则可通过修改 f 增广链中各弧的流量, 使流值增加 Δ, 即 f 一定不是最大流. 下面定理说明, 若容量网络中不存在 f 增广链, 则 f 一定是最大流.

定理 4.3　设容量网络 D 的源为 v_s, 汇为 v_t, f 为 D 的一个流, 则 f 为最大流当且仅当 D 中不存在 f 增广链.

证　只需证明充分性.

(充分性) 由定理 4.2 的注 1, 只需证明存在截 $(S, \bar{S})$ 满足: $(S, \bar{S})$ 中的每条弧都是饱和弧、$(\bar{S}, S)$ 中每条弧都是零弧, 即流量都为 0.

按照是否存在一条 f 非饱和 (v_s, v_j) 链, 可将顶点分类, 令

$$S = \{v_s\} \cup \{v_j\,|\ 存在一条 f\ 非饱和 (v_s, v_j)\ 链\}.$$

由于容量网络 D 中不存在 f 增广链, 故有 $v_t \in \bar{S}$.

$\forall (v_i, v_j) \in \left(S, \bar{S}\right)$, 我们断言: $f_{ij} = c_{ij}$. 事实上, 由 $v_i \in S$ 知, 容量网络 D 中存在一条 (v_s, v_i) 链 P 为 f 非饱和链. 假若 $f_{ij} < c_{ij}$, 则易见, $P + (v_i, v_j)$ 亦为 f 非饱和链, 与 $v_j \in \bar{S}$ 矛盾.

同理, 可以证明 $f_{ij} = 0 \left(\forall (v_i, v_j) \in \left(\bar{S}, S\right)\right)$. □

由定理 4.3, 构造容量网络的最大流可通过寻找增广链, 并修改增广链上的流量来实现. 构造最大流的具体算法步骤为:

Step 1 从一个流开始 (例如, 可取每条弧上的流量均为 0 零流).

Step 2 查找 f 增广链. 如果不存在 f 增广链, 则算法结束, 得到最大流; 若查找到一条 f 增广链, 转 Step 3.

Step 3 设 P 是查找到的 f 增广链, 记 $\Delta = \min \{\Delta_1, \Delta_2\}$, 其中

$$\Delta_1 = \min \left\{ c_{ij} - f_{ij} \mid (v_i, v_j) \text{ 为正向弧} \right\}, \quad \Delta_2 = \min \left\{ f_{ij} \mid (v_i, v_j) \text{ 为反向弧} \right\},$$

则修改 P 中正向弧的流量增加 Δ, 反向弧的流量减少 Δ, 其他弧的流量不变, 转 Step 2.

在构造最大流的算法中, 最关键的一步是 Step 2, 即查找 f 增广链. 下面, 我们以如下例题说明查找增广链的方法——标号法.

例 4.1 求图 4.4 中容量网络的最大流.

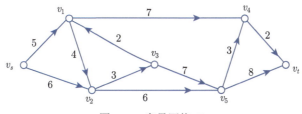

图 4.4 容量网络 D

解 我们初始化每条弧上的流量为 0, 如图 4.5(a) 中每条弧上的红色数字, 并且源顶点标号为 $(-, \infty)$, 其中第 1 个标号 $b_1 (v_s)$ 表示前继顶点, 源顶点没有前继顶点, 故用 "$-$"; 第 2 个标号 $b_2 (v_s)$ 表示请允许增加的流量, 如图 4.5(a).

设 v 为已经获得标号的顶点, 考察与 v 相邻顶点集合 $N (v)$ 中还没有标号的顶点. 设 $u \in N (v)$ 且没有标号, 若 $(v, u) \in E (D)$ 且 $f_{ij} < c_{ij}$, 则给 u 标号为 $(v, c_{ij} - f_{ij})$; 若 $(u, v) \in E (D)$ 且 $f_{ij} > 0$, 则给 u 标号为 $(v, -f_{ij})$ ("$-$" 号表示该弧为反向弧, 流量减少).

现网络中获得标号的顶点为 v_s, 于是, 从 v_s 出发可使 v_1, v_2 获得标号, 如图 4.5(b) 所示. 这时, 获得标号的顶点有 v_s, v_1, v_2. 继续考察与这三个顶点相邻且没有标号的顶点 v_4, v_3, v_5, 于是, v_4, v_3, v_5 可以获得标号, 如图 4.5(c) 所示.

重复上述步骤, 可使汇顶点 v_t 获得标号 $(v_5, 8)$, 如图 4.5(d) 所示, 说明已经找到增广链. 从 v_t 开始, 依次追踪第 1 个标号, 得到增广链为 $v_s v_2 v_5 v_t$. 再追踪增广链上的第二个标号, 可得增加的流值, 即

$$\Delta = \min\{|b_2(v_s)|, |b_2(v_2)|, |b_2(v_5)|, |b_2(v_t)|\} = 6.$$

修改增广链上各弧的流量, 得到新流, 并取消除源外所有顶点的标号, 如图 4.5(e) 所示.

同理, 用标号法得增广链 $v_s v_1 v_4 v_t$, 增加流值 2, 得新流如图 4.5(f) 所示.

在图 4.5(f) 流的基础上, 用标号法得增广链 $v_s v_1 v_2 v_3 v_5 v_t$, 增加流值为 2, 得新流如图 4.5(g) 所示.

从图 4.5(g) 所示流出发, 能获得标号的顶点如图 4.5(h) 所示, 此时, 汇不能得到标号, 说明网络中没有增广链, 算法结束. 图 4.5(g) 中的流就是最大流, 最大流的流值为 10.

在图 4.5(h) 中获得标号的顶点集合为 $S = \{v_s, v_1, v_2, v_3, v_4, v_5\}$, 易见, 截 $(S, \bar{S})$ 的容量 $c(S, \bar{S}) = \text{val}(f)$, 故截 $(S, \bar{S})$ 是最小截. □

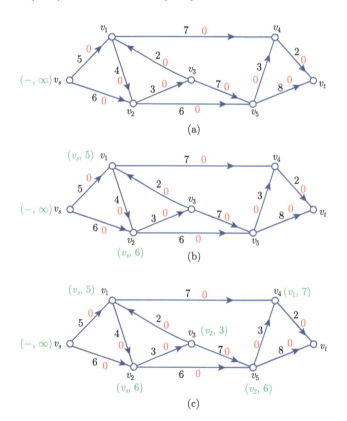

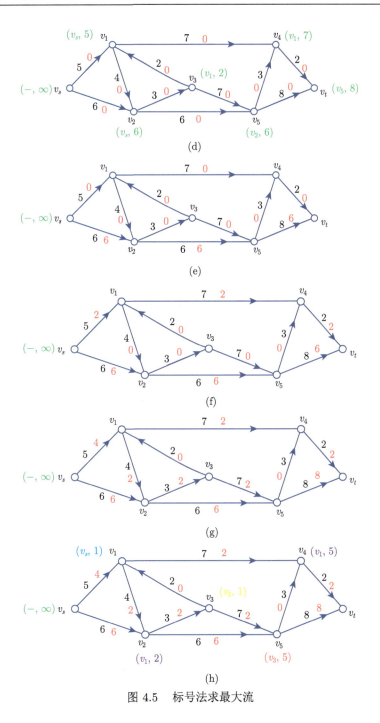

图 4.5 标号法求最大流

例 4.2 设容量网络 D 如图 4.4 所示, 其初始流如图 4.6 所示, 用标号法从该初始流出发, 求容量网络 D 的最大流.

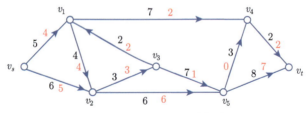

图 4.6　容量网络 D 及其初始流

解　该初始流的流值为 9, 由例 4.1 知, 它不是最大流.

用标号法求最大流, 首先给源顶点标号为 $(-, \infty)$, 如图 4.7(a). 再依次从已获得标号的顶点出发, 给网络中没有获得标号顶点标号. 从源 v_s 出发, v_1 和 v_2 都可以获得标号均为 $(v_s, 1)$, 如图 4.7(b).

继续从图 4.7(b) 中已经获得标号的顶点出发, v_4 可以获得标号 $(v_1, 5)$, v_3 可以获得标号 $(v_1, -2)$, 如图 4.7(c).

接下来, 从图 4.7(c) 中已经获得标号的顶点出发, v_5 可以获标号 $(v_3, 6)$, 如图 4.7(d).

再从图 4.7(d) 中已经获得标号的顶点出发, v_t 可以获标号 $(v_5, 1)$, 如图 4.7(e). 汇顶点 v_t 获得了标号, 说明已经找到一条增广链 $v_s v_1 v_3 v_5 v_t$. 修改该增广链的各弧的流值, 正向弧加 1, 反向弧减 1, 得到最大流, 如图 4.7(f) 所示.　　　□

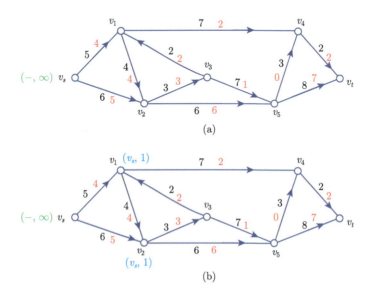

(a)

(b)

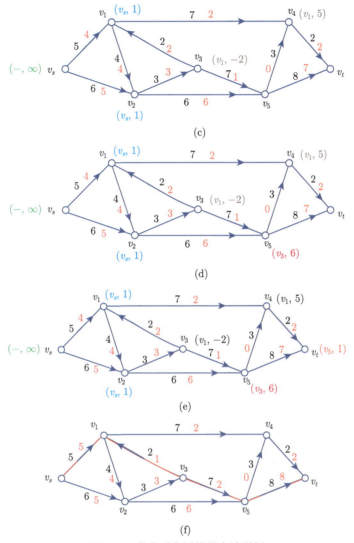

图 4.7 带有反向弧的增广链举例

例 4.2 说明在寻找增广链的过程中, 通过反向弧也可以使顶点获得标号, 反向弧在构造增广链中发挥着不可忽视的作用.

4.2.3 最大流最小截定理

例 4.1 中, 算法结束时, 最大流的流值等于最小截 $(S, \bar{S})$ 的容量, 其中

$$S = \{v_s, v_1, v_2, v_3, v_4, v_5\}$$

是算法结束时获得标号的顶点的集合. 一般地, 我们有如下最大流最小截定理.

定理 4.4(最大流最小截定理) 在任何容量网络 D 中, 最大流的流值等于最小截的容量.

证 设 f 是容量网络 D 的最大流, 由定理 4.3 知, D 中不存在 f 增广链. 设 S 为用标号法能够获得标号的顶点集合, 则 $v_s \in S$. 由于 D 中不存在 f 增广链, 故有 $v_t \in \bar{S}$. 考虑截 $(S, \bar{S})$ 中的弧 (v, u), 因为顶点 $u \in \bar{S}$, u 是不能获得标号的顶点, 故必有 $f_{ij} = c_{ij}$, 即弧 (v, u) 为饱和弧, 从而 $c_f(S, \bar{S}) = c(S, \bar{S})$. 同理, 对于 $(\bar{S}, S)$ 中的弧必为零弧, 即 $c_f(\bar{S}, S) = 0$. 于是, 由定理 4.2 证明中的 (1) 式, 知 $\mathrm{val}(f) = c(S, \bar{S})$. □

1957 年, Ford 和 Fulkerson 首先提出了标号法, 然后由 Edmonds 和 Karp 在 1972 年稍加修正完善.

对于整数容量网络, 标号法必然在有限步内构造出最大流. 设容量网络 D 的顶点数为 ν, 弧数为 ε, 且 D 中所有弧容量均为整数, $c_{\max}$ 为弧容量的最大值. D 中截 $(\{v_s\}, V \setminus \{v_s\})$ 的弧数最多为 $n - 1$, 故这个截的容量不超过 $nc_{\max}$, 所以 D 中最大流值不超过 $nc_{\max}$. 由于每次增广至少使流值增加 1, 因此, 增广的次数最多为 $nc_{\max}$. 而寻找一条增广链并沿增广链进行增广的计算量为 $O(m)$. 于是 Ford-Fulkerson 标号算法的复杂性为 $O(mnc_{\max})$. 这是一个伪多项式算法而不是多项式算法.

对于无理数容量网络, Ford 和 Fulkerson (1962) 给出了例 4.3 所示例子 [2], 说明算法不能在有限步内停止, 并且计算过程中得到的流序列也不收敛于最大流, 也就是说标号法失效. 但是, 不管标号法是否能找到最大流, 最大流最小截定理总成立.

例 4.3 设 $\alpha = (\sqrt{5} - 1)/2$, 易知: $\alpha^k = \alpha^{k+1} + \alpha^{k+2}$ $(k = 0, 1, 2, \cdots)$. 因 $0 < \alpha < 1$, 故级数

$$\sum_{k=0}^{\infty} \alpha^k = \frac{1}{1 - \alpha} = \beta > 1.$$

构造容量网络 $D = (V, A, c)$, 其中

$$V = \{v_s, v_t\} \cup \{x_i, y_i | 1 \leqslant i \leqslant 4\},$$

$$A = \{(v_s, x_i), (y_i, v_t) | 1 \leqslant i \leqslant 4 \cup \{a_i = (x_i, y_i) | 1 \leqslant i \leqslant 4\}$$

$$\cup \{(x_i, y_j), (y_i, x_j), (y_i, y_j) | i \neq j, 1 \leqslant i, j \leqslant 4\},$$

并令弧 a_1, a_2, a_3, a_4 的容量依次为 $1, \alpha, \alpha^2, \alpha^2$, 其他弧的容量均为 β. 如图 4.8 所示.

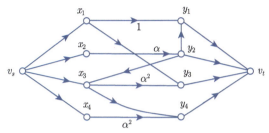

图 4.8 Ford-Fulkerson 算法无法求出最大流的例子

(网络中有未画出的弧; 所有未标记和未画出的弧容量均为 β)

显然该网络中的最小截是 $(\{v_s\}, \overline{\{v_s\}})$, 它的容量是 4β. 因此, 最大流的流值也是 4β. 比如, 依次沿 $v_s x_1 y_2 v_t$, $v_s x_2 y_3 v_t$, $v_s x_3 y_4 v_t$ 和 $v_s x_4 y_1 v_t$ 增广, 每次增广流值 β 即可得最大流.

如果按照如下顺序寻找增广链, 则得到的流值最多为 β, 即 Ford-Fulkerson 算法将无法获得最大流.

取初始可行流为零流, 然后取增广链 $v_s x_1 y_1 v_t$, 增广流值 1, 得到流 f_1, 其中弧 (v_s, x_1), (x_1, y_1) 和 (y_1, v_t) 上的流量均为 1, 其他弧上的流量均为 0, 则 $\mathrm{val}(f_1) = 1$. 此时, D 中的四条弧 a_1, a_2, a_3, a_4 的剩余容量 $c(a_i) - f_1(a_i)$ 分别为 $0, \alpha, \alpha^2, \alpha^2$. 如图 4.9 所示.

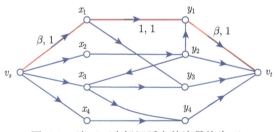

图 4.9 流 f_1 (未标记弧上的流量均为 0)

接下来, 先沿增广链 $v_s x_2 y_2 x_3 y_3 v_t$ 对 f_1 增广流值 α^2, 得到可行流 $\widetilde{f}_2$, 则 $\mathrm{val}(\widetilde{f}_2) = 1 + \alpha^2$, 具体弧上的流值如图 4.10(a) 所示. 此时弧 a_1, a_2, a_3, a_4 上的剩余容量 $c(a_i) - \widetilde{f}_2(a_i)$ 分别为 $0, \alpha^3, 0, \alpha^2$. 再沿增广链 $v_s x_2 y_2 y_1 x_1 y_3 x_3 y_4 v_t$ 对 $\widetilde{f}_2$ 增广流值 α^3, 得到可行流 f_2, 则 $\mathrm{val}(f_2) = 1 + \alpha^2 + \alpha^3 = 1 + \alpha$, 具体弧上的流值如图 4.10(b) 所示. 此时弧 a_1, a_2, a_3, a_4 上的剩余容量 $c(a_i) - f_2(a_i)$ 分别为 $\alpha^3, 0, \alpha^3, \alpha^2$. 按弧容量顺序 $0, \alpha^2, \alpha^3, \alpha^3$ 重新调整 a_1, a_2, a_3, a_4 的顺序, 再重复上述步骤, 得到流序列 $\widetilde{f}_3, f_3, \widetilde{f}_4, f_4, \cdots$ 且流值

$$\mathrm{val}\,(f_i) = \sum_{k=0}^{i-1} \alpha^k,$$

因此

$$\lim_{n \to \infty} \mathrm{val}\,(f_i) = \beta < 4\beta.$$

这说明按照此增广链顺序, Ford-Fulkerson 算法永远不会结束, 得到可行流无限序列 $\{f_i\}$ 的极限也不是最大流.

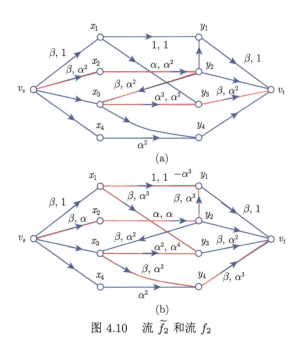

图 4.10 流 $\tilde{f}_2$ 和流 f_2

4.2.4 最短增广链算法

例 4.3 中的 Ford-Fulkerson 算法之所以失效, 是因为增广链的任意选取. 如果恰当选取增广链, Ford-Fulkerson 算法可以找到最大流. 所以要改进算法, 降低计算量, 加快收敛速度, 必须修正增广链的选取方法, 选取更好的增广链进行增广.

一种改进的思想是: 每次都沿最短 (即弧数最少的) 的增广链进行增广. Dinic (1970), Edmonds 和 Karp (1972) 各自独立地提出了这种改进方法 [2].

为了找出最短增广链, 我们引入剩余网络的概念.

给定一个带发点 v_s 和收点 v_t 的容量网络 $D = (V, A, c)$ 及 D 上的可行流 f 后, 定义

$$A^+(f) = \{(v_i, v_j)\,|\,(v_i, v_j) \in A, f_{ij} < c_{ij}\},$$

$$A^-(f) = \{(v_i, v_j) \,|\, (v_j, v_i) \in A, f_{ij} > 0\},$$

因为 D 中任何一对顶点之间至多有一条弧, 所以 $A^+(f) \cap A^-(f) = \varnothing$, 记 $A(f) = A^+(f) \cup A^-(f)$, 并且 $\forall (v_i, v_j) \in A(f)$, 令

$$c_{ij}(f) = \begin{cases} c_{ij} - f_{ij}, & (v_i, v_j) \in A^+(f), \\ f_{ij}, & (v_i, v_j) \in A^-(f), \end{cases}$$

称 c_{ij} 为弧 (v_i, v_j) 关于流 f 的剩余容量 (residual capacity). 于是得到一个带发点 v_s 和收点 v_t 的容量网络 $D(f) = (V, A(f), c(f))$, 称之为 D 关于 f 的剩余网络 (residual network). 剩余网络 $D(f)$ 中 (v_s, v_t) 路与原容量网络 D 中 f 增广链一一对应, 且 (v_s, v_t) 路的容量就是沿对应增广链增广的流值 δ.

在剩余网络 $D(f)$ 中应用第 2 章的 Dijkstra 算法 (每条弧赋权值 1), 可以求出 v_s 到其余各顶点 v_i 的最短路的长 $h(v_i)$, $h(v_i)$ 是 v_i 关于 v_s 的层数, 即 v_i 为 $D(f)$ 的第 $h(v_i)$ 层顶点. $D(f)$ 的第 0 层只有一个顶点 v_s. 如果 $D(f)$ 中有 (v_s, v_t) 路, 则 $h(v_t)$ 为有限数. 设 $h(v_t) = k$, 即 $D(f)$ 中任意一条最短 (v_s, v_t) 路的长都等于 k, 且从 v_s 开始, 最短 (v_s, v_t) 路上的顶点的层数依次增加, 第 i 个顶点的层数为 $i - 1\,(i = 1, 2, \cdots, k+1)$.

显然在 $D(f)$ 中不存在从第 i 层顶点指向第 $j(j > i + 1)$ 层顶点的弧. 注意到在剩余网络中删去从第 i 层顶点指向第 $j(j < i)$ 层数顶点的弧不影响网络中各顶点的层数, 即从高层数顶点到低层数顶点的弧对求 $D(f)$ 中最短 (v_s, v_t) 路没有作用. 同样地, 删去同层顶点间的弧也不影响 $D(f)$ 中最短 (v_s, v_t) 路. 因此, 我们定义如下分层剩余网络的概念.

定义 4.10(分层剩余网络) 设 D 关于 f 的剩余网络 $D(f) = (V, A(f), c_f)$, 称它的子网络

$$AD(f) = (V'(f), A'(f), c_f)$$

为 D 的关于 f 的**分层剩余网络**, 其中

$$V'(f) = \{v_t\} \cup \{v_i \,|\, h(v_i) < h(v_t)\},$$

$$A'(f) = \{(v_i, v_j) \in A(f) \,|\, h(v_j) = h(v_i) + 1 < h(v_t)\}$$

$$\cup \{(v_i, v_t) \,|\, h(v_i) = h(v_t) - 1\}.$$

$AD(f)$ 称为 D 的关于 f 的分层剩余网络, 其中第 0 层和第 $h(v_t)$ 层分别只有一个顶点 v_s 和 v_t.

例如, 对于例 4.3 中的容量网络 D 关于零流 f 的分层剩余网络 $AD(f)$ 如图 4.11 所示.

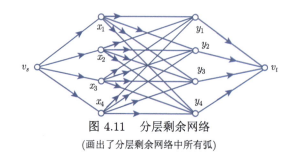

图 4.11   分层剩余网络
(画出了分层剩余网络中所有弧)

最短增广链算法的基本思想是: 从 D 的任一可行流 f_1 (例如零流) 开始, 构造 D 的关于 f_1 的分层剩余网络 $AD(f_1)$, 在 $AD(f_1)$ 中找一条 (v_s, v_t) 路 P_1, 沿 P_1 对 f_1 进行增广, 再在 $AD(f_1)$ 中删去 P_1 上容量最小的那些弧, 并相应修改 P_1 上弧的容量, 得到 $AD_{P_1}(f_1)$. 如果 $AD_{P_1}(f_1)$ 中存在 (v_s, v_t) 路 P_2, 则沿 P_2 进行增广, 同样删去 P_2 上容量最小的那些弧, 并修改 P_2 上弧的容量. 因为 $AD(f_1)$ 中只有有限条弧每次增广至少删去一条弧, 所以在有限次后, 必定使余下的网络不再有 (v_s, v_t) 路, 从而得到新流 f_2. 再构造 D 的关于 f_2 的分层剩余网络 $AD(f_2)$, v_t 在 $AD(f_2)$ 中的层数大于它在 $AD(f_1)$ 中的层数. 针对 $AD(f_2)$ 重复上面的做法, 经过有限次增广得到新的可行流 f_3, 这样一直做下去, 直到得到可行流 f_k, 使关于 f_k 的剩余网络 $D(f_k)$ 中不存在 (v_s, v_t) 路, 此时 f_k 即为 D 的最大流.

对于例 4.3 中的容量网络 D, 可以用最短增广链算法在有限步内求出它的最大流.

下面讨论最短增广链算法的复杂性. 设容量网络 D 的顶点数为 n, 弧数为 m. 因为算法中构造分层剩余网络 $AD(f_k)$ 的层数逐渐增加且至多有 $n-1$ 层, 故至多构造 n 次分层剩余网络. 用 Dijkstra 算法构造的分层剩余网络 $AD(f_k)$ 的复杂性为 $O(n^2)$. 在 $AD(f_k)$ 中找一条 (v_s, v_t) 路的计算量为 $O(n)$, 每次找到 (v_s, v_t) 路进行增广后至少删去一条弧, 故在 $AD(f_k)$ 中至多找 m 次 (v_s, v_t) 路. 因此, 最短增广链算法的复杂性为 $O(n(n^2 + nm)) = O(n^2 m)$, 即知这是一个多项式算法.

4.3   最小费用最大流

许多实际问题对应的容量网络中, 弧上不仅有容量, 还有单位流量的费用, 比如下面的旅客安排问题.

旅客安排问题: 设某旅行社要安排若干名旅客从城市 v_s 飞往城市 v_t, 途经

v_1, v_2, v_3, v_4 四个机场, 航线分布如图 4.12 所示, 其中每条弧上的第 1 个数字表示相应航段的座位数, 第 2 个数字表示每张机票的价格. 旅客可结伴而行, 也可单独旅行. 如何安排能使运送旅客最多条件下使旅费最少? 这就是本节讨论的最小费用最大流问题.

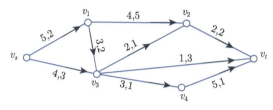

图 4.12　旅客安排问题

4.3.1　问题描述

设容量网络 D 的源为 v_s, 汇为 v_t, c_{ij} 和 b_{ij} 分别表示弧 (v_i, v_j) 上的容量和单位流量费用, 设 f 是 G 的流, 则称

$$b(f) = \sum_{(v_i, v_j) \in A(D)} f_{ij} b_{ij}$$

为**流 f 的费用**. 最小费用最大流问题, 就是在容量网络 D 的所有最大流中寻找费用最小的流. 这样的流称为最小费用最大流 (minimum-cost maximum flow).

1967 年, Klein 提出了一个求最小费用最大流的方法, 算法的基本思想是: 从容量网络 D 的任何一个最大流出发, 寻找某个圈, 修改该圈上各弧的流量使流值保持不变且费用降低, 直到网络中不存在这样的圈为止, 最终得到最小费用最大流.

4.3.2　f 增广圈

Klein 算法的关键在于寻找到圈 Q, 使得: ① 修改圈 Q 中各弧的流量得到新流的流值与原流值相同, 即修改后的流仍然是最大流; ② 新流的费用比原流的费用小. 例如, 见图 4.13(a), 每条弧上的第 3 个数字表示流量, 它是一个最大流. 取网络中的圈 $Q = v_1 v_3 v_2 v_1$, 规定它的方向为逆时针方向, 即 (v_1, v_3) 和 (v_3, v_2) 为正向弧, (v_1, v_2) 为反向弧, 则正向弧上的流量都小于容量, 反向弧上的流量都大于 0, 因此, 可修改圈 Q 上各弧的流量如下:

$$f'_{13} = f_{13} + 2,$$

$$f'_{32} = f_{32} + 2,$$

$$f'_{12} = f_{12} - 2.$$

其他弧上的流量不变, 见图 4.13(b). 则新流 f' 在圈 Q 上的费用为

$$f'_{13}b_{13} + f'_{32}b_{32} + f'_{12}b_{12} = 3 \times 2 + 2 \times 1 + 0 \times 5 = 8,$$

而原流 f 在圈 Q 上的费用为

$$f_{13}b_{13} + f_{32}b_{32} + f_{12}b_{12} = 1 \times 2 + 0 \times 1 + 2 \times 5 = 12.$$

这样, 通过修改圈 Q 上的流量, 既可以保持流仍然是最大流, 还可以使费用降低.

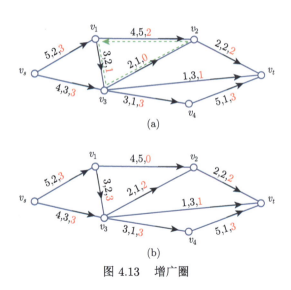

图 4.13　增广圈

定义 4.11 (增广圈)　设有容量网络 D, f 是一个流, f_{ij}, c_{ij}, b_{ij} 分别为弧 (v_i, v_j) 上的流量、容量和单位费用, 设 Q 是一个具有指定正向的圈, 记 Q^+ 为圈 Q 上正向弧的集合, Q^- 为圈 Q 上反向弧的集合. 令

$$\delta_{ij} = \begin{cases} c_{ij} - f_{ij}, & (v_i, v_j) \in Q^+, \\ f_{ij}, & (v_i, v_j) \in Q^-, \end{cases}$$

$$\delta(Q) = \min\{\delta_{ij} | (v_i, v_j) \in A(Q)\}. \tag{2}$$

若 $\delta(Q) > 0$, 则称 $\delta(Q)$ 为允许修正流量, 称圈 Q 为容量网络 D 上关于流 f 的 **增广圈** (increment cycle), 简称 f **增广圈**.

对于 f 增广圈 Q, 我们可以定义 f':

$$f'_{ij} = \begin{cases} f_{ij} + \delta(Q), & (v_i, v_j) \in Q^+, \\ f_{ij} - \delta(Q), & (v_i, v_j) \in Q^-, \\ f_{ij}, & (v_i, v_j) \notin A(Q). \end{cases} \tag{3}$$

容易验证, f' 仍是 D 的流且 $\mathrm{val}(f') = \mathrm{val}(f)$, 称 f' 为基于 f 增广圈 Q 的**修正流**.

定义 4.12 (负圈) 设有容量网络 D, f 是一个流, f_{ij}, c_{ij}, b_{ij} 分别为弧 (v_i, v_j) 上的流量、容量和单位费用, 设 Q 是关于流 f 的增广圈. 称

$$b(Q, f) = \sum_{(v_i, v_j) \in Q^+} b_{ij} - \sum_{(v_i, v_j) \in Q^-} b_{ij}$$

为 f 增广圈的费用. 若 f 增广圈 Q 的费用 $b(Q, f) < 0$, 则称 Q 为**负圈**.

值得指出的是, 负圈不仅与弧上的流量、容量、费用有关, 还与圈的指定正向有关. 见图 4.13(a), 取圈 $Q = v_s v_1 v_3 v_s$. 若指定它的正向为顺时针方向, 则 Q 不是负圈; 但若指定它的正向为逆时针方向, 则 Q 是负圈.

4.3.3 Klein 算法

基于负圈的概念, 我们给出求最小费用最大流的算法, 即 Klein 算法.

Klein 算法

Step 1   求容量网络 D 的一个最大流.

Step 2   寻找网络中的负圈. 若没有负圈, 算法结束; 若找到一个负圈 Q, 转 Step 3.

Step 3   修改负圈 Q 上各弧的流量, 得到修正流. 在新修正流的基础上, 转 Step 2, 继续寻找负圈.

下面的定理确保了 Klein 算法的正确性, 即 Klein 算法结束时得到的流, 一定是容量网络 D 的最小费用最大流.

定理 4.5   设有容量网络 D, f 是一个流, f_{ij}, c_{ij}, b_{ij} 分别为弧 (v_i, v_j) 上的流量、容量和单位费用, 则 f 是最小费用最大流当且仅当任何 f 增广圈 Q 的费用 $b(Q, f) \geqslant 0$, 即无负圈.

证   Klein 算法的 Step 1 是求最大流, 故算法结束时得到的流一定是最大流, 因此, 以下 f 均为最大流.

(必要性) (反证法) 若存在 f 增广圈 Q, 它的费用 $b(Q, f) < 0$. 设 f' 为基于 f 增广圈 Q 的修正流, 则修正流 f' 的费用为

$$b(f') = \sum_{(v_i, v_j) \in A(D)} f'_{ij} b_{ij}$$

$$= \sum_{(v_i,v_j)\in A(Q)} f'_{ij}b_{ij} + \sum_{(v_i,v_j)\in A(D)\backslash A(Q)} f'_{ij}b_{ij}$$

$$= \sum_{(v_i,v_j)\in Q^+} (f_{ij}+\delta)b_{ij} + \sum_{(v_i,v_j)\in Q^-} (f_{ij}-\delta)b_{ij} + \sum_{(v_i,v_j)\in A(D)\backslash A(Q)} f_{ij}b_{ij}$$

$$= \delta\left(\sum_{(v_i,v_j)\in Q^+} b_{ij} - \sum_{(v_i,v_j)\in Q^-} b_{ij} \right) + b(f)$$

$$= \delta\cdot b(Q,f) + b(f), \tag{4}$$

由于 $\delta>0, b(Q,f)<0$, 故有 $b(f')<b(f)$, 此与 f 为最小费用最大流矛盾.

(充分性) 假设 f 不是最小费用最大流, 设 f^* 是最小费用最大流, 则我们断言: 从 f 经过有限次基于增广圈的流量调整可以得到 f^*. 事实上, 由于 $f\neq f^*$, 存在弧 (v_{i_0},v_{j_0}) 使得 $f_{i_0j_0}\neq f^*_{i_0j_0}$, 不妨设 $f_{i_0j_0}<f^*_{i_0j_0}$. 考虑顶点 v_{j_0}, 由守恒条件知必存在弧 (v_{j_0},v_{k_0}) 使 $f_{j_0k_0}<f^*_{j_0k_0}$ 或者存在弧 (v_{k_0},v_{j_0}) 使 $f_{k_0j_0}>f^*_{k_0j_0}$. 再考虑顶点 v_{k_0}, 继续进行类似讨论, 由于网络中顶点个数有限, 故必存在圈 Q, 使得圈 Q 上的每条弧 e 上都有 $f_e\neq f^*_e$. 指定圈 Q 的正向与弧 (v_{i_0},v_{j_0}) 方向一致, 令

$$\delta'_{ij} = \begin{cases} f^*_{ij} - f_{ij}, & (v_i,v_j)\in Q^+, \\ f_{ij} - f^*_{ij}, & (v_i,v_j)\in Q^-, \end{cases}$$

$$\delta'(Q) = \min\left\{ \delta'_{ij}\,|\,(v_i,v_j)\in A(Q) \right\}.$$

在圈 Q 上, 我们可以定义流 f':

$$f'_{ij} = \begin{cases} f_{ij} + \delta'(Q), & (v_i,v_j)\in Q^+, \\ f_{ij} - \delta'(Q), & (v_i,v_j)\in Q^-, \\ f_{ij}, & (v_i,v_j)\notin A(Q). \end{cases}$$

容易验证 f' 仍是 D 的最大流且 $|\{e\,|\,f'_e\neq f^*_e\}| < |\{e\,|\,f_e\neq f^*_e\}|$. 同时, 由 $b(Q,f)\geqslant 0$ 及 (4) 知

$$b(f) < b(f').$$

重复上述过程, 经过有限次调整, 将得到流 f^*, 于是 $b(f)<b(f^*)$, 此与 f^* 为最小费用最大流矛盾. □

例 4.4　求旅客安排问题 (见图 4.12) 的最小费用.

解　该问题有一个最大流如图 4.13(b) 所示. 由 Klein 算法, 继续在图 4.13(b) 中寻找负圈, 发现 $v_sv_1v_3v_s$ 取逆时针方向时为负圈, 允许修正流量 $\delta=1$, 于是, 得到基于负圈 $v_sv_1v_3v_s$ 的修正流 f^*, 如图 4.14 所示. 此时, 容量网络中无负圈, 所以, f^* 是最小费用最大流, 故旅客安排问题的最小费用为 $b(f^*)=35$. □

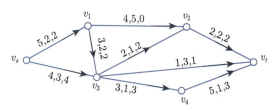

图 4.14 用 Klein 算法求最小费用最大流

习 题 四

1. 从城市 A 到城市 D 有两条路, 一条经过城市 B, 另一个经过城市 C. 在上午 7: 00 至 8: 00 期间, 各路段上平均旅行时间和道路上的最大容量如题表 4.1 所示. 将城市 A 到城市 D 在早上 7: 00 到 8: 00 期间的交通流表示为容量网络.

题表 4.1 各路段上的旅行时间和容量

路段	平均旅行时间	最大容量
A 到 B	30 分钟	1000 辆
A 到 C	15 分钟	3000 辆
B 到 D	15 分钟	4000 辆
C 到 D	15 分钟	2000 辆

2. 设容量网络如题图 4.1 所示, 每条弧上的第 1 个数字表示该弧的容量, 第 2 个数字表示流 f 在该弧上的流量, 求 a, b, c, d 及流值 $\mathrm{val}(f)$.

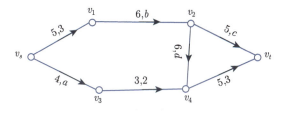

题图 4.1 容量网络及其流 f

3. 设容量网络如题图 4.2 所示, 每条弧上的第 1 个数字表示该弧的容量, 第 2 个数字表示流 f 在该弧上的流量, 求 a, b, c, d, e, f, g 及流值 $\mathrm{val}(f)$.

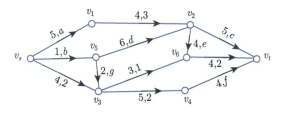

题图 4.2 容量网络及其流 f

4. (多选题) 设有容量网络 D 及其流 f, v_s 为源, v_t 为汇, 下列选项中是 f 增广链的有 ( )

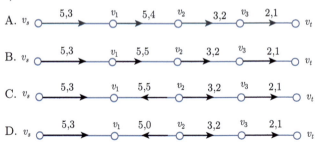

5. 设容量网络 D 如题图 4.3 所示, 每条弧上的第 1 个数字表示该弧的容量, 第 2 个数字表示流 f 在该弧上的流量.

(1) 设 $S = \{v_1, v_3\}$, 判断 $(S, \bar{S})$ 是否为容量网络 D 的一个截;

(2) 设 $S = \{v_s, v_1, v_3\}$, 判断 $(S, \bar{S})$ 是否为容量网络 D 的一个截;

(3) 设 $S = \{v_s, v_1, v_3\}$, 求 $c(S, \bar{S})$;

(4) 设 $S = \{v_s, v_1, v_3\}$, 求 $c_f(S, \bar{S})$;

(5) 设 $S = \{v_s, v_1, v_3\}$, 求 $c_f(\bar{S}, S)$;

(6) 求 $\mathrm{val}(f)$;

(7) 判断该流是否为最大流.

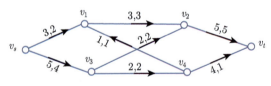

题图 4.3   容量网络 D 及其流 f

6. 设容量网络如题图 4.4 所示, 求最大流.

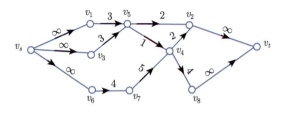

题图 4.4   容量网络 D

7. 设容量网络如题图 4.5 所示, 求最大流.

8. 设容量网络及其上的初始流如题图 4.6 所示, 每条弧上的第 1 个数字表示该弧的容量, 第 2 个数字表示流 f 在该弧上的流量. 请从该初始流出发, 求最大流.

9. 设 f 为容量网络 D 的一个流, $(S, \bar{S})$ 是一个截, 判断下列命题是否正确.

(1) 若 $c(S, \bar{S}) > \mathrm{val}(f)$, 则 f 一定不是最大流;

(2) 一定有 $c\left(S, \bar{S}\right) < \mathrm{val}(f)$;

(3) 若 $c\left(S, \bar{S}\right) > \mathrm{val}(f)$, 则 $\left(S, \bar{S}\right)$ 一定不是最小截;

(4) 若 $c\left(S, \bar{S}\right) = \mathrm{val}(f)$, 则 $\left(S, \bar{S}\right)$ 一定是最小截;

(5) 若 $c\left(S, \bar{S}\right) = \mathrm{val}(f)$, 则 f 一定是最大流;

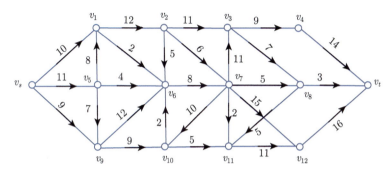

题图 4.5 容量网络 D

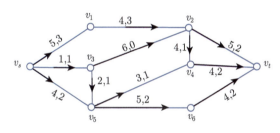

题图 4.6 容量网络 D

10. 设某通信公司使用光缆网络在不同地方传递通话等信息. 通信通过电话线与转换点传递. 该公司的部分信息传送网络如题图 4.7 所示. 图中各弧旁的第一个数字表示该弧段传递信息的能力, 第二个数字表示目前已有的信息传递量. 试使用网络流理论, 从已有的信息传递量出发, 先求 a 的值, 再确定从源顶点 v_s 到汇顶点 v_t 之间传递的最大信息量, 并给出最小截.

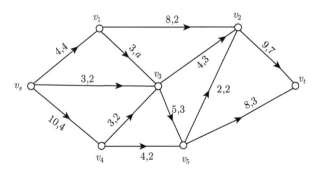

题图 4.7 信息传送网络

11. 设容量网络 D 如题图 4.8 所示, 用最短增广链算法求 D 中从 v_s 到 v_t 的最大流, 并求出最小截.

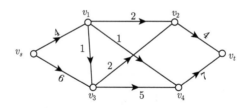

题图 4.8　容量网络 D

12. 设有容量网络 D 如题图 4.9 所示, 则 D 关于零流 f 的分层剩余网络 $AD(f)$ 为
(　　)

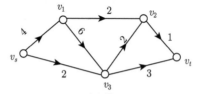

题图 4.9　容量网络 D

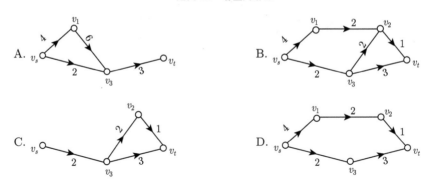

13. 如果容量网络 $D = (V, A, c)$ 中有 p 个发点 $x_1, x_2, \cdots, x_p$ 和 q 个收点 $y_1, y_2, \cdots, y_q$, 问如何求 D 中从所有发点到所有收点的最大流?

14. 如果带发点和收点的容量网络是一个无向网络 G, 问如何求 G 中从发点到收点的最大流?

15. 设 D 是带发点 v_s 和收点 v_t 的容量网络, 并且 $\forall v_i \in V(D)$, 有顶点容量 $c_i \geqslant 0$, 问如何求 D 中满足约束

$$\sum_{v_j \in N^-(v_i)} f_{ji} \leqslant c_i \quad (\forall v_i \in V(D))$$

的流值最大的可行流?

16. 设 D 是带发点 v_s 和收点 v_t 的容量网络, 且每条弧的容量均为 1, 证明:

(1) D 中最大流的流值等于 D 中无公共弧的 (v_s, v_t) 路的最大数目;

(2) D 中最小截的容量等于为使 D 中不再存在 (v_s, v_t) 路所必须删去的弧的最小数目.

17. 设 $D = (V, A, c)$ 为容量网络, X, Y, Z 是顶点集 V 的一个划分, $X \neq \varnothing, Y \neq \varnothing$. $\forall v_i \in X$, 赋一个数 $a(v_i) \geqslant 0$; $\forall v_j \in Y$, 赋一个数 $b(v_j) \geqslant 0$. 如果函数 $f = \{f_{ij} \mid (v_i, v_j) \in A\}$ 满足下列条件

$$\sum_{v_j \in N^+(v_i)} f_{ij} - \sum_{v_j \in N^-(v_i)} f_{ji} \begin{cases} \leqslant a(v_i), & v_i \in X, \\ = 0, & v_i \in Z, \\ \leqslant -b(v_i), & v_i \in Y, \end{cases}$$

$$0 \leqslant f_{ij} \leqslant c_{ij} \quad (\forall (v_i, v_j) \in A(D)),$$

则称 f 为 D 的相容流 (consistent flow). 证明: D 中存在相容流当且仅当

$$c(S, \bar{S}) \geqslant b(Y \cap \bar{S}) - a(X \cap \bar{S}), \quad \forall S \subseteq V.$$

并请你给出上述结论的一个直观解释.

18. (单选题) 设有容量-费用网络 D 及其流 f, 每条弧上第 1 个数字为容量, 第 2 个数字为费用, 第 3 个数字为流量, 下列各选项中为负圈的是 (　　　)

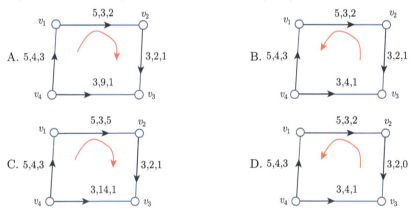

19. 设容量网络如题图 4.10 所示, 每条弧旁的数字分别为容量和单位费用, 求最小费用最大流.

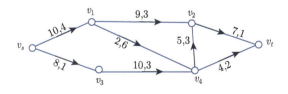

题图 4.10　容量-费用网络 D

20. 设网络 D 如题图 4.11 所示, 求使 v_s 不能到达 v_t 所需要去掉的最少弧数, 并求出一个这样的弧集.

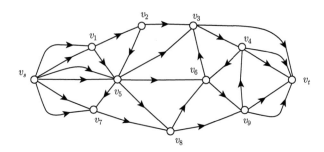

题图 4.11　网络 D

第 5 章　遍历性及其算法

图的遍历性包括遍历所有边的 Euler 图和遍历所有顶点的 Hamilton 图. 对于 Euler 图, 早在 1736 年, 人们就已经知道如何判断一个图是否为 Euler 图, 但是, 对于 Hamilton 图, 直到现在, 我们也没有找到一个好的判定方法. 本章, 我们将介绍关于 Euler 图和 Hamilton 图的一些基本结论和算法.

5.1　Euler 图和有向 Euler 图

5.1.1　定义

在 1.1 节中, 我们介绍了著名的 Königsberg 七桥问题. 所谓 Euler 图就是根据 Euler 研究的 Königsberg 七桥问题引出的. Königsberg 七桥问题实际上就是问是否存在包含所有边的闭迹. 为此我们给出下面的概念.

定义 5.1 (Euler 图)　如果图 G 中存在包含所有边的闭迹 W, 则称 G 为 **Euler 图**, W 称为 G 的 **Euler 闭迹**. 如果 G 中存在包含一切边的迹 P, 则称 G 为**半 Euler 图**, P 称为 G 的 **Euler 迹**.

显然, 每个 Euler 图都是半 Euler 图, 但是半 Euler 图却不一定是 Euler 图. 下面给出 Euler 图的特征性描述.

定理 5.1　设 G 是非空连通图, 则下面三个命题等价:

(1) G 是 Euler 图;

(2) G 中不含奇点;

(3) G 可以表示为若干个没有公共边的圈的并.

证　(1) $\Rightarrow$ (2) 设 G 是连通的 Euler 图, W 是 G 的 Euler 闭迹, 则 $\forall v \in V(G)$, v 必定在 W 中出现. 当 v 作为内部点每出现一次, 必定与 G 中两条边关联; 当 v 作为 W 的起点, 则 v 也是 W 的终点, 从而它必与两条边关联, 因此, G 的每个顶点都是偶点.

(2) $\Rightarrow$ (3) 设 G 是非空连通图, 且不含奇点, 则 G 不是树, 从而 G 中含有圈 C_1. 若 $E(G) \backslash E(C_1) = \varnothing$, 则 $G = C_1$, 从而 (3) 成立. 否则, 考虑由 $E(G) \backslash E(C_1)$ 边导出子图 G_1, 同样, G_1 中不含奇点, 于是, G_1 中必含有圈 C_2, 若 $E(G_1) \backslash E(C_2) = \varnothing$, 则 $G = C_1 \cup C_2$, $E(C_1) \cap E(C_2) = \varnothing$, 故 (3) 成立. 否则, 继续考虑 $E(G_1) \backslash E(C_2)$ 边导出 G_1 的子图 G_2, 如此下去, 经过有限次得到空图

G_{k+1}, 于是

$$G = \bigcup_{i=1}^{k} C_i,$$

其中 $E(C_i) \cap E(C_j) = \varnothing (i \neq j)$, 即 (3) 总成立.

(3) $\Rightarrow$ (1) 由 Euler 图的定义, 结论显然. □

例如, 设 G 如图 5.1 所示, G 是 Euler 图且有 Euler 闭迹 $v_1 v_2 v_3 v_4 v_6 v_5 v_4 v_7 v_3 v_1$. 易见图中每个顶点的度都是偶数. 设圈 $C_1 = v_1 v_2 v_3, C_2 = v_3 v_4 v_7, C_3 = v_4 v_5 v_6$, 则

$$G = C_1 \cup C_2 \cup C_3.$$

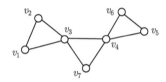

图 5.1　Euler 图 G

定理 5.1 中 (1) $\Rightarrow$ (2) 是由 Euler 于 1736 年证明的, 由于 Königsberg 七桥中每个顶点都是奇点, 故它不是 Euler 图, 这表明 Königsberg 七桥问题无解.

推论 5.1　非空连通图 G 是半 Euler 图的充要条件是 G 中至多有两个奇点.

证 (必要性)　若 G 中有一条 Euler 迹, 同定理 5.1 中 (1) $\Rightarrow$ (2) 的证明一样, 除了起点、终点外, G 中其余顶点的度都是偶数.

(充分性) 设非空连通图 G 中至多有两个奇点. 当 G 中没有奇点时, 由定理 5.1 知 G 为 Euler 图, 当然也是半 Euler 图. 若 G 中含有奇点, 则 G 不可能只有一个奇点 (握手引理), 于是, G 中恰有两个奇点 u 和 v. 此时 $G + uv$ 中不含奇点, 且是非空连通图, 故 $G + uv$ 中含有 Euler 闭迹 W, 易见, $W - uv$ 为 G 的 Euler 迹, 于是, G 为半 Euler 图. □

定义 5.2 (有向 Euler 图)　如果有向图 D 中存在包含所有弧的有向闭迹 P, 则称 D 为**有向 Euler 图**, P 称为有向图 D 的有向 Euler 闭迹. 若有向图 D 中存在包含所有弧的有向迹 Q, 则称 D 为**有向半 Euler 图**, Q 称为有向图 D 的有向 Euler 迹.

如图 5.2, 其中 (a) 是有向 Euler 图, (b) 是半有向 Euler 图.

类似于定理 5.1 的证明, 可得如下

定理 5.2　设 D 是非空连通有向图, 则下面三个命题等价:

(1) D 是有向 Euler 图;

(2) $\forall v \in V(D), d^+(v) = d^-(v)$;

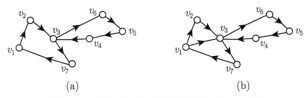

图 5.2 有向 Euler 图和半有向 Euler 图

(3) D 可以表示为若干个没有公共弧的回路的并. □

定理 5.2 的证明与定理 5.1 的证明完全类似, 由读者自己去完成.

类似于推论 5.1, 可以得到有向半 Euler 图的一个充要条件.

推论 5.2 连通有向图 D 是有向半 Euler 图, 而非有向 Euler 图, 当且仅当下面两个条件同时成立:

(1) 存在 $x, y \in V(D)$, 使 $d^+(x) - d^-(x) = d^-(y) - d^+(y)$;

(2) $\forall v \in V(D) \setminus \{x, y\}$, 有 $d^+(v) = d^-(v)$.

证 (必要性) 设 D 是有向半 Euler 图, 但非有向 Euler 图, 则 D 中存在有向 Euler 迹 P, 设 P 的起点为 x, 终点为 y, 从而 $x \neq y$. 于是 $\forall v \in V(D) \setminus \{x, y\} = V(P) \setminus \{x, y\}$, v 是 P 的内部点, 每出现一次必与两条弧关联, 一条为 v 的入弧, 另一条为出弧, 故 $d^+(v) = d^-(v)$. 对于起点 x, 显然有 $d^+(x) - d^-(x) = 1$; 对于终点 y, 显然有 $d^-(y) - d^+(y) = 1$, 这就证明了 (1) 和 (2) 都成立.

(充分性) 设连通有向图 D 满足 (1) 和 (2), 则在 D 中添加一条弧 (y, x), 记所得之图为 D'. 显然 D' 是非空连通有向图, 且满足定理 5.2 (2), 从而 D' 中存在有向 Euler 闭迹 C, 于是 $C - (y, x)$ 就是 D 中的有向 Euler 迹, $x \neq y$. 因此 D 为有向半 Euler 图但不是有向 Euler 图. □

5.1.2 Fleury 算法

由定理 5.1, 我们很容易判断一个图是否为 Euler 图, 下面我们介绍一种求 Euler 闭迹的算法——Fleury 算法.

Fleury 算法的思想: 从任意顶点出发, 除非别无选择, 总是选择一条不是割边且没走过的边, 直到获得 Euler 闭迹为止.

Fleury 算法

Step 1 任意选取一个顶点 v_0, 置 $W_0 = v_0, G_0 = G$.

Step 2 假定迹 $W_i = v_0 e_1 v_1 \cdots e_i v_i$ 已经选出, 令 $G_i = G - \{e_1, e_2, \cdots, e_i\}$. 若 $E(G_i) \cap N_G^E(v_i) = \varnothing$, 算法结束; 否则, 从 $E(G_i) \cap N_G^E(v_i)$ 中选取 e_{i+1}, 除非别无选择, e_{i+1} 不是图 G_i 的割边.

Step 3 令 $W_{i+1} = W_i + v_i e_{i+1} v_{i+1}$, $i := i + 1$, 转 Step 2.

若求有向图的 Euler 闭迹, 只需将 Fleury 算法中 W_i 改为有向迹即可.

Fleury 算法构造了图 G 的一条迹, 下面的定理证明了 Fleury 算法将得到 Euler 图的 Euler 闭迹.

定理 5.3 设 G 是 Euler 图, $W = v_0 e_1 v_1 \cdots e_n v_n$ 是 Fleury 算法结束时得到的迹, 则 W 一定是图 G 的 Euler 闭迹.

证 设 $G_i = G - \{e_1, e_2, \cdots, e_i\}$ $(i = 1, 2, \cdots, n)$.

先证 W 是一条闭迹. Fleury 算法结束时, 必有 $E(G_n) \cap N_G^E(v_n) = \varnothing$, 即 $d_W(v_n) = d_G(v_n)$ 为偶数. 若 $v_n \neq v_0$, 则在 W 中, v_n 作为内部点, 每出现一次必关联两条边, 作为终点又关联一条边, 因此, 在 W 上与 v_n 关联的边数为奇数, 即 $d_W(v_n)$ 为奇数, 矛盾.

再证 W 是 G 的 Euler 闭迹, 即证明 $E(G) = E(W)$.

假设 W 不是 G 的 Euler 闭迹, 则 G_n 含有非平凡连通分支. 因 G 是 Euler 图, 而 W 是闭迹, 因此, G_n 中没有奇点, G_n 的每个连通分支都是 Euler 图. 设 W_n' 是 G_n 的某个非平凡连通分支的 Euler 闭迹.

由 G 是连通图知, W 与 W_n' 有公共顶点. 若不然, W_n' 就是 G 的一个连通分支, 与 G 连通矛盾.

设 v_m 是 W 上与 W_n' 的最后一个公共顶点, 则 W 上的边 e_{m+1} 是 G_m 的割边. 事实上, 在子图 G_m 中, W_n' 与 W 上的 (v_m, v_n) 节有唯一公共顶点 v_m, 故 W_n' 与 (v_m, v_n) 节属于 G_m 的同一个连通分支. 而在子图 G_{m+1} 中, 由于 W_n' 与 W 上的 (v_{m+1}, v_n) 节没有公共顶点, 故 W_n' 与 (v_{m+1}, v_n) 节不属于 G_{m+1} 的同一个连通分支. 从而, e_{m+1} 是 G_m 的割边.

设 e' 是闭迹 W_n' 上与 v_m 关联的一条边, 因为 e' 在闭迹上, 故 e' 不是 G 的割边 (见 3.3.1 节).

这说明 Fleury 算法在构造闭迹 W 过程中, 在 v_m 处选择第 $m+1$ 条边时, 选择了割边 e_{m+1} 却没有选择不是割边的 e', 矛盾. $\square$

例 5.1 用 Fleury 算法求图 5.3 中图 G 的 Euler 闭迹.

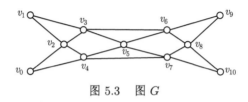

图 5.3 图 G

解 图 G 中没有奇点, 故图中存在包含所有边的 Euler 闭迹. 我们用 Fleury 算法求出它的一个 Euler 闭迹.

从顶点 v_0 出发, $W_0 = v_0$, 与 v_0 相邻的顶点有 v_2 和 v_4, 由于 $v_0 v_2$ 和 $v_0 v_4$ 都在圈上, 故它们都不是割边, 任选其中一个, 如 $v_0 v_2$, 则 $W_1 = v_0 v_2$.

令 $G_1 = G - v_0 v_2$, 考虑 $E(G_1) \cap N_G^E(v_2) = \{v_2 v_3, v_2 v_4, v_2 v_1\}$ 中三条边都不是割边, 任取一条边, 如 $v_2 v_4$, 则 $W_2 = v_0 v_2 v_4$.

令 $G_2 = G - \{v_0 v_2, v_2 v_4\}$, 考虑 $E(G_2) \cap N_G^E(v_4) = \{v_4 v_5, v_4 v_7\}$ 中两条边都不是割边, 任取一条边, 如 $v_4 v_7$, 则 $W_3 = v_0 v_2 v_4 v_7$.

令 $G_3 = G - \{v_0 v_2, v_2 v_4, v_4 v_7\}$, 考虑 $E(G_3) \cap N_G^E(v_7) = \{v_7 v_5, v_7 v_8, v_7 v_{10}\}$ 中三条边都不是割边, 任取一条边, 如 $v_7 v_5$, 则 $W_4 = v_0 v_2 v_4 v_7 v_5$.

令 $G_4 = G - \{v_0 v_2, v_2 v_4, v_4 v_7, v_7 v_5\}$, 见图 5.4, 考虑

$$E(G_4) \cap N_G^E(v_5) = \{v_5 v_4, v_5 v_3, v_5 v_6\}$$

中三条边, 此时 $v_5 v_4$ 不在 G_4 的任何圈上, 它是图 G_4 的割边, 故不能选 $v_5 v_4$. 只能在 $\{v_5 v_3, v_5 v_6\}$ 中任取一条边, 如 $v_5 v_3$, 则 $W_5 = v_0 v_2 v_4 v_7 v_5 v_3$.

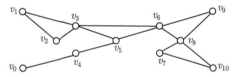

图 5.4 Fleury 算法中得到的子图 G_4

重复上述步骤, 可以得到 Euler 闭迹

$$W = v_0 v_2 v_4 v_7 v_5 v_3 v_2 v_1 v_3 v_6 v_9 v_8 v_{10} v_7 v_8 v_6 v_5 v_4 v_0. \qquad \Box$$

例 5.2 设 Euler 图 G 如图 5.3 所示, 将图 G 分成若干个没有公共边的圈的并.

解 由例 5.1 知, G 的 Euler 闭迹

$$W = v_0 v_2 v_4 v_7 v_5 v_3 v_2 v_1 v_3 v_6 v_9 v_8 v_{10} v_7 v_8 v_6 v_5 v_4 v_0.$$

从 v_0 出发, 找到第一个圈为

$$C_1 = v_2 v_4 v_7 v_5 v_3 v_2.$$

把 C_1 从 W 中删去, 得 $W_1 = v_0 v_2 v_1 v_3 v_6 v_9 v_8 v_{10} v_7 v_8 v_6 v_5 v_4 v_0$. 第二个圈为

$$C_2 = v_8 v_{10} v_7 v_8.$$

把 C_2 从 W_1 中删去, 得 $W_2 = v_0 v_2 v_1 v_3 v_6 v_9 v_8 v_6 v_5 v_4 v_0$. 易见 W_2 中有圈, 于是可得第三个圈为

$$C_3 = v_6 v_9 v_8 v_6,$$

把 C_3 从 W_2 中删去, 得 $W_3 = v_0 v_2 v_1 v_3 v_6 v_5 v_4 v_0$, W_3 是一个圈. 令 $C_4 = W_3$, 则 Euler 图 G 可分解为四个边不交的圈的并 (图 5.5), 即

$$G = C_1 \cup C_2 \cup C_3 \cup C_4.$$ □

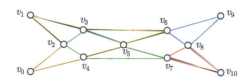

图 5.5　Euler 图 G 分解成四个边不交的圈的并

5.1.3　编码盘设计

中国古代的一笔画问题, 即要求用笔连续移动, 不离开纸面并且不重复地画出图形, 与 Euler 图密切相关. 借助 Euler 图理论也可以解决现代科技发展中许多问题, 如编码盘设计问题.

将一个编码盘等分成 2^4 份, 每份分别用绝缘体和导体组成, 可以表示为 0 和 1 两种状态, 其中 a, b, c, d 四个触点位置的扇面组成一个四位二进制输出, 如图 5.6 所示, 输出的序列是 0101, 顺时针方向转动一格输出为 0010.

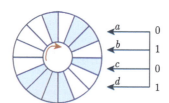

图 5.6　四位二进制输出编码盘

编码盘设计问题: 这 16 个二进制数列应如何排列, 使圆盘沿顺时针旋转一部分, 恰好组成 0000 到 1111 的 16 组四位二进制输出, 同时, 旋转一周又返回到 0000 状态?

定义一个有 8 个顶点的有向图 $D = (V, E)$, 如图 5.7 所示, 其中顶点用 3 维 0-1 序列 $x_1 x_2 x_3$ 标记, 且顶点 $x_1 x_2 x_3$ 与顶点 $x_2 x_3 0, x_2 x_3 1$ 以出弧形式相邻. 这样得到的有向图 D 中, 每个顶点的入度和出度相等, 都等于 2. 因此, 图 D 为有向 Euler 图. 由 Fleury 算法, 从顶点 000 出发, 可以得到一个有向 Euler 闭迹为

$$000 \to 000 \to 001 \to 011 \to 111 \to 111 \to 110 \to 101 \to 010$$

$$\to 100 \to 001 \to 010 \to 101 \to 011 \to 110 \to 100 \to 000.$$

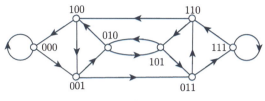

图 5.7 有向 Euler 图

由弧的定义, 每条弧标记头顶点的前两位与尾顶点的后两位相同, 故从 000 开始, 依次添加该有向 Euler 闭迹中标记每个顶点的第 3 位数字可得

$$0 \to 0 \to 1 \to 1 \to 1 \to 1 \to 0 \to 1 \to 0 \to 0 \to 1 \to 0 \to 1 \to 1 \to 0 \to 0 \to 0.$$

注意起点和终点重复, 故由上述 17 位数字序列可得到一个 16 位的二进制序列

$$0011110100101100.$$

把这个序列排成环状, 即与为所求的编码盘设计方案, 见图 5.6.

编码盘设计问题可以推广到具有 n 个触点的情况. 为此只要构造 2^{n-1} 个顶点的有向图, 每个顶点标记为 $n-1$ 位二进制序列, 从顶点 $x_1 x_2 \cdots x_{n-1}$ 出发, 连两条头顶点分别为 $x_2 x_3 \cdots x_{n-1}0$ 和 $x_2 x_3 \cdots x_{n-1}1$ 的出弧, 这样得到的有向图为德布鲁英 (de Bruijin) 图 $B(2, n)$. $B(2, n)$ 是 $B(k, n)$ 的特例. $B(2, n)$ 为有向 Euler 图, 存在有向 Euler 闭迹, 取该有向 Euler 闭迹上每个顶点的最后 1 个数字构成的序列即为德布鲁英序列.

5.2 中国邮递员问题

5.2.1 问题描述

我国管梅谷教授首先提出并研究了中国邮递员问题 (Chinese Postman Problem). 设邮递员在邮局分拣好需要投递的邮件后, 到他负责的区域内每一条街道投递, 最后返回邮局, 问如何投递才能使所走的路程尽可能少.

如果把邮递员负责的投递区域看作是一个连通的加权图 G, 其中街道的交叉口和端点作为 G 的顶点, 街道作为边, 街道的长度作为权, 那么管梅谷教授提出的中国邮递员问题就是: 在加权连通图 G 中, 寻找一条经过每条边至少一次且权值最小的闭迹, 即 G 的 **最优环游**.

中国邮递员问题也要求遍历图中所有边, 但是边允许重复. 如果对应的图 G 是 Euler 图, 则从邮局对应的顶点出发的任何一条 Euler 闭迹都是最优环游. 如果 G 不是 Euler 图, 如何求最优环游?

例 5.3　设邮递员负责的投递区域道路交通网络 G 如图 5.8 所示, 其中顶点邮局在顶点 v_1, 求 G 最优环游, 即邮递员的最优投递路线.

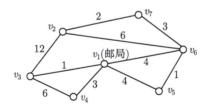

图 5.8　邮递员负责区域的道路交通网络 G

解　从图 G 中可以看出, v_2, v_3 是两个奇点, 因此, 图 G 不是 Euler 图. 若遍历图中所有边, 必然会重复走某些边. 如果把重复走的边以重边的形式添加到图 G 中得 G', 则 G' 中无奇点且添加边的权和尽可能小.

为了使图中无奇点, 故应添加以 v_2, v_3 为端点的 (v_2, v_3) 链. 如添加边 $v_2 v_3$, 见图 5.9 (a) 中红色边. 考虑边 $v_2 v_3$, 我们发现它在圈 $C_1 = v_2 v_3 v_1 v_6 v_2$ 上且 C_1 由另外三条边组成的 (v_2, v_3) 链的边权之和为 $1 + 4 + 6 = 11 < 12$, 故删去红色

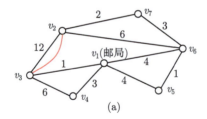

(a)

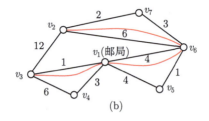

(b)

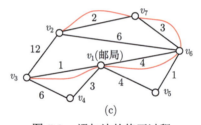

(c)

图 5.9　添加边的修正过程

的 v_2v_3 重边, 改为添加圈 C_1 上的另外三条边, 见图 5.9 (b) 中红色边. 同理, 对于边 v_2v_6, 它属于圈 $C_2 = v_2v_6v_7v_2$, 且 C_2 上另外两边权和小于 v_2v_6 的权, 因此, 删去 v_2v_6, 改为添加 v_6v_7, v_7v_2, 见图 5.9 (c) 中红色边. 此时, 对于图 G 的每个圈 C 中, 红色边集的权和都不超过这个圈的权和的一半, 容易验证图 5.9 (c) 中红色边是权和最小的 (v_2, v_3) 链, 因此, 图 5.9 (c) 的以 v_1 为起点的 Euler 闭迹就是所求的最优环游. □

5.2.2 奇偶点图上作业法

由例 5.3 中修正重边的思想, 可以设计求连通加权图 G 的最优环游的算法, 此算法称为最优环游的**奇偶点图上作业法**.

Step 1 把图 G 中所有奇点配成对, 将每对奇点之间的一条链上的每条边改为二重边, 得到一个新图 G_1, G_1 中没有奇点.

Step 2 在图 G_1 中, 若顶点间有 $k(k \geqslant 3)$ 重边, 则去掉其中偶数条, 只保留 1 条或 2 条边, 得到图 G_2.

Step 3 检查 G_2 的每一个圈 C, 若圈 C 上重复边的权和超过此圈权和的一半, 则将圈 C 上的重边删去变为单边, 原来的单边各添加一条边变为重边. 重复这一过程, 直到所有圈上重边的权和不超过此圈权和的一半, 得到图 G_3.

Step 4 用 Fleury 算法求 G_3 的 Euler 闭迹, 得到图 G 的最优环游.

下面的定理 5.4 证明了奇偶点图上作业法的正确性.

定理 5.4 设 G 是加权连通图, 则奇偶点图上作业法得到闭途径是最优环游.

证 设 W 是由奇偶点图上作业法得到的闭途径, 显然, W 满足:

(1) 含 G 的每条边至少一次;

(2) W 中没有二重以上的边;

(3) 在 G 的每个圈 C 中, 重复边集 E' 的权和不超过这个圈权和的一半, 即

$$w(E') \leqslant \frac{1}{2} w(C).$$

显然, 最优环游也满足上述三个条件, 因此, 只要证明满足 (1)~(3) 的所有闭途径的权相等. 因为这些闭途径要包含 G 的所有边, 所以只要证明重边的权和相等即可.

设 W_1 和 W_2 是两条满足 (1)~(3) 的闭途径, 由于 W_1 和 W_2 可能有相同的重边, 只需要比较 W_1 和 W_2 不相同的重边. 记 W_1 和 W_2 的重边集合分别为 E_1 和 E_2, 只需要证明

$$w(E_1 - E_2) = w(E_2 - E_1).$$

记边集 $E_3 = (E_1 - E_2) \cup (E_2 - E_1)$, E_3 的边导出子图记为 G'.

$\forall v \in V(G)$, 若 v 为奇点, 则 E_1 和 E_2 中均有奇数条边与 v 关联; 若 v 为偶点, 则 E_1 和 E_2 中均有偶数条边与 v 关联. 因此, E_1 和 E_2 中与每个顶点关联的边数有相同的奇偶性.

设 E_1 和 E_2 中分别有 k_1 和 k_2 条边与 v 关联, 有 k_0 条边同时属于 E_1 和 E_2, 则 E_3 中与 v 关联的边数为

$$(k_1 - k_0) + (k_2 - k_0) = (k_1 + k_2) - 2k_0,$$

注意到 k_1 与 k_2 具有相同的奇偶性, 所以在 E_3 中与 v 关联的边数必为偶数, 即 G' 的每个连通分支都是 Euler 图. 由定理 5.1 知 G' 可以分解成若干个圈, 对于 G' 的每个圈 C', 由条件 (3), 属于 E_1 的边权之和与属于 E_2 的边权之和都不超过圈权的一半, 即

$$w\left(E_1 \cap E\left(C'\right)\right) \leqslant \frac{1}{2} w\left(C'\right), \quad w\left(E_2 \cap E\left(C'\right)\right) \leqslant \frac{1}{2} w\left(C'\right),$$

而圈 C' 上的边要么属于 E_1 要么属于 E_2, 即

$$E\left(C'\right) = \left(E_1 \cap E\left(C'\right)\right) \cup \left(E_2 \cap E\left(C'\right)\right).$$

因此圈 C' 上有

$$w\left(E_1 \cap E\left(C'\right)\right) = w\left(E_2 \cap E\left(C'\right)\right) = \frac{1}{2} w\left(C'\right).$$

由 C' 的任意性及 $E\left(G'\right) = E_3 = (E_1 - E_2) \cup (E_2 - E_1)$, 可知在图 G' 中有

$$w\left(E_1 - E_2\right) = w\left(E_2 - E_1\right). \qquad \qquad \Box$$

例 5.4　设邮递员负责区域的道路交通网络如图 5.10 所示, 求他从邮局出发的最优环游.

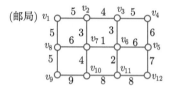

图 5.10　中国邮递员问题的道路交通网络 G

解　图 G 中有 6 个奇点 $v_2, v_3, v_5, v_8, v_{10}, v_{11}$, 把它们搭配成三对, v_2 和 v_5, v_3 和 v_8, v_{10} 和 v_{11}. 在图中添加三条相应的链 $v_2 v_3 v_4 v_5$, $v_3 v_2 v_1 v_8$, $v_{10} v_{11}$, 得到图 G_1, 如图 5.11 所示.

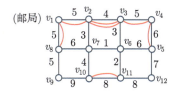

图 5.11 奇偶点图上作业法的 Step 1 (图 G_1)

注意到图 G_1 中有两条新添加的 v_2v_3 边, 删去它们, 得到图 G_2 如图 5.12 所示.

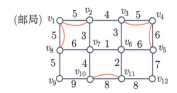

图 5.12 奇偶点图上作业法的 Step 2 (图 G_2)

检查图 G_2 中的圈 $C_1 = v_1v_2v_7v_8v_1$, 发现 C_1 上重复边权大于圈 C_1 权和的一半, 则将圈 C_1 上的重边删去变为单边, 原来的单边各添加一条边变为重边, 见图 5.13 (a).

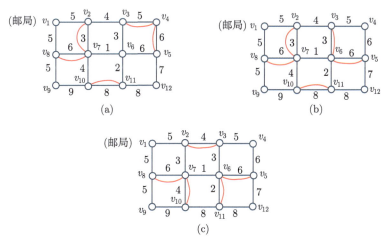

图 5.13 奇偶点图上作业法的 Step 3 ((c) 为图 G_3)

检查图 5.13 (a) 中的圈 $C_2 = v_3v_4v_5v_6v_3$, 发现 C_2 上重复边权大于圈 C_2 权和的一半, 则将圈 C_2 上的重边删去变为单边, 原来的单边各添加一条边变为重边, 见图 5.13 (b).

检查图 5.13 (b) 中的圈 $C_3 = v_2v_3v_6v_{11}v_{10}v_7v_2$, 发现 C_3 上重复边权大于圈

C_3 权和的一半, 则将圈 C_3 上的重边删去变为单边, 原来的单边各添加一条边变为重边, 见图 5.13 (c).

检查图 5.13 (c) 中的圈, 发现所有圈上重边的权和不超过此圈权和的一半, 得到图 G_3.

用 Fleury 算法求 G_3 的 Euler 闭迹, 得到图 G 的最优环游为

$$v_1 v_2 v_3 v_2 v_7 v_8 v_7 v_6 v_5 v_6 v_{11} v_{12} v_5 v_4 v_3 v_6 v_{11} v_{10} v_7 v_{10} v_9 v_8 v_1.$$

该环游的总长度为 109.　　　　　　　　　　　　　　　　　　　　　　　□

奇偶点图上作业法的 Step 3 要考察每个圈上重复边的权和是否大于该圈的权和一半, 这一找圈的过程复杂度太大, 因此, 对于规模较大的图, 需要更为有效的算法.

5.3　Hamilton 图

与 Euler 图遍历所有边不同, Hamilton 图研究的是遍历所有顶点.

5.3.1　定义

定义 5.3 (Hamilton 图)　若图 G 中存在包含一切顶点的圈 C, 则称 G 为 **Hamilton 图**, C 称为 **Hamilton 圈**. 若 G 中存在包含一切顶点的链 P, 则称 G 为半 **Hamilton 图**, P 称为 **Hamilton 链**.

Hamilton 图一定是半 Hamilton 图, 但半 Hamilton 图不一定是 Hamilton 图.

如图 5.14, 图 (a) 中有包含所有顶点的圈, 故它是 Hamilton 图; 图 (b) 中有两个悬挂点, 故它不是 Hamilton 图, 但它有包含所有顶点的链, 故它是半 Hamilton 图; 图 (c) 中没有包含所有顶点的链, 所以它不是半 Hamilton 图.

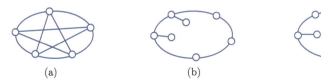

(a)　　　　　　　　　　(b)　　　　　　　　　　(c)

图 5.14　Hamilton 图、半 Hamilton 图与非 Hamilton 图举例

下面给出判断一个图是否为 Hamilton 图的必要条件.

定理 5.5　(1) 若 G 为 Hamilton 图, 则

$$\omega\left(G - S\right) \leqslant |S| \quad \left(\forall S \subset V, S \neq \varnothing\right); \tag{1}$$

(2) 若 G 为半 Hamilton 图, 则

$$\omega\left(G - S\right) \leqslant |S| + 1 \quad \left(\forall S \subset V, S \neq \varnothing\right). \tag{2}$$

证 (1) 设 G 是 Hamilton 图, C 为 Hamilton 圈. $\forall S \subset V, S \neq \varnothing$, 注意到 $C - S$ 是 $G - S$ 的子图, 故有

$$\omega(G - S) \leqslant \omega(C - S).$$

而在圈 C 上, 易知 $\omega(C - S) \leqslant |S|$, 于是 $\omega(G - S) \leqslant \omega(C - S) \leqslant |S|$.

(2) 同理, 用 Hamilton 链代替 C 即可类似地证明. □

定理 5.5 经常用来说明某个图不是 Hamilton 图. 如图 5.15, 取 S 为五个 "实心顶点" 构成的顶点集, 则易见, $G - S$ 为六个空心顶点构成的空图, 即 $G - S$ 是六个孤立顶点, $\omega(G - S) = 6 > 5 = |S|$, 从而, 由定理 5.5 知, Herschel 图必不是 Hamilton 图.

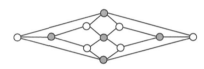

图 5.15 Herschel 图

再比如, 奇数阶的二部图一定不是 Hamilton 图, 这是因为, 二部图中无奇圈. 若一个二部图为 Hamilton 图, 则它一定有偶数个顶点. 不仅如此, 类似于 Herschel 图, 对于二部图 $G = (X, Y, E)$ 而言, $G - X$ 或 $G - Y$ 都是孤立顶点构成的空图, 故由定理 5.5, 我们还有以下推论.

推论 5.3 设 $G = (X, Y, E)$ 为二部图, 则有

(1) 若 G 是 Hamilton 图, 则 $|X| = |Y|$;

(2) 若 G 是半 Hamilton 图, 则 $||X| - |Y|| \leqslant 1$. □

5.3.2 闭包

本节主要讨论 Hamilton 图的充要条件.

易知, 重边和环不影响图是否为 Hamilton 图, 因此, 我们只需讨论基础简单图, 即简单图.

引理 5.1 设 G 是简单图, u 和 v 在 G 中不相邻, $u \neq v$, 且 $d(u) + d(v) \geqslant \nu$, 则 G 是 Hamilton 图的充要条件是 $G + uv$ 是 Hamilton 图.

证 (必要性) 若 G 是 Hamilton 图, 则 $G + uv$ 是 Hamilton 图, 必要性显然成立.

(充分性) 若 $G + uv$ 是 Hamilton 图, 而 G 不是 Hamilton 图, 则令 C 是 $G + uv$ 的 Hamilton 圈, 从而边 uv 必在圈上, 于是 $C - uv$ 是 G 中的 Hamilton 链, 设 $C - uv = v_1 v_2 \cdots v_\nu$, 其中 $v_1 = u$, $v_\nu = v$, 记

$$S = \{v_i | v_1 v_i \in E(G)\}, \quad T = \{v_i | v_{i-1} v_\nu \in E(G)\}.$$

因 G 是简单图, 故 $|S| = d_G(v_1) = d_G(u)$, $|T| = d_G(v_\nu) = d_G(v)$. 又因为 v_1 和 v_ν 在 G 中不相邻, 所以 $S \subseteq \{v_2, v_3, \cdots, v_{\nu-1}\}$, $T \subseteq \{v_3, v_4, \cdots, v_\nu\}$. 从而 $S \cup T \subseteq \{v_2, v_3, \cdots, v_\nu\}$, 于是 $|S \cup T| \leqslant \nu - 1$. 而且 $S \cap T = \varnothing$. 事实上, 若 $v_i \in S \cap T$, 则存在 G 的 Hamilton 圈 $v_1 v_2 \cdots v_{i-1} v_\nu v_{\nu-1} v_{\nu-2} \cdots v_i v_1$, 此与前面的假设矛盾. 因此, 有

$$\nu \leqslant d_G(u) + d_G(v) = |S| + |T| = |S \cup T| \leqslant \nu - 1,$$

矛盾. □

引理 5.1 告诉我们, 在讨论一个图是否为 Hamilton 图时, 可以转化为讨论: 反复连接图中度之和大于 ν 的不相邻顶点对所得的图是否为 Hamilton 图. 由此, 我们给出下面的闭包的定义.

定义 5.4 (闭包)　设 G 为简单图, 反复连接 G 中度之和不小于 ν 的不相邻顶点对, 直到没有这种顶点对为止, 这样得到的图称为 G 的**闭包**, 记作 $c(G)$.

$c(G)$ 是由 G 唯一确定的. 在构造 $c(G)$ 的过程中, 每添加一条边就应用一次引理 5.1, 则可以得到如下定理.

定理 5.6 (Bondy,Chvàtal,1976)　一个简单图 G 是 Hamilton 图当且仅当 $c(G)$ 是 Hamilton 图. □

因为至少有三个顶点的完全图是 Hamilton 图, 从而可得到如下一系列推论.

推论 5.4　设 G 是简单图, 且 $\nu \geqslant 3$, 若 $c(G)$ 是完全图, 则 G 是 Hamilton 图. □

但是, 若 G 是 Hamilton 图, $c(G)$ 却不一定是完全图, 例如 5 圈 C_5.

推论 5.5 (Ore, 1960)　设 G 是简单图, $\nu \geqslant 3$, 且对于 G 中任一对不相邻相异顶点 u 和 v, 有 $d(u) + d(v) \geqslant \nu$, 则 G 是 Hamilton 图. □

推论 5.6 (Dirac, 1952)　设 G 是简单图, 且 $\nu \geqslant 3$, $\delta \geqslant \dfrac{\nu}{2}$, 则 G 是 Hamilton 图. □

推论 5.7　设 G 是简单图, 且对 G 中任何一对不相邻的相异顶点 u 和 v, 有

$$d(u) + d(v) \geqslant \frac{\nu - 1}{2},$$

则 G 是半 Hamilton 图.

证　若 $\nu = 1$, 则推论显然成立. 假设 $\nu \geqslant 2$, G 中添加一个顶点 v_0, 并使 v_0 与 G 中每个顶点都相邻, 得到一个新图, 记作 G_1, 则 G_1 是简单图, $\nu(G_1) \geqslant 3$, 并且 $\forall v \in V(G)$, $d_{G_1}(v) = d_G(v) + 1$, 于是对 G_1 中任一对不相邻的相异顶点 u 和 v (它们在 G 中也不相邻), 有

$$d_{G_1}(u) + d_{G_1}(v) = d_G(u) + d_G(v) + 2 \geqslant \nu(G) + 1 = \nu(G_1),$$

根据 Ore 定理, G_1 中存在 Hamilton 圈 C, 从而 $C - v_0$ 是 G 中一条 Hamilton 链, 所以 G 是半 Hamilton 图. □

当最小度 $\delta \geqslant \dfrac{\nu - 1}{2}$ 时, 必有 $d(u) + d(v) \geqslant \nu - 1\,(\forall u, v \in V(G))$, 所以有下面推论.

推论 5.8 设 G 是简单图, 并且 $\delta \geqslant \dfrac{\nu - 1}{2}$, 则 G 是半 Hamilton 图. □

不难看出, 若 G 是 Hamilton 图, 则 G 中去掉任何一个顶点都连通. 对于 G 中任一对不相邻的顶点, 它们之间距离至少是 2, 因此, 我们可以从距离为 2 的顶点对出发给出 Hamilton 图的充分条件.

定理 5.7 (范更华, 1984) 设 G 连通简单图, $\forall v \in V(G)$, $G - v$ 仍连通, 对 G 中满足 $d(u, v) = 2$ 的任意顶点对 u 和 v, 都有 $\max\{d(u), d(v)\} \geqslant \nu/2$, 则 G 是 Hamilton 图.

证 令 $S = \{v \in V(G) | d(v) \geqslant \nu/2\}$, 若 $S = V(G)$, 则由 Dirac 定理知, G 是 Hamilton 图. 下设 $S \subset V(G)$, $G_1, G_2, \cdots, G_n$ 是 $G - S$ 的连通分支. 根据定理 5.6, 不妨设 $G[S]$ 是完全图. 又由假设条件知, 每个 $G_i(i = 1, 2, \cdots, n)$ 也是完全图. 事实上, 若某个 G_i 不是完全图, 即存在不相邻的顶点对, 于是存在 $u, v, w \in V(G_i)$, 使 $uv \notin E(G_i)$, 但 $uw, vw \in E(G_i)$, 即 $d_G(u, v) = d_{G_i}(u, v) = 2$, 于是 u 或 $v \in S$, 矛盾.

$\forall 1 \leqslant i \leqslant n$, 令

$$S_i = \{v \in S | \exists u \in V(G_i), uv \in E(G)\},$$

$$T_i = \{v \in V(G_i) | \exists u \in S, uv \in E(G)\}.$$

因为 G 中删去任何一个顶点都还保持连通, 所以 $\forall 1 \leqslant i \leqslant n$, $|S_i| \geqslant 2$; 当 $|V(G_i)| \geqslant 2$ 时, $|T_i| \geqslant 2$, 并且 $1 \leqslant i < j \leqslant n$, $S_i \cap S_j = \varnothing$ (若有 $v \in S_{i_1} \cap S_{i_2}$, 则由 S_{i_k} 的定义, 有 $u_k \in V(G_{i_k})$, $k = 1, 2$, 使 $d_G(u_1, u_2) = 2$, 从而由假设条件必有 $u_1 \in S$ 或 $u_2 \in S$, 矛盾). 由此不难看出, G 是 Hamilton 图. □

下面介绍从度序列角度研究 Hamilton 图. 1972 年, Chvàtal 给出了 Hamilton 图的另一个充分条件.

定理 5.8 (Chvàtal, 1972) 设 G 是度序列为 $(d_1, d_2, \cdots, d_\nu)$ 的简单图, 这里 $d_1 \leqslant d_2 \leqslant \cdots \leqslant d_\nu$, $\nu \geqslant 3$. 若对满足 $d_m \leqslant m < \dfrac{\nu}{2}$ 的每个 m 都有 $d_{\nu - m} \geqslant \nu - m$, 则 G 是 Hamilton 图.

证 设 G 满足定理的条件, 用反证法证明 $c(G)$ 是完全图. 假设 $c(G)$ 不是完全图, 记 $H = c(G)$.

设 u 和 v 在 H 中不相邻, 且使 $d_H(u) + d_H(v)$ 尽可能大. 不妨设 $d_H(u) \leqslant d_H(v)$, 由 $c(G)$ 的定义有

$$d_H(u) + d_H(v) \leqslant \nu - 1,$$

记 $m = d_H(u)$, 则 $m < \dfrac{\nu}{2}$, 令

$$S = \{w \in V(H) | vw \notin E(H)\},$$

$$T = \{w \in V(H) | uw \notin E(H)\},$$

图 G 是简单图, 故

$$|S| = \nu - 1 - d_H(v) \geqslant \nu - 1 - (\nu - 1 - d_H(u)) = d_H(u) = m,$$

$$|T| = \nu - 1 - d_H(u) = \nu - 1 - m.$$

根据 u 和 v 的选择, S 中每个顶点在 H 中的度都小于 m, $T \cup \{u\}$ 中每个顶点在 H 中的度都小 $\nu - m$, 因此, $c(G)$ 中至少有 m 个顶点的度不大于 m, 同时至少有 $\nu - m$ 个顶点的度小于 $\nu - m$.

因为 G 是 $c(G)$ 的支撑子图, 所以 G 中顶点的度也有上述性质, 即

$$d_m \leqslant m < \frac{\nu}{2}, \quad d_{\nu-m} < \nu - m,$$

此与定理的条件相矛盾. □

类似地, 由定理 5.8 中证明方法, 可得如下推论.

推论 5.9 设 G 是度序列为 $(d_1, d_2, \cdots, d_\nu)$ 的简单图, 其中 $d_1 \leqslant d_2 \leqslant \cdots \leqslant d_\nu$, 若对满足 $d_m < m < \dfrac{\nu-1}{2}$ 的每个 m 都有 $d_{\nu-m+1} \geqslant \nu - m$, 则 G 是半 Hamilton 图.

证 在 G 中添加一个新顶点 v_0, 并使 G 中每个顶点都与 v_0 相邻, 得到新图, 记作 G_1. 易见 $\nu(G_1) = \nu(G) + 1 = \nu + 1$ 且 v_0 是 G_1 中度最大的顶点, 故 G_1 的度序列为 $(d_1', d_2', \cdots, d_\nu', d_{\nu+1}')$, 其中 $d_i' = d_i + 1 (i = 1, 2, \cdots, \nu), d_{\nu+1}' = d_{G_1}(v_0) = \nu$.

在 G_1 中, 对满足 $d_i' \leqslant m < \dfrac{\nu+1}{2}$ 的每个 m 必有 $d_i \leqslant m - 1 < \dfrac{\nu-1}{2}$, 于是由已知条件, 对每个这样的 m 都有 $d_{\nu-m+1} \geqslant \nu - m$, 从而有 $d_{\nu-m+1}' = d_{\nu-m+1} + 1 \geqslant \nu + 1 - m$, 即对简单图 G_1 满足定理 5.8 的条件, 故 G_1 是 Hamilton 图. 设 C 为 G_1 中的 Hamilton 圈, 则 $C - v_0$ 即为 G 中 Hamilton 链, G 是半 Hamilton 图.

□

5.3.3 格雷码与立方体的 Hamilton 圈

2.5 节介绍了立方体的概念, n 立方体 $Q_n(n \geqslant 2)$ 是 Hamilton 图. 如何找出 $Q_n(n \geqslant 2)$ 的 Hamilton 圈呢?

为此, 我们先介绍格雷码. 格雷码是由 Frank Gray 于 20 世纪 40 年代发现的, Gray 研究格雷码的初衷是为了把传送数字信号过程中的误码率降到最低. 如今, 格雷码已经广泛应用于模拟信息和数字信息转换等领域. 本节, 用格雷码构造 Q_n 的 Hamilton 圈.

定义 5.5 (格雷码)   设 s_i 是一个 n 位的二进制串, 若序列 $s_1, s_2, \cdots, s_{2^n}$ 满足:

(1) 每个 n 位二进制串都出现在序列中;

(2) s_i 与 s_{i+1} 只有一位不同, $i = 1, 2, \cdots, 2^n - 1$;

(3) s_{2^n} 与 s_1 只有一位不同.

则称该序列 $s_1, s_2, \cdots, s_{2^n}$ 为**格雷码**.

设 G_1 表示序列 $0, 1$, 从 G_1 出发, 按如下递推规则可以由 G_{n-1} 生成 G_n, 且使 G_n 是格雷码.

(1) 令 G_{n-1}^R 为 G_{n-1} 的逆序;

(2) 令 G_{n-1}' 为 G_{n-1} 前加 0 所得到的序列;

(3) 令 G_{n-1}'' 为 G_{n-1}^R 前加 1 所得到的序列;

(4) 令 G_n 为 G_{n-1}' 后加上 G_{n-1}'' 组成的序列.

例如, 从 G_1 出发, 构造 G_3 的过程如表 5.1 所示.

表 5.1   格雷码 G_3 的构造过程

G_1	0	1						
G_1^R	1	0						
G_1'	00	01						
G_1''	11	10						
G_2	00	01	11	10				
G_2^R	10	11	01	00				
G_2'	000	001	011	010				
G_2''	110	111	101	100				
G_3	000	001	011	010	110	111	101	100

由格雷码 G_3 可得到立方体 Q_3 的 Hamilton 圈为

$$000 \to 001 \to 011 \to 010 \to 110 \to 111 \to 101 \to 100 \to 000,$$

如图 5.16 所示.

同理, 由格雷码 G_n 可以得到立方体 $Q_n(n \geqslant 2)$ 的 Hamilton 圈.

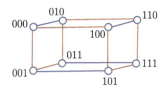

图 5.16　Q_3 的 Hamilton 圈

5.4　有向 Hamilton 图

在 2.2.4 节, 我们介绍了回路的概念, 借助于回路概念可以将 Hamilton 图推广到有向图.

5.4.1　强连通的充要条件

在第 2 章中, 我们介绍了有向图强连通的概念. 比如, 公路网应当是强连通的, 否则严格遵守行驶规则不可能做到从任一城镇到达其他所有城镇. 一个自然的问题: 在什么情况下才能对一个公路网规定其单行方向, 使得从任何城镇出发来严格遵守规定的单行方向驾车到达任意的另一个城镇. 用图论语言, 上述问题可叙述为: 什么样的图有强连通的定向图?

显然, 若图 G 有强连通定向图, 则 G 是连通的. 并且易知, 如果 G 有割边, 则 G 肯定不存在强连通定向图. 那么我们会问: 若 G 是不含割边的连通图, G 是否总有强连通定向图? 下面的定理做出了肯定回答.

定理 5.9 (Robbins, 1939)　设 G 是连通图, 则 G 有强连通定向图, 当且仅当 G 中没有割边.

证　只需证明充分性. 设 G 是不含割边的连通图, 若 G 是平凡图, 显然 G 有强连通定向图. 下设 G 是非平凡图. 根据关于割边的定理 3.11 知, G 中含有圈 C_1, 我们归纳定义 G 的连通子图 $G_1, G_2, \cdots$ 如下: 若 G_i 不是 G 的支撑子图, 则由 G 的连通性知, 存在 $u_i \in V(G) \setminus V(G_i)$ 和 $v_i \in V(G_i)$, 使得 $e_i = u_i v_i \in E(G)$. 又因 G 没有割边, 故 $G - e_i$ 连通, 从而 $G - e_i$ 中存在 (u_i, v_i) 链 P_i, 设 w_i 是 P_i 上第一个属于 $V(G_i)$ 的顶点, 把 P_i 上的 (u_i, w_i) 节记为 Q_i, 于是 $E(Q_i) \cap E(G_i) = \varnothing$, 定义

$$G_{i+1} = G_i \cup \{e_i\} \cup Q_i, \quad i = 1, 2, \cdots.$$

由于 $\nu(G_{i+1}) > \nu(G_i)$, 因此序列 $G_1, G_2, \cdots$ 必定终止于 G 的一个支撑子图 G_n.

现在给 G_n 定向. 把 G_1 变成回路. 使 e_1 成为弧 (v_1, u_1), (u_1, w_1) 链 Q_1 变成 (u_1, w_1) 路. 显然, 按上述定向规则, G_1 的定向图是强连通的, 从而 G_2 的定向图也是强连通图. 一般地, 若 G_i 的定向图是强连通图, 把 e_i 定向成弧

(v_i, u_i), (u_i, w_i) 链 Q_i 定向成 (u_i, w_i) 路, 则 G_{i+1} 的这种定向图也是强连通的, $i = 1, 2, \cdots, n-1$. 因此, G_n 的这种强连通定图是 G 的支撑子图的强连通定向图. 最后把 $E(G) \backslash E(G_n)$ 中的边任意定向, 就得到 G 的强连通定向图. □

基于有向边割, 我们给出强连通有向图的特征性刻画.

定理 5.10 设 $D = (V, A)$ 是 $\nu \geqslant 2$ 的有向图, 则下列命题等价:

(1) D 是强连通的;

(2) D 是连通的, 且 D 的每条弧都在一个回路上;

(3) $\forall S \subset V, S \neq \varnothing$ 有 $(S, \bar{S}) \neq \varnothing$, $(\bar{S}, S) \neq \varnothing$.

证 (1) $\Rightarrow$ (2) 显然.

(2) $\Rightarrow$ (3) 设 $S \subset V, S \neq \varnothing$. 因为 D 是连通有向图, 所以 $[S, \bar{S}] \neq \varnothing$, 从而由

$$[S, \bar{S}] = (S, \bar{S}) \cup (\bar{S}, S),$$

知必有 $a \in (S, \bar{S})$ 或 $a \in (\bar{S}, S)$, 由 (2) 可知 a 必在 D 的某个回路上, 于是必有 $b \in (\bar{S}, S)$ 或 $b \in (S, \bar{S})$. 这说明: $(S, \bar{S}) \neq \varnothing$, $(\bar{S}, S) \neq \varnothing$.

(3) $\Rightarrow$ (1) 假若 D 不是强连通的, 则存在 $v_1, v_2 \in V$, 使 D 中不存在 (v_1, v_2) 路. 令

$$S = \{v \in V | D \text{ 中存在 } (v_1, v) \text{ 路}\},$$

则 $v_2 \in \bar{S}$, 且 $(S, \bar{S}) = \varnothing$, 此与 (3) 矛盾. □

推论 5.10 设 D 是简单有向图, 且

$$d_D^+(u) + d_D^-(v) \geqslant \nu - 1, \quad \forall (u, v) \notin A(D), \quad u \neq v,$$

则 D 是强连通的.

证 当 $\nu = 1$ 时, D 显然是强连通的. 下面用反证法证明 $\nu \geqslant 2$ 时 D 也是强连通的. 若不然, 由定理 5.10 知, 存在 $S \subset V(D), S \neq \varnothing$, 使 $(S, \bar{S}) = \varnothing$. 从而取 $u \in S, v \in \bar{S}$, 则 $(u, v) \notin A(D)$. 因此, 由 D 是简单有向图可知

$$d_D^+(u) \leqslant |S| - 1, \quad d_D^-(v) \leqslant |\bar{S}| - 1 = \nu - |S| - 1,$$

于是 $d_D^+(u) + d_D^-(v) \leqslant \nu - 2 < \nu - 1$, 此与已知条件矛盾. □

5.4.2 Hamilton 回路

定义 5.6 (有向 Hamilton 图, 有向半 Hamilton 图) 如果有向图 D 中存在包含所有顶点的回路, 则称 D 为**有向 Hamilton 图** (directed Hamilton graph), 这样的回路称为 D 的 **Hamilton 回路** (Hamilton circuit). 如果有向图 D 中存在包含所有顶点的路, 则称 D 为**有向半 Hamilton 图** (directed semi-Hamilton graph), 这样的路称为 D 的 **Hamilton 路** (Hamilton path).

定义 5.7 (竞赛图)　任何两个顶点间都恰有一条弧相连的无环有向图, 称为
竞赛图 (tournament), 即竞赛图就是完全图的定向图.

ν 阶竞赛图可以看成是有 ν 个运动员参加的单循环的比赛结果的表示图: 运
动员对应于图的顶点, 运动员 v_i 战胜运动员 v_j 对应于图中的弧 (v_i, v_j), 这就是
把完全图的定向图称为竞赛图的原因.

先介绍两个记号.

设 D 是有向图, $v \in V(D)$, 称

$$N_D^-(v) = \{u \in V(D) | (u, v) \in A(D)\}$$

为 v 在 D 中的入邻域 (in-neighbor), 称

$$N_D^+(v) = \{u \in V(D) | (v, u) \in A(D)\}$$

为 v 在 D 中的出邻域 (out-neighbor).

定理 5.11 (Rédei, 1934)　任何 ν 阶竞赛图 D 都是有向半 Hamilton 图.

证　对阶数 ν 用归纳法. 当 $\nu = 1, 2$ 时, 结论显然成立.

当 $\nu = 3$ 时, 3 阶竞赛图是一个三圈, 有三条弧. 将圈上三条弧按顺时针和逆
时针分类, 由鸽巢原理知至少有两条弧同向, 得到图中的 Hamilton 路.

假设对阶数小于 ν 的所有竞赛图, 结论都成立. 对于 ν 阶竞赛图 D, 任取一
个顶点 $v \in V(D)$, 记 $D' = D - v$. 由归纳假设知 D' 是有向半 Hamilton 图,
设 $v_1 v_2 \cdots v_{\nu-1}$ 是 D' 的 Hamilton 路. 若 $v_1 \in N_D^+(v)$, 则 D 中有 Hamilton
路 $v_\nu v_1 v_2 \cdots v_{\nu-1}$; 若 $v_{\nu-1} \in N_D^-(v)$, 则 D 中有 Hamilton 路 $v_1 v_2 \cdots v_{\nu-1} v$; 若
$v_1 \in N_D^-(v)$ 且 $v_{\nu-1} \in N_D^+(v)$, 则在边 $vv_1, vv_2, \cdots, vv_{\nu-1}$ 的定向中存在 $i_0 \in$
$\{1, 2, \cdots, \nu - 1\}$ 使

$$v_{i_0} \in N_D^-(v) \quad 且 \quad v_{i_0+1} \in N_D^+(v),$$

于是 D 中有 Hamilton 路 $v_1 v_2 \cdots v_{i_0} v v_{i_0+1} \cdots v_{\nu-1}$. 这说明结论对 ν 阶简单图也
成立. 由归纳原理知, 定理成立.　　　　　　　　　　　　　　　　　　　　$\square$

由定理 5.11, 竞赛图含有 Hamilton 路, 易知, $\nu \geqslant 3$ 的竞赛图中存在 Hamilton
圈, 但是竞赛图中不一定存在 Hamilton 回路, 这是因为竞赛图中可能存在出度为
0 或入度为 0 的顶点. 不过, $\nu \geqslant 3$ 的强连通竞赛图中存在 Hamilton 回路. 这一
结论是 Moon 于 1966 年得到的下面定理的特殊情形.

定理 5.12　对任何满足 $3 \leqslant k \leqslant \nu$ 的整数 k, 阶 $\nu \geqslant 3$ 的强连通竞赛图 D
的每个顶点都在 D 中某个 k 回路上.

证　$\forall u \in V(D)$, 记 $S = N_D^+(u)$, $T = N_D^-(u)$. 因 D 是竞赛图, 故 $V(D) =$
$S \cup T \cup \{u\}$. 又由于 D 是强连通的, 且 $\nu \geqslant 3$, 因此 $S \neq \varnothing$, $T \neq \varnothing$, 有向边割
$(S, T) \neq \varnothing$, 即有弧 $(v, w) \in (S, T)$, 从而 u 在 3 回路 $uvwu$ 上.

现在对 k 进行归纳. 假设 u 包含在 D 的 k 回路 $C = v_0 v_1 \cdots v_k$ 上, 这里 $v_0 = v_k = u, 3 \leqslant k < \nu$, 我们将证明 D 中存在 $k+1$ 回路含有顶点 u, 分两种情况讨论.

(1) 若存在 $v \in V(D) \backslash V(C)$, 使得 $N_D^+(v) \cap V(C) \neq \varnothing$, $N_D^-(v) \cap V(C) \neq \varnothing$, 则由 D 为竞赛图知, v 与 $V(C)$ 中每个顶点都有弧相连. 令

$$i = \max \{l | 1 \leqslant j \leqslant k, (v_j, v) \in A(D)\},$$

则 $(v_i, v), (v, v_{i+1}) \in A(D)$, 因此 u 包含在 D 的 $k+1$ 回路 $v_0 v_1 \cdots v_i v v_{i+1} \cdots v_k$ 上.

(2) 若情况 (1) 不出现, 即 $\forall v \in V(D) \backslash V(C)$, 或者 $N_D^+(v) \cap V(C) = \varnothing$, 或者 $N_D^-(v) \cap V(C) = \varnothing$, 从而由 D 是竞赛图知, 要么 v 与每个 $v_j (1 \leqslant j \leqslant k)$ 间有弧 (v_j, v), 记这样的 v 的集合为 S; 要么 v 与每个 $v_j (1 \leqslant j \leqslant k)$ 间有弧 (v, v_j), 记这样的 v 的集合为 T. 于是 $S \cup T = V(D) \backslash V(C), S \cap T = \varnothing$, 又因 D 是强连通的, 知 $S \neq \varnothing, T \neq \varnothing, (S, T) \neq \varnothing$, 即有弧 $(v, w) \in (S, T)$, 则 u 包含在 $k+1$ 回路 $v_0 v w v_2 \cdots v_k$ 上. $\qquad \square$

推论 5.11 $\nu \geqslant 3$ 的竞赛图 D 是有向 Hamilton 图, 当且仅当 D 是强连通的.

证 若竞赛图 D 是有向 Hamilton 图, 则 D 中存在 Hamilton 回路, 从而 D 中任何两个顶点通过 Hamilton 回路可以互相到达, 即 D 是强连通的. 反之, 若 D 是 $\nu \geqslant 3$ 的强连通竞赛图, 则由定理 5.12 知 D 中存在 Hamilton 回路, 即 D 为有向 Hamilton 图. $\qquad \square$

5.4.3 有向 Hamilton 图的充分条件

我们知道, 关于 Hamilton 图有 Ore 定理: 在 $\nu \geqslant 3$ 阶的简单图 G 中, 如果对任何两个不相邻的相异顶点 u 和 v 有 $d(u) + d(v) \geqslant \nu$, 则 G 是 Hamilton 图. 同样, 对有向 Hamilton 图, 我们有下面类似的结论.

定理 5.13 (Meyniel, 1973) 设 D 是 $\nu \geqslant 2$ 的强连通简单有向图, 若对任一对不相邻的相异顶点 u 和 v, 有

$$d(u) + d(v) \geqslant 2\nu - 1,$$

则 D 是有向 Hamilton 图. $\qquad \square$

为了证明这个定理, 我们先介绍两个概念和两个引理.

设 D 是阶 $\nu \geqslant 2$ 的有向图, $S \subset V(D), S \neq \varnothing$. 若 D 中存在长不小于 2 的 (u, v) 路 P, 使 $S \cap V(P) = \{u, v\}$, 则称 P 为 D 的 S 路; 若 D 中存在一条长不小于 2 的回路 C, 使 $|S \cap V(C)| = 1$, 则称 C 为 D 的 S 回路.

引理 5.2　设 D 为 $\nu \geqslant 2$ 的强连通有向图, $S \subset V$, $S \neq \varnothing$, 则 D 中或者存在 S 路或者存在 S 回路.

证　因为 D 是 $\nu \geqslant 2$ 的强连通有向图, 所以有 $(v_1, v_2) \in (S, \bar{S})$, 并且弧 (v_1, v_2) 在 D 的某个回路 C 上. 若 $S \cap V(C)$ 为单点集, 则 C 是 D 的 S 回路; 否则不妨设 v_1 为 C 的起点, 并记从 v_2 以后 C 上第一个属于 S 的顶点为 u, 则 C 的 (v_1, u) 节是 D 的 S 路. □

引理 5.3　设 $P = v_1 v_2 \cdots v_k$ 为简单有向图 D 中的路, $v \in V(D) \backslash V(P)$, 若 $\forall 1 \leqslant i \leqslant k-1$, $v_1 v_2 \cdots v_i v v_{i+1} \cdots v_k$ 不是 D 中的路, 则

$$\|\{v\}, V(P)\| \leqslant |V(P)| + 1.$$

证　令

$$S_1 = \{v_i \in V(P) | 1 \leqslant i \leqslant k-1\}, \quad (v_i, v) \in A(D),$$

$$S_2 = \{v_i \in V(P) | 1 \leqslant i \leqslant k-1\}, \quad (v, v_{i+1}) \in A(D),$$

则由假设知, $S_1 \cap S_2 = \varnothing$. $S_1 \cup S_2 \subseteq V(P) \backslash \{v_k\}$, 故 $|S_1 \cup S_2| \leqslant |V(P)| - 1$. 由于 D 为简单有向图, 因此 v 与 v_k 间最多有两条弧, 所以

$$\|\{v\}, V(P)\| \leqslant |S_1| + |S_2| + 2 = |S_1 \cup S_2| + 2 \leqslant |V(P)| + 1. \qquad \square$$

下面用反证法证明定理 5.13.

假设 D 满足定理的条件, 但 D 不是有向 Hamilton 图. 因 D 是强连通的, 且阶 $\nu \geqslant 2$, 所以 D 中含有回路. 设 $C = v_1 v_2 \cdots v_k v_1$ 是 D 中最长回路. 令 $S = V(C)$, 则 S 为 $V(D)$ 的非空真子集. 分两种情况讨论.

(1) D 中不含 S 路.

因 D 是阶 $\nu \geqslant 2$ 的强连通有向图, 故由引理 5.2 知, D 中必含有 S 回路 $C' = v_p u_1 u_2 \cdots u_l v_p$, 其中 $\{v_p\} = S \cap V(C')$. 记 $T = \{u_1, u_2, \cdots, u_l\}$, 则 $T \neq \varnothing$. 因为 D 中不含 S 路, 所以用反证法可以证明: $\forall 1 \leqslant i \leqslant k(i \neq p)$ 及 $1 \leqslant j \leqslant l$, u_j 与 v_i 不相邻, 即知

$$\|\{u_j\}, S \backslash \{v_p\}\| = 0, \quad |\{v_i\}, T| = 0,$$

从而由 D 是简单有向图知

$$|\{u_j\}, S| \leqslant 2,$$

$$\|\{u_j\}, T\| \leqslant 2(|T| - 1),$$

$$\|\{v_i\}, S\| \leqslant 2(|S| - 1).$$

又由于 D 中不含 S 路, 因此对于上述的 u_j 和 v_i 及 $\forall u \in V(D) \backslash (S, T)$, (v_i, u) 和 (u, u_j) 中至多有一条属于 $A(D)$, (u_j, u) 和 (u, v_i) 中也至多有一条属于 $A(D)$, 于是

$$|[\{u_j\}, V(D)\backslash(S \cup T)]| + |[\{v_i\}, V(D) \backslash (S \cup T)]|$$

$$\leqslant 2 |V(D) \backslash (S \cup T)| = 2(\nu - |S| - |T|).$$

从而

$$d_D(u_j) + d_D(v_i) = |[\{u_j\}, S]| + |[\{u_j\}, T]| + |[\{u_j\}, V(D)\backslash(S \cup T)]|$$

$$+ |[\{v_i\}, S]| + |[\{v_i\}, T]| + |[\{v_i\}, V(D)\backslash(S \cup T)]|$$

$$\leqslant 2 + 2(|T| - 1) + 2(|S| - 1) + 2(\nu - |S| - |T|)$$

$$= 2\nu - 2,$$

此与定理的条件矛盾.

(2) D 中含 S 路.

设 $P = v_p u_1 u_2 \cdots u_l v_p$ 是 D 中一条使 r 最小的 S 路 (这里 $p + r$ 为模 k 的同余), 其中 $\{v_p, v_{p+r}\} = S \cap V(P)$. 记 $T = \{u_1, u_2, \cdots, u_l\}$, 则由 P 为 S 路知 $T \neq \varnothing$, 又记 C 上的 (v_p, v_{p+r}) 节的内部点的集合为 S_1, 则由 P 的选择知, T 中任何顶点都不与 S_1 中任何顶点相邻, 因此 $\forall u_j \in T$, 有

$$|[\{u_j\}, S_1]| = 0.$$

并且由 C 的最长性和引理 5.3 知, 上述顶点 u_j 满足

$$|[\{u_j\}, S\backslash S_1]| \leqslant |S\backslash S_1| + 1 = |S| - |S_1| + 1,$$

从而

$$|[\{u_j\}, S]| \leqslant |S| - |S_1| + 1.$$

又因 D 是简单有向图, 故

$$|[\{u_j\}, T]| \leqslant 2(|T| - 1).$$

设 P' 是 D 中一条其顶点集 S_2 满足 $S\backslash S_1 \subseteq S_2 \subseteq S$ 的最长 (v_{p+r}, v_p) 路. 由于 C 是 D 中最长回路, 且 $T \neq \varnothing$, 因此 S_2 是 S 的真子集, 从而存在 $v_i \in S\backslash S_2 \subseteq S_1$. 于是由 P' 的最长性和引理 5.3 有

$$|[\{v_i\}, S_2]| \leqslant |S_2| + 1.$$

又由 D 为简单有向图知

$$|[\{v_i\}, S\backslash S_2]| \leqslant 2\,(|S\backslash S_2| - 1) = 2\,(|S| - |S_2| - 1),$$

从而

$$|[\{v_i\}, S]| \leqslant 2\,|S| - |S_2| - 1.$$

因为 S_1 中任何顶点都不与 T 中任何顶点相邻, 所以

$$|[\{v_i\}, T]| = 0.$$

根据 P 的选择及 C 的最长性, 对于上述的 u_j 和 v_i 及 $\forall u \in V(D)\backslash(S\cup T)$, (v_i, u) 和 (u, u_j) 中至多有一条属于 $A(D)$, (u_j, u) 和 (u, v_i) 中也至多有一条属于 $A(D)$, 从而

$$|[\{u_j\}, V(D)\backslash(S\cup T)]| + |[\{v_i\}, V(D)\backslash(S\cup T)]|$$
$$\leqslant 2\,|V(D)(S\cup T)| = 2\,(\nu - |S| - |T|).$$

所以

$$
\begin{aligned}
d_D\,(u_j) + d_D\,(v_i) = &\; |[\{u_j\}, S]| + |[\{u_j\}, T]| \\
&+ |[\{u_j\}, V(D)\backslash(S\cup T)]| + |[\{v_i\}, S]| + |[\{v_i\}, T]| \\
&+ |[\{v_i\}, V(D)\backslash(S\cup T)]| \\
\leqslant &\; |S| - |S_1| + 1 + 2\,(|T| - 1) + 2\,|S| - |S_2| - 1 \\
&+ 2(\nu - |S| - |T|) \\
\leqslant &\; 2\nu - 2.
\end{aligned}
$$

此与定理的条件矛盾. □

由定理 5.13, 我们容易得下面一系列推论.

推论 5.12 (Ghouila-Houri, 1960)　设 D 是 $\nu \geqslant 2$ 的强连通简单有向图, 若 $\forall v \in V(D)$ 有 $d_D\,(v) \geqslant \nu$, 则 D 是有向 Hamilton 图. □

推论 5.13　设 D 是 $\nu \geqslant 2$ 的简单有向图, 且

$$d_D^+\,(u) + d_D^-\,(v) \geqslant \nu, \quad \forall (u, v) \notin A\,(D), \quad u \neq v,$$

则 D 是有向 Hamilton 图.

证 根据推论的条件和推论 5.10 可知, D 是强连通的简单有向图. 又因为对于 D 中任一对不相邻的相异顶点 u 和 v, 有 $(u,v) \notin A(D)$, $(v,u) \notin A(D)$, 所以

$$d_D^+(u) + d_D^-(v) \geqslant \nu, \quad d_D^+(v) + d_D^-(u) \geqslant \nu,$$

于是

$$d_D(u) + d_D(v) \geqslant 2\nu > 2\nu - 1.$$

因此, 由定理 5.13 知, D 是有向 Hamilton 图. □

由推论 5.13 可直接得到:

推论 5.14 设 D 是 $\nu \geqslant 2$ 的简单有向图, 且 $\min\{\delta^+, \delta^-\} \geqslant \dfrac{\nu}{2}$, 则 D 是有向 Hamilton 图. □

推论 5.15 设 D 是简单有向图, 且对任一对不相邻的相异顶点 u 和 v, 有

$$d_D(u) + d_D(v) \geqslant 2\nu - 3,$$

则 D 是有向半 Hamilton 图.

证 在 D 中添加新顶点 v_0, 且 $\forall v \in V(D)$, 添加两条新弧 (v_0, v) 和 (v, v_0), 得到强连通简有向图 D', 对于 D' 中任一对不相邻的相异顶点 u 和 v (它们在 D 中也不相邻), 有

$$d_{D'}(u) + d_{D'}(v) = d_D(u) + d_D(v) + 4 \geqslant 2\nu(D) - 3 + 4 = 2\nu(D') - 1,$$

从而由定理 5.13 知, D' 中存在 Hamilton 回路 C, 于是 $C - v_0$ 就是 D 中的 Hamilton 路. □

类似于有向 Hamilton 图, 关于有向半 Hamilton 图有以下几个结论, 并且这些结论均可由推论 5.15 推出.

推论 5.16 设 D 是简单有向图, 若 $\forall v \in V(D)$, $d_D(v) \geqslant \nu - 1$, 则 D 是有向半 Hamilton 图. □

推论 5.17 设 D 是简单有向图, 且

$$d_D^+(u) + d_D^-(v) \geqslant \nu - 1, \quad \forall (u,v) \notin A(D), \quad u \neq v,$$

则 D 是有向半 Hamilton 图. □

推论 5.18 设 D 是简单有向图, 且 $\min\{\delta^+, \delta^-\} \geqslant \dfrac{\nu - 1}{2}$, 则 D 是有向半 Hamilton 图. □

顺便指出: 关于 Hamilton 图的推论 5.5 和半 Hamilton 图的推论 5.7, 可以分别由推论 5.13 推论 5.17 和立即得出. 这是因为, 只需要把简单图 G 的每条边 uv 改为弧 (u,v) 和 (v,u) 得到简单有向图 D 即可.

5.5　连通度和边连通度

在第 3 章中, 介绍了割点和割边. 从图删去无环的割点, 得到的图将不连通. 从图中删去割边, 得到的图也将不连通. 但有些图删任何一个顶点, 或删去任何一条边, 图将仍然保持连通. 比如, 本章介绍的 Euler 图和 Hamilton 图. 如果一个图是 Euler 图, 则去掉任何一条边仍然连通. 如果一个图是 Hamilton 图, 则去掉任何一个顶点仍然连通. 从破坏图的连通性至少需要删去多少个顶点或多少条边的角度来衡量图的连通程度, 就是本节研究的图的连通性.

为了定量研究图的连通性, 人们引进了连通度和边连通度的概念. 一个图的连通度和边连通度都是由该图唯一确定的.

5.5.1　定义

我们先来观察下面五个 5 阶连通图. 显然, 在图 5.17 中, 树 G_1 中去掉任何一条边都不连通, 去掉顶点 u 也不连通; 而在 G_2 中去掉任何一条边仍然连通, 但去掉顶点 v 就不再连通; 图 G_3 是一个圈, 去掉任何一条边或任何一个顶点仍然连通, 但去掉两条边再连通, 去掉两个顶点也有可能不连通; G_4 中至少去掉三条边或三个顶点才可能不连通; G_5 是完全图, 至少去掉四条边才可能不连通, 并且去掉任何一个顶点子集仍然连通.

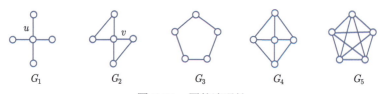

图 5.17　图的连通性

如果至少要去掉若干条边或若干个顶点才能破坏图的连通性, 则可以把这样的边或顶点的最小数目看作是图的连通程度的一种度量. 这个数目越大, 图的连通程度就越高. 由此, 我们引进图的连通度和边连通度的概念.

定义 5.8 (顶点割)　如果图 G 的顶点子集 V' 使 $G - V'$ 不连通, 则称 V' 为 G 的**顶点割** (vertex cut). 并且, 若 $|V'| = k$, 则称 V' 为 G 的 **k 顶点割** (k-vertex cut).

例如, 在图 5.17 中, 顶点集 $\{u\}$ 就是图 G_1 的一个顶点割. 若图 G 本身就不连通, 则空集就是它的顶点割. 而完全图没有顶点割, 并且没有顶点割的图只能是以完全图为基础简单图的图, 即任何一对相异顶点都相邻的那些图.

定义 5.9 (连通度)　如果 G 中至少有一对相异顶点不相邻, 则称

$$\min\{|V'| : V' \text{ 是 } G \text{ 的顶点割}\}$$

为 G 的**连通度** (connectivity)，记作 $\kappa(G)$. 如果 G 中任何一对相异顶点都相邻，则规定 $\kappa(G) = \nu - 1$.

不难知道，对任何图 G 总有 $0 \leqslant \kappa(G) \leqslant \nu - 1$，并且 $\kappa(G) = 0$ 的图要么是平凡图，要么是非连通图.

定义 5.10 (k 连通图) 若 $\kappa(G) \geqslant k$，则称 G 为 $\boldsymbol{k}$ **连通图** (k-connected graph).

显然，图 G 是 $k(k \geqslant 1)$ 连通的当且仅当 $\nu(G) \geqslant \kappa + 1$ 且 G 中不存在 $k - 1$ 顶点割. 所有非平凡连通图都是 1 连通图. Euler 图和 Hamilton 图都是 2 连通图，但它们不一定是 3 连通图.

类似地，我们用边割来定义连通度. 显然，任何非平凡连通图都有边割，因此，有如下边连通度的概念.

定义 5.11 (边连通度, k 边连通图) 任何非平凡连通图 G 的**边连通度** (edge connectivity) $\kappa'(G)$ 定义为

$$\kappa'(G) = \min\{|E'| : E' \text{ 是 } G \text{ 的边割}\},$$

即一个非平凡连通图的边连通度就是使这个图变得不连通所需去掉的最少边数. 如果 G 是平凡图或是非连通图，则规定 $\kappa'(G) = 0$. 称 $\kappa'(G) \geqslant k$ 的图为 $\boldsymbol{k}$ **边连通图** (k-edge connected graph).

由定义易知，$\kappa'(G) = 0$ 的图或是平凡图，或是非连通图. 一切非平凡连通图都是 1 边连通图. 图 G 是 k 边连通图 ($k \geqslant 2$) 当且仅当 G 是连通图且不存在 m 边割 ($1 \leqslant m \leqslant k - 1$).

由连通度和边连通度的定义可知，在图 5.17 中的五个图中，$\kappa(G_1) = \kappa'(G_1) = 1$, $\kappa(G_2) = 1, \kappa'(G_2) = 2$, $\kappa(G_3) = \kappa'(G_3) = 2$, $\kappa(G_4) = \kappa'(G_4) = 3$, $\kappa(G_5) = \kappa'(G_5) = 4$. 从这五个图中，我们发现它们满足 $\kappa(G) \leqslant \kappa'(G) \leqslant \delta(G)$, 一般地，我们有下面的定理.

定理 5.14 对任何图 G 都有 $\kappa(G) \leqslant \kappa'(G) \leqslant \delta(G)$.

证 如果 G 为非连通图或平凡图，则 $\kappa(G) = \kappa'(G) = 0$, 不等式显然成立，故只需考虑非平凡连通图的情形.

先证 $\kappa'(G) \leqslant \delta(G)$, 设 $d(v) = \delta(G)$, 设 E' 为与 v 关联的连杆组成的集合，它是 G 的一个边割，从而有 $\kappa'(G) \leqslant |E'| \leqslant \delta(G)$.

再证

$$\kappa(G) \leqslant \kappa'(G). \tag{3}$$

如果 G 不是简单图，考虑 G 的基础简单图 $\tilde{G}$, 显然有 $\kappa(G) = \kappa(\tilde{G})$, $\kappa'(G) \geqslant \kappa'(\tilde{G})$. 因此，为证 $\kappa(G) \leqslant \kappa'(G)$, 只需证明 $\kappa(\tilde{G}) \leqslant \kappa'(\tilde{G})$, 即只需证明

(3) 式对简单图成立即可. 于是, 以下假设 G 为简单图. 又若 G 为完全图 K_n, 则 $\kappa(K_n) = \kappa'(K_n) = n - 1$, (3) 式成立. 由此只需对非平凡的简单连通图且不是完全图的情形证明 (3) 式成立.

由于 G 是非平凡连通图, 因此存在边割 $E' \subseteq E(G)$, 使得 $|E'| = \kappa'(G)$, 由 E' 的最小性知 E' 是 G 的补圈, 从而由定理 3.12 知 $G - E'$ 恰有两个连通分支. 设 $E' = [S, \bar{S}]$, 则 $G - E'$ 的两个连通分支为 $G[S]$ 和 $G[\bar{S}]$, 设 $G_1 = G[S]$, $G_2 = G[\bar{S}]$. 我们断言: 必存在 $u \in V(G_1)$, $v \in V(G_2)$, 使 $uv \notin E(G)$. 若不然, 设 $|V(G_1)| = \nu_1, 1 \leqslant \nu_1 \leqslant \nu - 1$, 则 $|V(G_2)| = \nu - \nu_1$, 于是

$$\kappa'(G) = |E'| = \nu_1(\nu - \nu_1),$$

由 $1 \leqslant \nu_1 \leqslant \nu - 1$ 知 $(\nu_1 - 1)\nu \geqslant (\nu_1 - 1)(\nu_1 + 1)$, 从而 $\nu_1(\nu - \nu_1) \geqslant \nu - 1$, 即知 $\kappa'(G) \geqslant \nu - 1$, 此与 G 不是完全图相矛盾. 根据这个断言, 对于 E' 的每条边总可取一个异于 u 和 v 的端点, 从而得到 G 的一个顶点割 V', $|V'| \leqslant |E'| = \kappa'(G)$, 故 $\kappa(G) \leqslant |V'| \leqslant \kappa'(G)$. $\qquad\square$

由这个定理知, 一个 k 连通图必是 k 边连通图.

定理 5.15 对于任何满足 $0 < l \leqslant m \leqslant n$ 的正整数 l, m, n, 总存在一个简单图 G, 使得 $\kappa(G) = l, \kappa'(G) = m, \delta(G) = n$.

证 令 $G_1 = K_{n+1} = G_2, V(G_1) = \{u_1, u_2, \cdots, u_{n+1}\}, V(G_2) = \{v_1, v_2, \cdots, v_{n+1}\}$, 我们在 $G_1 \cup G_2$ 中增加 l 条边 $u_i v_i (1 \leqslant i \leqslant l)$ 及 $m - l$ 条边 $u_1 v_j (2 \leqslant j \leqslant m - l + 1)$, 得到的简单图记为 G. 容易验证: $\kappa(G) = l, \kappa'(G) = m, \delta(G) = n$. $\qquad\square$

这个定理说明 (3) 式不能再改进了.

5.5.2 2 连通图

在 3.3 节, 我们定义了割点和块, 块中没有割点, 因此块是 2 连通图. 下面介绍 2 连通图的性质.

定理 5.16 (Whitney, 1932)   一个 $\nu \geqslant 3$ 的图 G 是 2 连通图, 当且仅当 G 的任何两个顶点由至少两条内部不相交的链连接.

证 (充分性) 若 G 的任何两个顶点由至少两条内部不相交的链连接, 则 G 是连通的, 且没有 1 顶点割, 而 $\nu \geqslant 3$, 故 G 是 2 连通的.

(必要性) 设 G 是 2 连通的, $\forall u, v \in V(G)$, 我们对 $d(u, v)$ 用归纳法证明: u 与 v 至少由 G 的两条内部不相交的链连接.

当 $d(u, v) = 1$ 时, 因为 $2 \leqslant \kappa(G) \leqslant \kappa'(G)$, 所以边 uv 不是割边, 从而 uv 包含在 G 的一个圈中, 故 u 与 v 被两条内部不相交的链连接.

假设结论对 G 中距离小于 k 的任何两个顶点都成立. 设 $d(u,v) = k \geqslant 2$. 考虑 G 中长度为 k 的 (u,v) 链, 即 G 中最短 (u,v) 链, 令 wv 是该链中最后一条边, 则该链上的 (u,w) 节是 G 中最短 (u,w) 链, 故 $d(u,w) = k - 1$, 由归纳假设, G 中存在两条内部不相交的 (u,w) 链 P 和 Q. 如图 5.18 所示, 因为 G 是 2 连通的, 所以 $G - w$ 仍连通, 从而含一条 (u,v) 链 P'. 设 x 是 P' 上的在 $P \cup Q$ 中的最后一个顶点 (因为 P' 与 $P \cup Q$ 有公共顶点 u, 所以这样的公共顶点 x 总是存在的, 当然不排除 $x = u$) , 不失一般性, 设 x 在 P 上, 则 G 中有两条内部不相交的 (u,v) 链: 一条是由 P 上的 (u,x) 节与 P' 的 (x,v) 节组成, 另一条是由 Q 和 wv 组成, 由归纳原理, 必要性得证. □

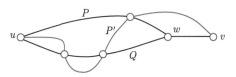

图 5.18　两条内部不交的 (u,v) 链

由定理 5.16 立即得到下面的推论.

推论 5.19　若 G 是 2 连通图, 则 G 的任何两个顶点在一圈上. □

在第 2 章, 我们介绍了剖分运算, 由块的定义可知 $\nu \geqslant 3$ 的块经过有限次剖分后还是块, 即块在剖分运算下封闭.

推论 5.20　若 G 是 $\nu \geqslant 3$ 的块, 则 G 的任何两条边在一个圈上.

证　设 G 是块, $\nu \geqslant 3$, e_1 和 e_2 是 G 的任意两条边, 则 e_1 和 e_2 都是连杆, 把 e_1 和 e_2 剖分后得到新图 G', v_1 和 v_2 为 G' 的新顶点. 显然 G' 至少有 5 个顶点, 且为块, 因而 $\kappa(G) \geqslant 2$. 由推论 5.19 知, v_1 和 v_2 在 G' 的同一个圈上, 于是 e_1 和 e_2 在 G 的同一个圈上. □

定理 5.16 可以推广到 k 连通图, 这就是所谓的 Menger 定理.

5.5.3　3 连通图

运用边的收缩运算, 下面给出 3 连通图的一个性质, 为此先证明两个引理.

引理 5.4　设 G 是 k 连通图, $k \geqslant 2$, 则对于 G 的任何连杆 e, $G \cdot e$ 是 $k - 1$ 连通图.

证　若 $G \cdot e$ 的基础简单图是完全图, 则有

$$\kappa(G \cdot e) = \nu(G \cdot e) - 1 = \nu(G) - 2 \geqslant \kappa(G) - 1 \geqslant k - 1,$$

引理成立. 否则, 设 S 是 $G \cdot e$ 的任一顶点割, $e = uv$, e 被收缩后的新顶点记为 u', 分两种情况讨论.

(1) 若 $u' \in S$, 则 $S' = (S \setminus \{u'\}) \cup \{u, v\}$ 是 G 的顶点割, 从而 $k \leqslant |S'| = |S| + 1$.

(2) 若 $u' \notin S$, 则 S 也是 G 的顶点割, 故 $k \leqslant |S|$.

因此, 总有 $|S| \geqslant k - 1$, 即 $G \cdot e$ 是 $k - 1$ 连通图. □

引理 5.5 设 $\kappa(G) = k \geqslant 1$, 且 $V' = \{v_1, v_2, \cdots, v_k\}$ 是 G 的 k 顶点割, $G_1, G_2, \cdots, G_p$ 是 $G - V'$ 的全部连通分支, 则 $\forall 1 \leqslant i \leqslant k$ 和 $\forall 1 \leqslant j \leqslant p$, 顶点 v_i 必与连通分支 G_j 的某个顶点在 G 中相邻.

证 若不然, 存在 $1 \leqslant i_0 \leqslant k$ 及 $1 \leqslant j_0 \leqslant p$, 使 v_{i_0} 与 G_{j_0} 的任何顶点都不相邻, 令

$$V'' = V' \setminus \{v_{i_0}\},$$

则 $G - V''$ 不连通, 即 V'' 是 G 的 $k - 1$ 顶点割, 此与 $\kappa(G) = k$ 矛盾. □

定理 5.17 (Thomassen, 1980) 设 G 是 3 连通图, $\nu \geqslant 5$, 则存在 G 的连杆 e, 使 $G \cdot e$ 仍然是 3 连通图.

证 当 $\kappa(G) \geqslant 4$ 时, 则由引理 5.4 知定理成立, 下面证明当 $\kappa(G) = 3$ 时结论也成立.

若不然, 对任意连杆 $e = uv$, 由引理 5.4 知, $\kappa(G \cdot e) = 2$. 因为 $\nu(G) \geqslant 5$, 所以 $\nu(G \cdot e) \geqslant 4$, 从而 G 的基础简单图不是完全图, 即 $G \cdot e$ 有 2 顶点割. 又因 G 是 3 连通图, 故 e 被收缩后得到的新顶点必在 $G \cdot e$ 的每个 2 顶点割之中, 于是 G 必有 3 顶点割 $\{u, v, x\}$, 这里 x 与 u, v 的选择有关.

我们取这样的连杆 $e = uv$ 及 x, 使 $G - \{u, v, x\}$ 的最大 (即顶点数最多) 连通分支 H 的顶点尽可能多. 设 H' 是 $G - \{u, v, x\}$ 的另一个连通分支, 则引理 5.5 知, 必有 $y \in H'$ 使 $xy \in E(G)$. 考虑连杆 xy, 由以上知, G 有 3 顶点割 $\{x, y, z\}$, 记

$$G_1 = G[V(H) \cup \{u, v\}] - z.$$

若 $z \notin V(H)$, 则引理 5.5 知, G_1 是连通图; 若 $z \in V(H)$, 则 G_1 也必是连通图 (否则, $\{x, z\}$ 是 G 的 2 顶点割, 矛盾). 所以 G_1 必包含在 $G - \{x, y, z\}$ 的一个分支中, 但 $|V(H)| < |V(G_1)|$, 这与 e 的选择相矛盾. □

在适当的条件下, 定理 5.17 可以推广到 k 连通图.

5.6 坚 韧 度

为了研究图的 Hamilton 性, Chvàtal 于 1973 年提出的图的坚韧度概念. 连通度和边连通度都是刻画图的连通性的有力工具, 但是随着图论的深入发展, 人们又发现它们的明显不足之处. 如图 5.19 中的三个图 G_1, G_2 和 G_3, 显然, 这三

个图的连通度都是 1, 边连通度也都是 1, 但它们的连通性是不同的. 一般来说, 我们认为 G_1 的连通性比 G_2 好, 而 G_2 的连通性又比 G_3 好. 原因在于若从 G_1 中删去顶点 v_1, 则剩下的图有两个连通分支; 在 G_2 中删去顶点 v_2, 则剩下的图有三个连通分支; 而在 G_3 中删 v_3, 剩下的图就是四个孤立顶点, 有四个连通分支. 由此可以看出, 只考虑导致图不连通所需去掉的顶点数或边数是不够的, 还要进一步考虑使图变得不连通的程度, 即连通分支的数目. 本节我们将介绍另外一个刻画图的连通程度的度量, 那就是图的坚韧度.

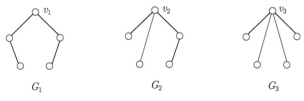

图 5.19   图的连通程度

5.6.1   定义

定义 5.12 (坚韧度)   设 G 是 ν 阶图, 且至少有一对相异顶点不相邻, 则 G 的坚韧度 (toughness) 记作 $t(G)$, 定义为

$$t(G) = \min\left\{ \frac{|S|}{\omega(G - S)} \,\middle|\, S \subset V(G), \omega(G - S) \geqslant 2 \right\}.$$

当图 G 中任何两个顶点都相邻时, 规定 G 的坚韧度为 $\dfrac{\nu(G) - 1}{2}$ (请思考是否可以规定为 $\dfrac{\nu(G) - 2}{2}$).

若图 G 的坚韧度大于或等于 t, 则称 G 是 t 坚韧图 (t-tough graph). 若存在 $S^* \subset V(G), \omega(G - S^*) \geqslant 2$ 且 S^* 满足

$$t(G) = \frac{|S^*|}{\omega(G - s^*)},$$

则称 S^* 为 G 的坚韧度顶点集 (toughness vertex set), 简称坚韧集. 一个连通图 G 给定, $t(G)$ 便唯一确定了, 但坚韧集却不一定唯一且坚韧集也不一定相交.

在图 5.19 中有三个图 G_1, G_2 和 G_3, 我们 $t(G_1) = \dfrac{1}{2}, t(G_2) = \dfrac{1}{3}, t(G_3) = \dfrac{1}{4}$, 因此, 用坚韧度的概念来衡量这三个图, 就立刻可以看出这三个图连通程度的差别了, G_2 的连通性比 G_3 的好, 比 G_1 差.

因此, 在坚韧度意义下, 坚韧度越大, 图的连通性就越好; 反之, 坚韧度越小, 图的连通性就越差, 此与连通度和边连通度相一致.

由图的坚韧度的定义, 容易得到如下定理.

定理 5.18 设 $\nu(\nu \geqslant 3)$ 阶连通图 G, 则

$$\frac{1}{\nu(G) - 1} \leqslant t(G) \leqslant \frac{\nu(G) - 1}{2}.$$

证 若 G 中任何两个顶点都相邻, 则结论显然成立. 下设存在 $S \subset V(G)$, 使得 $\omega(G - S) \geqslant 2$. 对任意这样的 $S \subset V(G)$, 有

$$1 \leqslant |S| \leqslant \nu(G) - 1,$$

$$2 \leqslant \omega(G - S) \leqslant |V(G - S)| \leqslant |V(G)| - |S| \leqslant \nu(G) - 1,$$

从而由 $t(G)$ 的定义得

$$\frac{1}{\nu(G) - 1} \leqslant t(G) \leqslant \frac{\nu(G) - 1}{2}. \qquad \square$$

特别地, 若图 G 是树, 则有下面的定理.

定理 5.19 设 T 是树, Δ 表示 T 的最大度, 则有 $t(T) = \dfrac{1}{\Delta}$.

证 首先我们证明 $\forall v \in V(T)$, 有 $\omega(T - v) = d(v)$.

因为 T 无圈, 所以 v 的邻域 $N(v)$ 中任意两顶点不在 $T - v$ 的同一连通分支中, 即 $\omega(T - v) \geqslant d(v)$. 另一方面, 又由 T 连通知, $\omega(T - v) \leqslant d(v)$, 因此必有 $\omega(T - v) = d(v)$.

当然, 对任意无圈图 G, 易见 $\forall v \in V(G)$, 有

$$\omega(G - v) = \omega(G) - 1 + d_G(v).$$

设 v_0 为 T 中度最大的顶点, 即 $d_G(v_0) = \Delta$, 即 $S_0 = \{v_0\}$, 由前证知 $\omega(T - S_0) = \Delta$, 于是 $t(T) \leqslant \dfrac{|S_0|}{\omega(T - S_0)} = \dfrac{1}{\Delta}$.

下面只需证明 $t(T) \geqslant \dfrac{1}{\Delta}$.

设 S 为 $V(T)$ 的任意非空真子集, 我们对 $|S|$ 由归纳法证明

$$\omega(T - S) \leqslant \sum_{v \in S} d(v).$$

当 $|S| = 1$ 时, 由前面的证明知道结论成立. 假设对任意 $|S| = n - 1$, 结论都成立. 设 $|S| = n \geqslant 2$, $v_1 \in S$, $S' = S \backslash \{v_1\}$, 则由归纳假设知

$$\omega\left(T - S'\right) \leqslant \sum_{v \in S'} d\left(v\right).$$

记 $T' = T - S'$, 因为 T' 是无圈图, 所以有

$$\omega\left(T' - v_1\right) = \omega\left(T'\right) - 1 + d_{T'}\left(v_1\right),$$

从而有

$$\omega\left(T - S\right) = \omega\left(T' - v_1\right) < \omega\left(T'\right) + d_{T'}(v_1)$$
$$\leqslant \sum_{v \in S'} d\left(v\right) + d_T\left(v_1\right) = \sum_{v \in S} d\left(v\right).$$

由归纳原理知结论成立. 因此, 对 T 的任意顶点割 S, 有

$$\omega\left(T - S\right) \leqslant \sum_{v \in S} d\left(v\right) \leqslant |S| \cdot \Delta,$$

于是 $\dfrac{|S|}{\omega(T - S)} \geqslant \dfrac{|S|}{|S| \cdot \Delta} = \dfrac{1}{\Delta}$, 由 S 的任意性知 $t\left(T\right) \geqslant \dfrac{1}{\Delta}$. □

由于链也是树, 且最大度是 $2 \nu \geqslant 3$, 由定理 5.19 易得如下结论:

推论 5.21 设 P 是 $\nu\left(\nu \geqslant 3\right)$ 的链, 则 $t\left(P\right) = \dfrac{1}{2}$. □

由定理 5.5 和坚韧度概念知, 若 G 是 Hamilton 图, 则 G 是 1 坚韧图.

5.6.2 边坚韧度

与图的坚韧度 $t(G)$ 相对应, Peng 和 Koh 提出了图 G 的边坚韧度的概念.

定义 5.13 (边坚韧度) 设 G 是一个非平凡连通图, 则定义

$$\min\left\{\left.\frac{|E'|}{\omega\left(G - E'\right) - 1}\right| E' \subseteq E\left(G\right), \omega\left(G - E'\right) \geqslant 2\right\}$$

为图 G 的 **边坚韧度** (edge toughness), 记作 $t'\left(G\right)$. 如果 G 是平凡图或非连通图, 则规定 $t'\left(G\right) = 0$.

虽然边坚韧度与坚韧度的概念在形式上很相似, 但它们在应用上却有很大的差别. 坚韧度主要用于研究图的 Hamilton 性, 而边坚韧度则主要用于考察图的边连通.

定理 5.20　对于任何非平凡连通图 G, 有

$$\frac{\kappa'(G)}{2} < t'(G) \leqslant \kappa'(G).$$

证　设 G 为非平凡连通图, 从而 G 中存在边割. 若 E' 为 G 的边割, 则 $\omega(G - E') \geqslant 2$, 于是有

$$t'(G) = \min\left\{ \frac{|E'|}{\omega(G - E') - 1} \,\middle|\, E' \subseteq E(G), \omega(G - E') \geqslant 2 \right\}$$

$$\leqslant \min\left\{ |E'| \,\|\, E' \text{ 为 } G \text{ 的边割} \right\} = \kappa'(G).$$

下面证明 $\dfrac{\kappa'(G)}{2} < t'(G)$.

对于任意使 $\omega(G - E') \geqslant 2$ 的边子集 E', 设 $\omega(G - E') = n + 1$, $G_1, G_2, \cdots$, G_{n+1} 为 G 的各个连通分支. 由 G 的连通性知

$$E_i = [V(G_i), V(G) \backslash V(G_i)]$$

为 G 的边割 $(i = 1, 2, \cdots, n + 1)$. 不妨设

$$E_1 = \min_{1 \leqslant i \leqslant n+1} |E_i|,$$

则 $|E'| \geqslant \dfrac{n+1}{2}|E_1|$, 于是

$$\frac{|E'|}{\omega(G - E') - 1} = \frac{|E'|}{n} \geqslant \frac{n+1}{2n}|E_1| > \frac{|E_1|}{2}.$$

由 E' 的任意性, 即知 $t'(G) > \dfrac{\kappa'(G)}{2}$.　　　　　　　　　　　　　□

另外, 需要说明的是, 对任意满足 $\dfrac{r}{2} < s \leqslant r$ 的整数 r 和 s, 存在图 G, 使得 $\kappa'(G) = r$, $t'(G) = s$. 对于任何图 G, 显然有 $t(G) \leqslant \dfrac{1}{2}\kappa(G)$.

5.7　相关猜想

5.7.1　关于 Hamilton 图的 Graffiti.PC 猜想

"提出问题的人远比解决问题的人高明", 美国休斯敦大学的西米恩·法耶特洛维茨 (Siemion Fajtlowicz) 是能借助于计算机提出问题的高明人, 他设计了一

个称为 Graffiti 的计算机程序, Graffiti 能 "认识" 一些图并能计算如图的直径、关联矩阵正特征值个数等不变量 (图的不变量是指一种在图同构意义下不变的数值). 1985 年, Graffiti 开始运行, 从最初 "认识" 约 40 个图发展到 "认识" 大量的图. 如果一个公式对于它所 "认识" 的图都成立, 这个公式就被认为是一个猜想; 如果发现一个图使该公式不成立, 就把这个图记录下来. Graffiti 程序产生了大量具有重要意义且被证明正确的猜想. 同时, 图论中也出现了大量尚未能证明的 Graffiti.PC 猜想. 下面介绍两个关于 Hamilton 图的 Graffiti.PC 猜想.

猜想 1　设 G 为简单连通图, 若 $\delta \geqslant \dfrac{1}{2}(L(G)+1)$, 其中 δ 为 G 的最小度, $L(G)$ 为 G 的支撑树中最多的叶子顶点个数, 则 G 是半 Hamilton 图.

猜想 2　设 G 为简单连通图, 若 $\delta \geqslant \dfrac{1}{2}(L(G)+2)$, 其中 δ 为 G 的最小度, $L(G)$ 为 G 的支撑树中最多的叶子顶点个数, 则 G 是 Hamilton 图.

5.7.2　Chvàtal 猜想

1971 年, Chvàtal 提出猜想: 若 G 是 2 坚韧图, 则 G 是 Hamilton 图.

这一猜想至今尚未解决, 但人们围绕这一问题做了大量工作, 对图的坚韧度本身也有大量研究. 例如, 有人研究了在顶点数都为 ν, 坚韧度都为 t 的图类中可能具有的最大、最小边数是多少, 以及如何构造出这样的图. 也有人研究了另一方面的问题, 即在顶点数都为 ν, 边数都为 ε 的图类中, 可能具有的最大、最小坚韧度是多少, 以及如何构造出这样的图等.

习　题　五

1. (单选题) 下列选项中是 Euler 图的有 (　　)
A. K_{2n}　　　　　B. K_{2n+1}　　　　　C. $K_{2m+1,2n}$　　　　　D. $K_{2m,2n}$

2. (多选题) 用 Fleury 算法求图 G (如题图 5.1 所示) 的 Euler 闭迹时, 设算法已经执行到 $v_1 v_2 v_5 v_1 v_3 v_6 v_4$, 则下一步可选择的边有 (　　)
A. $v_4 v_1$　　　　　B. $v_4 v_2$　　　　　C. $v_4 v_3$　　　　　D. $v_4 v_5$

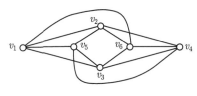

题图 5.1　图 G

3. 构造一个 ν 为偶数, ε 为奇数的 Euler 图.

4. 设 G 为 Euler 图, 证明 $\omega(G-v) \leqslant \dfrac{1}{2} d(v)$.

5. 将一个编码盘等分成 8 份, 每份分别用绝缘体和导体组成, 表示 0 和 1 两种状态. 现用三个触头 a, b, c 组成一个二进制输出, 试问这八个二进制数列应如何排列, 使圆盘沿顺时针转动, 恰好输出从 000 到 111 的 8 组三位二进制且旋转一周后又返回到 000 状态?

6. 某研究所收到由 n 个人寄来的一些问题的解, 他们发现每个人寄来 4 个不同问题的解, 每个问题的解恰好由两个人同时给出.

(1) 求他们共收到多少个不同问题的解?

(2) 证明: 研究所可以分两次发表这些问题的解, 使每人每次恰好被提到两次.

7. (拟树的 Euler 子图) 给定正整数 q, n 和一个出发顶点 v_0 (称为根), 从 v_0 出发向下生成 q 条边和相应的 q 个新顶点, 再从每个新顶点向下生成 $q-1$ 条边和相应的 $q-1$ 个新顶点, 以后生成的每个新顶点再生成 $q-1$ 条边和相应的 $q-1$ 个新顶点, 依次类推, 进行 n 次, 这样得到的树记作 $T(n,q)$. 树 $T(n,q)$ 有 q 个以 v_0 为根的相同子树 $T_i(i = 1, 2, \cdots, q)$, 且每个子树 T_i 有 $(q-1)^{n-1}$ 个叶子, 将每个子树 T_i 的叶子顺序编号为 $1, 2, \cdots, (q-1)^{n-1}$, 再将各子树编号相同的叶子顶点合并为一个顶点, 所得的图称为拟树 (Quasi-Tree), 记作 $QT(q,n)$. 题图 5.2 是 $T(3,2)$ 和 $QT(3,2)$. 求 $QT(3,2)$ 中不同 Euler 子图的个数.

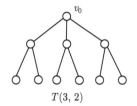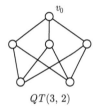

$$T(3,2) \qquad\qquad\qquad QT(3,2)$$

题图 5.2　拟树 $QT(q,n)$

8. 要求笔连续移动, 不离开纸面, 并且不重复画, 问是否能一笔画出如题图 5.3 所示的图案?

题图 5.3　图案

9. 当 n 是何值时, 立方体 Q_n 是 Euler 图?

10. 求题图 5.4 中 Euler 图 G 的 Euler 闭迹.

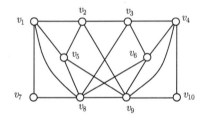

题图 5.4　Euler 图 G

11. 求题图 5.5 所示的赋权图 G 的最优环游, 图中每条边旁的数字表示该边的权.

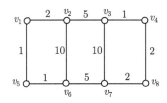

题图 5.5　赋权图 G

12. 求题图 5.6 所示的赋权图 G 的最优环游, 图中每条边旁的数字表示该边的权.

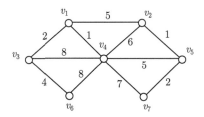

题图 5.6　赋权图 G

13. 通过有向图 D 的每条弧至少一次的有向闭途径称为 D 的有向环游. D 中权值最小的有向环游称为 D 的最优有向环游. 用最小费用最大流算法求题图 5.7 所示赋权有向图 D 的最优有向环游及其权.

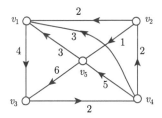

题图 5.7　赋权有向图 D

14. (多选题) 下列选项中, 不是 Hamilton 图的有 (　　)

A.

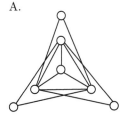

B.

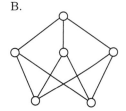

C.
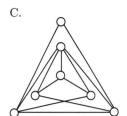
D.
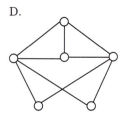

15. 下列选项中, 一定不是 Hamilton 图的是 (　　)

A. 含奇数个顶点的二部图

B. 含奇数个顶点的 Euler 图

C. 含有割边的图

D. 不含有割边的二部图

16. 证明: 如果简单图 G 满足 $\nu \geqslant 3$, 且 $\varepsilon \geqslant \binom{\nu-1}{2} + 2$, 则 G 是 Hamilton 图.

17. 以方格棋盘上的小方格为顶点, 当且仅当一格能以马的一步跳到另一格时, 此二格所代表的顶点之间连一边, 这样得到的图称为马图. 如题图 5.8 所示.

(1) 4×4 棋盘上的马图是否为 Hamilton 图?

(2) 5×5 棋盘上的马图是否为 Hamilton 图?

(3) 8×8 棋盘上的马图是否为 Hamilton 图?

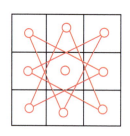

题图 5.8　3×3 棋盘及其马图

18. 求 n 阶完全图 K_n 中两两边不交的 Hamilton 圈的个数.

19. 设有 n 个人参加一个会议, 会议期间, 每天都要在一个圆桌上共进晚餐, 如果要求每次晚餐就座时, 每个人相邻就座者都不相同.

(1) 问这样的晚餐最多能进行多少次?

(2) 当 $n = 5$ 时, 给出每次晚餐的就座安排.

20. 一次曹操召见他的 $2n$ 个谋士, 其中某些谋士间观点相悖互相敌视. 若每个谋士的敌对人数都不超过 $n-1$ 人, 问能否让这些谋士围圆桌就座, 使每位谋士不与他的敌对谋士相邻? 简要说明理由.

21. 如果从任意顶点 $v \in V(G)$ 出发, 进入尚未到过的相邻顶点 v_1, 再从 v_1 出发进入尚未到过的相邻顶点 v_2, 如此下去, 直至除非回到出发顶点 v, 否则无顶点可去时, 恰好产生了一条 Hamilton 圈, 则称 G 是随意 Hamilton 图. 证明: 随意 Hamilton 图只有 n 圈 C_n, K_n 和 $K_{n,n}$ 这三种.

22. 构造一种格雷码, 其中码字都是长度为 6 的二进制串.

23. 立方体 Q_n 是否为 Hamilton 图? 为什么?

24. 设图 G_1 和 G_2 都是半 Hamilton 图, 则 $G_1 \times G_2$ 是否一定为半 Hamilton 图, 若是, 请证明; 若不是, 请举反例.

25. 在 $1 \times 1 \times 1$ 立方体小盒里装有一小块乳酪, 现有 27 个这种小立方体且摆成一个 $3 \times 3 \times 3$ 的大立方体形状. 一只老鼠想从一个角上开始, 通过打洞的方法从一个小立方体中心进入相邻的另一个小立方体的中心吃乳酪, 问它能否吃完所有乳酪时恰好在大立方体的中心?

26. 设 D 为有向图, 若对 $V(D)$ 的每一个非空真子集 S 均有 $|S, \bar{S}| \geqslant k$, 则称 D 为 k 弧连通有向图, 证明: D 是强连通有向图, 当且仅当 D 是 1 弧连通有向图.

27. 设 D 是连通图, $x, y \in V(D)$, $d_D^+(x) - d_D^-(x) = l = d_D^-(y) - d_D^+(y)$, 且对任何 $v \in V(D) \backslash \{x, y\}$, $d_D^+(v) = d_D^-(v)$ (v 称为平衡点). 证明: D 中含有 l 条不交的从 x 到 y 的路.

28. (1) 证明: 设 D 是连通图. 若对任何 $x \in V(D)$ 均有 $\left|d_D^+(x) - d_D^-(x)\right| \leqslant 1$, 且对任何 $a \in A(D)$ 均含在奇数条回路中, 则 D 是有向 Euler 图.

(2) 举例说明 (1) 中逆命题不真.

(3) 证明: 连通图 G 是 Euler 图, 当且仅当 G 的每条边都包含在奇数个圈中.

29. (1) 证明: 若 D 是强连通简单有向图, $\nu \geqslant 3$ 且 $\varepsilon > (\nu - 1)(\nu - 2) + 2$, 则 D 为有向 Hamilton 图.

(2) 构造一个强连通简单有向图 D, 使得 $\varepsilon = (\nu - 1)(\nu - 2) + 2$, 且 D 不是有向 Hamilton 图.

30. 证明: 任何竞赛图要么自身是强连通图, 要么改变其中某条边的定向后成为强连通图.

31. 百种昆虫, 两种之中必有一种能咬死另一种. 证明: 可以将这一百种昆虫每种取一个虫子, 再排成一个纵队, 使得每个虫子都能蛟死紧跟其后的那个虫子.

32. 桌上有两堆火柴, 两人轮流从某一堆中取若干根火柴, 每次只能从一堆中取, 不能不取, 没有火柴可取的人是输家, 请给出获胜策略.

33. 竞赛图的顶点 v 的出度称为顶点 v 的得分, 把竞赛图各个顶点的得分按非降顺序排列而得到的序列称为该竞赛图的得分向量, 证明: 如果 $(s_1, s_2, \cdots, s_n)$ 是竞赛图 T 的得分向量, 则

(1) $s_1 + s_2 + \cdots + s_n = \dfrac{1}{2} n(n - 1)$;

(2) 对任何 $k(1 \leqslant k \leqslant n - 1)$, 有

$$s_1 + s_2 + \cdots + s_n \geqslant \frac{1}{2} k(k - 1),$$

并且不等式对一切 k 严格成立的充要条件为 T 强连通;

(3) 对 $1 \leqslant k \leqslant n$, 有

$$\frac{1}{2}(k - 1) \leqslant s_k \leqslant \frac{1}{2}(n + k - 2).$$

34. 求完全二部图 $K_{m,n}$、轮图 W_n 和 Petersen 图的连通度和边连通度.

35. (1) 证明: 如果 G 是简单图, 且 $\varepsilon > \begin{pmatrix} \nu - 1 \\ 2 \end{pmatrix}$, 则 G 必是连通图;

(2) 对于 $\nu > 1$, 请构造一个边数为 $\varepsilon = \begin{pmatrix} \nu - 1 \\ 2 \end{pmatrix}$ 的非连通简单图.

36. (1) 证明: 如果 G 是简单图且 $\delta > \left\lfloor \dfrac{\nu}{2} \right\rfloor - 1$, 则 G 必连通;

(2) 当 ν 为偶数时, 求出一个不连通的简单 $\left(\left\lfloor \dfrac{\nu}{2} \right\rfloor - 1 \right)$ 正则图.

37. 证明: 如果 G 是简单图, 且 $\delta \geqslant \dfrac{(\nu + k - 2)}{2}$, 则 G 为 k 连通图 (提示: 证明 G 中删去 $k - 1$ 个顶点之后仍然连通).

38. 对任何非平凡连通图 G, 证明: $\kappa'(G) = \left\{ \dfrac{|E'|}{\omega(G - E') - 1} \middle| E' \text{ 为 } G \text{ 的边割} \right\}$.

39. (1) 设 G 为简单图, 且 $\delta(G) \geqslant \nu(G) - 2$, 证明 $\kappa(G) = \delta(G)$.

(2) 构造简单图 G, 满足 $\delta(G) = \nu(G) - 3$, $\kappa(G) < \delta(G)$.

40. (1) 设 $k > 0$, 又 G 是 k 边连通图, 边集 E' 满足 $|E'| = k$, 证明 $\omega(G - E') \leqslant 2$.

(2) 给出一个 $k(k > 0)$ 边连通图, 其存在顶点集 V' 满足 $|V'| = k$ 且使 $\omega(G - V') > 2$.

41. 设整数 k 和 l 满足 $0 \leqslant k \leqslant l$, 构造图 G_1 和 G_2, 满足

(1) 对某一个顶点 x 有 $\kappa(G_1) = k$, $\kappa(G_1 - x) = l$;

(2) 对于某一边 xy 有 $\kappa(G_2 - x) = k$, $\kappa'(G_2 - xy) = l$.

42. 设 G 是 k 边连通图, 若 $G - v$ ($\forall v \in V(G)$) 不再是 k 边连通图, 则称 G 是临界 k 边连通图; 若 $G - e$ ($\forall e \in E(G)$) 不再是 k 边连通图, 则称 G 是极小 k 边连通图.

(1) 证明 6 阶临界 2 边连通图的最大边数是 7;

(2) 证明 6 阶极小 2 边连通图中度为 2 的顶点数至少有 4 个.

43. 证明: 不是块的连通图至少有两个块, 使每个块恰有一个割点.

44. 证明: G 中块的个数为

$$\omega + \sum_{v \in V} (b(v) - 1),$$

其中 $b(v)$ 表示 G 中包含 v 的块的个数.

45. 在完全二部图中, 坚韧度的最大值是 (　　)

A. $\dfrac{1}{2}$ B. 1   C. $\dfrac{3}{2}$ D. $+\infty$

46. 求 $t(K_{m,n})$ 和 $t(W_n)$.

47. 试构造图 G 满足 $\kappa'(G) = 3$, 而 $t'(G) = 2$.

48. 试构造边数最多的 n 阶图 G 满足 $t(G) = \dfrac{3}{2}$.

第 6 章 独立集及其算法

独立集和覆盖是图论研究的主要内容之一, 许多图论问题, 如色数和边色数等都与它们有关. 本章将主要介绍与独立集、覆盖、边独立集等有关的基本概念和理论.

6.1 独立集和覆盖

岗亭设置问题 设某市交警队要在主要街道的某些交叉路口设置岗亭, 假设每个岗亭上的交警能观察到该路口的所有街道的交通状况. 为了保证交通的畅通, 应当使全城所有主要街道的交通状况都在交警的视线中, 至少设置多少个岗亭.

我们把主要街道的交叉路口用顶点表示, 两个交叉路口之间的一段街道对应于相应顶点之间的一条边, 得到简单图 G. 设某市区的街道分布情况如图 6.1 所示, 则岗亭设置问题等价于求本节将要介绍的 G 的覆盖数.

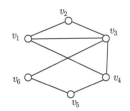

图 6.1 街道分布情况图 G

6.1.1 独立数和覆盖数

图的独立集是图论研究的主要对象之一, 本章的许多重要概念都与独立集有关.

定义 6.1 (独立集) 设 $S \subseteq V(G)$, 若 S 中任意两个顶点在 G 中都不相邻, 即 $G[S]$ 是空图, 则称顶点子集 S 是 G 的一个顶点独立集, 简称**独立集** (independent set). 反过来, 若 S 中任何两个相异顶点都相邻, 则称 S 为**团** (clique). 含有 k 个顶点的独立集, 称为 **k 独立集**; 含有 k 个顶点的团称为 **k 团**.

简单图的任何 1 个顶点, 既是 1 独立集, 也是 1 团.

显然, S 是 G 的团当且仅当 S 是 G 的补图 $\overline{G}$ 的独立集. 因此, 主要研究图的独立集.

定义 6.2 (极大独立集)   设 S 是图 G 的独立集, 但是任意增加一个顶点就不再是独立集, 则称 S 为**极大独立集** (maximal independent set).

对于图 6.1 中的 G, $\{v_2, v_5\}$ 是一个独立集, 且是极大独立集.

因图 G 中每个独立集的子集还是独立集, 我们往往关心的是图 G 的顶点数最多的独立集.

定义 6.3 (最大独立集) G 中顶点数最多的独立集, 称为是 G 的**最大独立集** (maximum independent set). 最大独立集中所包含的顶点数称为 G 的**独立数**, 记作 $\alpha(G)$.

对于图 6.1 中的 G, $\{v_2, v_5\}$ 是一个独立集, 但不是最大独立集. $\{v_2, v_4, v_6\}$ 是 G 的最大独立集, $\alpha(G) = 3$.

下面介绍覆盖的概念.

定义 6.4 (覆盖)   图 G 的**覆盖** (covering) 是指 G 的顶点集的一个子集, 它包含 G 的每一条边的至少一个端点. 若顶点 u 是边 e 的端点, 则称顶点 u 覆盖边 e. 若 K 是图 G 的覆盖, 但对任何 $v \in K$, 都不是覆盖, 则称 K 为**极小覆盖** (minimal covering). 顶点数最少的覆盖称为最小覆盖 (minimum covering), G 的最小覆盖的顶点数称为 G 的**覆盖数**, 记作 $\beta(G)$.

因为 $V(G)$ 是 G 的一个覆盖, 所以任何图都存在覆盖.

对于图 6.1 中的 G, $\{v_3, v_5\}$ 不是它的覆盖, 因为有些边, 如 $v_1 v_2$, $v_1 v_4$, 不能被该顶点集覆盖. $\{v_1, v_3, v_5\}$ 是最小覆盖, $\beta(G) = 3$.

6.1.2 性质

对于图 6.1 中的 G, 我们发现最大独立集 $\{v_2, v_4, v_6\}$ 与最小覆盖 $\{v_1, v_3, v_5\}$ 之间具有互补关系. 记 $\overline{S} = V(G) - S$ 为顶点子集 S 的补集. 一般地, 我们有下面的定理.

定理 6.1   设 $S \subset V(G)$ 为顶点子集, 则 S 是 G 的独立集的充要条件是 $\overline{S}$ 为 G 的覆盖.

证   (必要性) 设 S 是 G 的独立集, 则 G 的任何一条边都至少有一个端点是 $\overline{S}$ 中的顶点, 故 $\overline{S}$ 是 G 的覆盖.

(充分性) 设 $\overline{S}$ 是 G 的覆盖, 即 G 的任何一条边都至少有一个端点属于 $\overline{S}$, 从而 G 的任何一条边都不可能两个端点都在 S 中, 亦即 S 中任何两个顶点都不相邻, 故 S 是 G 的独立集.   □

定理 6.2   对于任何图 G, 有 $\alpha(G) + \beta(G) = \nu(G)$.

证   设 S 是 G 的一个最大独立集, K 为 G 的最小覆盖, 则由定理 6.1 知, $V(G) \backslash K$ 是 G 的独立集, $V(G) \backslash S$ 是 G 的覆盖, 因此

$$\nu(G) - \beta(G) \leqslant |V(G) \backslash K| \leqslant \alpha(G), \tag{1}$$

$$\nu\left(G\right) - \alpha\left(G\right) \leqslant \left|V\left(G\right)\backslash S\right| \leqslant \beta\left(G\right), \tag{2}$$

由 (1) 知 $\alpha\left(G\right) + \beta\left(G\right) \geqslant \nu\left(G\right)$, 由 (2) 知 $\alpha\left(G\right) + \beta\left(G\right) \leqslant \nu\left(G\right)$, 于是, 结论成立.

$\square$

6.1.3 极大独立集的计算

下面介绍通过布尔变量的运算找出图 G 的所有极大独立集.

设 $G = (V, E)$ 是简单图, 且 $V = \{v_1, v_2, \cdots, v_n\}$, 我们作约定:

(1) G 的每个顶点 v_i 当作一个布尔变量;

(2) 布尔积 v_iv_j 表示包含 v_i 和 v_j, 相应于交运算 $v_i \cap v_j$;

(3) 布尔和 $v_i + v_j$ 表示包含 v_i 或者 v_j, 相应于并运算 $v_i \cup v_j$.

显然, 图 G 的以 v_i 和 v_j 为端点的边对应布尔积 v_iv_j. 作布尔表达式

$$\varphi = \sum_{v_iv_j \in E(G)} v_iv_j,$$

即 φ 的每一项对应于 G 的一条边, 由 De Morgan 律, 有

$$\overline{\varphi} = \prod_{v_iv_j \in E(G)} \overline{v}_i\,\overline{v}_j.$$

φ 和 $\overline{\varphi}$ 都是含有布尔变量 $v_1, v_2, \cdots, v_n$ 的表达式. 注意到 G 的极大独立集不同时包含任何一条边的两个端点, 故表达式 φ 在任意一个极大独立集上取布尔值 0, 即当 $\varphi = 0$ 时, 那些取布尔值 1 的顶点集合构成独立集; 反过来, 若 S 中顶点取 1, $\bar{S}$ 中顶点取值 0, 可得 φ 取值为 0, 则顶点集 S 是独立集. 从而, 使布尔表达式 φ 取值为 0 是独立集的充要条件. 进而, 使表达式 $\overline{\varphi}$ 取值为 1 也是独立集的充要条件. 于是, 若

$$\overline{\varphi} = \varphi_1 + \varphi_2 + \cdots + \varphi_k,$$

则使 $\varphi_1, \varphi_2, \cdots, \varphi_k$ 取值为 1 的顶点集都是极大独立集.

例 6.1 通过布尔变量的运算, 求图 6.1 所示图 G 的所有极大独立集.

解 取 $\varphi = v_1v_2 + v_1v_3 + v_1v_4 + v_2v_3 + v_3v_4 + v_3v_6 + v_4v_5 + v_5v_6$, 则

$$\overline{\varphi} = \left(\overline{v}_1 + \overline{v}_2\right)\left(\overline{v}_1 + \overline{v}_3\right)\left(\overline{v}_1 + \overline{v}_4\right)\left(\overline{v}_2 + \overline{v}_3\right)\left(\overline{v}_3 + \overline{v}_4\right)\left(\overline{v}_3 + \overline{v}_6\right)\left(\overline{v}_4 + \overline{v}_5\right)\left(\overline{v}_5 + \overline{v}_6\right).$$

$$= \left(\overline{v}_2\,\overline{v}_3 + \overline{v}_1\right)\left(\overline{v}_1 + \overline{v}_4\right)\left(\overline{v}_2\,\overline{v}_4 + \overline{v}_3\right)\left(\overline{v}_3 + \overline{v}_6\right)\left(\overline{v}_4\,\overline{v}_6 + \overline{v}_5\right)$$

$$= \left(\overline{v}_2\,\overline{v}_3\,\overline{v}_4 + \overline{v}_1\right)\left(\overline{v}_2\,\overline{v}_4\,\overline{v}_6 + \overline{v}_3\right)\left(\overline{v}_4\,\overline{v}_6 + \overline{v}_5\right)$$

$$= \left(\overline{v}_2\,\overline{v}_3\,\overline{v}_4 + \overline{v}_1\,\overline{v}_3 + \overline{v}_1\,\overline{v}_2\,\overline{v}_4\,\overline{v}_6\right)\left(\overline{v}_4\,\overline{v}_6 + \overline{v}_5\right)$$

$$= \overline{v_2}\,\overline{v_3}\,\overline{v_4}\,\overline{v_6} + \overline{v_2}\,\overline{v_3}\,\overline{v_4}\,\overline{v_5} + \overline{v_1}\,\overline{v_3}\,\overline{v_4}\,\overline{v_6} + \overline{v_1}\,\overline{v_3}\,\overline{v_5} + \overline{v_1}\,\overline{v_2}\,\overline{v_4}\,\overline{v_6},$$

从而得到图 G 的所有极大独立集为

$$\{v_1, v_5\}, \quad \{v_1, v_6\}, \quad \{v_2, v_5\}, \quad \{v_2, v_4, v_6\}, \quad \{v_3, v_5\}.$$

在这些极大独立集中, 顶点个数最多的是 $\{v_2, v_4, v_6\}$, 故 $\{v_2, v_4, v_6\}$ 是 G 的最大独立集且 $\alpha(G) = 3$. $\qquad\square$

值得指出的是, 在布尔变量运算时, 注意使用吸收律, 如

$$\overline{v_1} + \overline{v_1}\,\overline{v_3} = \overline{v_1},$$

从而 $(\overline{v_1} + \overline{v_2})(\overline{v_1} + \overline{v_3}) = \overline{v_2}\,\overline{v_3} + \overline{v_1}$.

由定理 6.1 及例 6.1 可知, 图 6.1 所示图 G 的所有极小覆盖为

$$\{v_2, v_3, v_4, v_6\}, \quad \{v_2, v_3, v_4, v_5\}, \quad \{v_1, v_3, v_4, v_6\}, \quad \{v_1, v_3, v_5\}, \quad \{v_1, v_2, v_4, v_6\}.$$

最小覆盖为 $\{v_1, v_3, v_5\}$ 且 $\beta(G) = 3$. 因此, 岗亭设置问题的解是 3, 即最少需要布置 3 个岗亭, 它们应该分布在 v_1, v_3, v_5 所对应的交叉路口.

布尔变量运算方法并不是多项式时间算法, 求图的独立数是 NP 难问题, 缺乏有效算法.

6.1.4 独立集与连通度的联系

若顶点子集 S 是图 G 的独立集, 且 $|S| \geqslant 2$, 则 $V(G) \backslash S$ 就是图 G 的一个顶点割, 从而必有 $\alpha(G) + \kappa(G) \leqslant \nu(G)$. 由此可见, 独立数与连通度之间有密切联系. 1978 年, Bondy 给出了下面定理.

定理 6.3 设 G 是 $\nu(\nu \geqslant 2)$ 阶简单图, 且对 G 中任何不相邻的相异顶点 x 和 y, 均有 $d(x) + d(y) \geqslant \nu$, 则 $\alpha(G) \leqslant \kappa(G)$.

证 由已知条件易证 G 是连通图. 若 G 为完全图 K_ν, 则 $\alpha(K_\nu) = 1 \leqslant \nu - 1 = \kappa(K_\nu)$, 结论成立, 故下设 G 不是完全图.

(反证法) 若 $\alpha(G) \geqslant \kappa(G) + 1$, 设 S 和 T 分别是 G 中最大独立集和最小顶点割, 则有

$$|S| = \alpha(G) = \alpha \geqslant 2, \quad |T| = \kappa(G) = k.$$

设 $G_1, G_2, \cdots, G_l$ 是 $G - T$ 的连通分支, $l \geqslant 2$, 则由 S 是独立集知

$$|N_G(x) \cup N_G(y)| \leqslant \nu - \alpha, \quad \forall x, y \in S.$$

于是 $\forall x, y \in S$, 有

$$|N_G(x) \cap N_G(y)| = |N_G(x)| + |N_G(y)| - |N_G(x) \cup N_G(y)|$$

$$= d_G(x) + d_G(y) - |N_G(x) \cup N_G(y)|$$

$$\geqslant \nu - (\nu - \alpha) = \alpha \geqslant k + 1 > |T|.$$

注意到, 与属于 $G - T$ 的不同连通分支的两个顶点同时相邻的顶点只能属于 T, 故上式表明, 在 $G - T$ 中, 恰有一个连通分支含 S 中顶点. 不妨设 $S \subseteq V(G_1) \cup T$, $x \in V(G_1) \cap S$. 令 $y \in V(G_2)$, 则

$$|N_G(x) \cup N_G(y)| \leqslant \nu - |S \cap V(G_1) - 1| = \nu - \alpha + |S \cap T| - 1,$$

又因为 $N_G(x) \cap N_G(y) \subseteq T \backslash S$, 所以

$$|N_G(x) \cap N_G(y)| \leqslant k - |S \cap T|.$$

综合以上两个式子, 得

$$d_G(x) + d_G(y) = |N_G(x) \cup N_G(y)| + |N_G(x) \cap N_G(y)|$$

$$\leqslant (\nu - \alpha + |S \cap T| - 1) + (k - |S \cap T|)$$

$$= \nu - \alpha + k - 1 \leqslant \nu - 2,$$

与已知矛盾, 所以 $\alpha(G) \leqslant \kappa(G)$. $\qquad\square$

由定理 6.3 立即得到下面推论 6.1.

推论 6.1 设 G 是 $\nu(\nu \geqslant 2)$ 阶简单图, 若 $\delta \geqslant \dfrac{\nu}{2}$, 则 $\alpha(G) \leqslant \kappa(G)$. $\qquad\square$

定理 6.3 中条件 "对任何不相邻的相异顶点 x 和 y, 均有 $d_G(x) + d_G(y) \geqslant \nu$" 不能减弱为 "对任何不相邻的相异顶点 x 和 y, 均有 $d_G(x) + d_G(y) \geqslant \nu - 1$". 设图 G 如图 6.1 所示, 则易见 $\alpha(G) = 3 > 2 = \kappa(G)$.

1972 年, Chvátal 和 Erdös 借助于独立数和连通度, 给出了 Hamilton 图的一个充分条件.

定理 6.4 设 G 是 $\nu(\nu \geqslant 3)$ 阶简单图, 若 $\kappa(G) \geqslant \alpha(G)$, 则 G 是 Hamilton 图.

证 若 $\alpha(G) = 1$, 则 G 是 ν 阶完全图, 因而是 Hamilton 图. 下设 $\alpha(G) \geqslant 2$. 由于 $\kappa(G) \geqslant \alpha(G) \geqslant 2$, 因此 G 含有圈. 设 C 是 G 中最长圈, 下面证明 C 中含有 G 的全部顶点.

(反证法) 若 C 不含 G 的所有顶点, 则 $V(G) \backslash V(C) \neq \varnothing$, 令 H 是 $G - V(C)$ 的任何一个连通分支, 并令 $\{x_1, x_2, \cdots, x_l\}$ 是 C 中与 H 相邻的顶点集. 由于 $\kappa(G) \geqslant 2$, 因此 $l \geqslant 2$. 由 C 的最长性和 H 的连通性知 $x_1, x_2, \cdots, x_l$ 在 C 上互不相邻, 所以 $V(C) > l$, 并且 $\{x_1, x_2, \cdots, x_l\}$ 是 G 的一个顶点割, 从而 $\kappa(G) \leqslant l$.

给圈 C 顺时针定向, 取 C 上的顶点 $y_1, y_2, \cdots, y_l$ 满足 $x_i y_i \in E(C)$, 且方向为从 x_i 指向 y_i $(i = 1, 2, \cdots, l)$. 令

$$Y = \{y_1, y_2, \cdots, y_l\}.$$

我们断言 Y 必为 G 的独立集. 事实上, 若 Y 不是 G 的独立集, 即存在 $y_i y_j \in E(G)$. 令通过 H 中顶点 x_i 和 y_j 的 (x_i, y_j) 链为 P_{ij}, 则 $C - x_i y_i - x_j y_j + P_{ij}$ 是 G 中一条比 C 更长的圈, 与 C 是最长圈矛盾, 所以 Y 必为 G 的独立集.

因为 y_i 与 x_i 相邻, 故 y_i 不与 H 中任何顶点相邻, 于是任取 $y_0 \in V(H)$, 则

$$S = \{y_0, y_1, y_2, \cdots, y_l\}$$

是 G 的独立集, 且

$$\alpha(G) \geqslant |S| = l + 1 \geqslant \kappa(G) + 1,$$

与已知矛盾, 于是 C 必包含 G 中所有顶点, 即 G 为 Hamilton 图. □

考虑长为 2 的链 P_2 可知, 定理 6.4 中的条件 "$\kappa(G) \geqslant \alpha(G)$" 同样不能减弱为 "$\kappa(G) \geqslant \alpha(G) - 1$".

6.2　Ramsey 数

Ramsey 数与图中的团结构有关. Ramsey 数的存在性表明: 只要图中顶点数足够多, 那么图中就一定会存在团或独立集. 在混沌中寻找秩序, Ramsey 数有强烈的实用背景, 是图论中非常困难而又引人入胜的问题之一.

6.2.1　定义

在 6.1.1 节中我们定义了独立集和团的概念. 直觉上, 若简单图 G 不含顶点数较多的团, 则 G 似乎应该包含顶点数较多的独立集. 1958 年《美国数学月刊》上登载了这样一个有趣的问题: "任何 6 个人的聚会, 其中总会有 3 个人互相认识或 3 个人互相不认识. " 这就是著名的 Ramsey 问题. 如果我们用一个 6 阶图来描述上述问题, 用图 G 的每个顶点代表每个人, 两个顶点相邻当且仅当对应的两个人互相认识. 于是, 上述 Ramsey 问题就可以描述为任何一个 6 阶简单图, 它或者含有 3 团, 或者含有 3 独立集. 在例 2.1 中已证明该结论. 早在 1930 年, Ramsey 就指出只要简单图 G 的顶点数适当多, 就可以保证 G 中或者含有给定顶点数的团, 或者含有给定顶点数的独立集.

定义 6.5 (Ramsey 数)　给定正整数 k 和 l, 若存在一个正整数 n, 使得任何 n 阶简单图或者含有 k 团, 或者含有 l 独立集, 则记之为 $n \to (k, l)$. 并称使 $n \to (k, l)$ 成立的最小正整数 n 为 Ramsey 数, 记作 $r(k, l)$.

Ramsey 问题实质上是只要使简单图的阶数达到一定程度, 不管边数是多少, 也无论边怎样分布, 总会出现 k 团或 l 独立集.

由 Ramsey 数的定义, 容易得到如下结论:

(1) $n' \geqslant n$, 且 $n \to (k, l)$, 则 $n' \to (k, l)$;

(2) 若 $r(k, l)$ 存在, 则 $r(l, k)$ 也存在, 且 $r(k, l) = r(l, k)$;

(3) $r(1, l) = r(l, 1) = 1$;

(4) $r(2, l) = r(l, 2) = l$.

证 (1) 是显然的, 因为任何 n' 阶简单图中存在 n 阶简单图;

(2) 设 G 是任一个 $r(k, l)$ 阶简单图, 则 $\overline{G}$ 也是一个 $r(k, l)$ 阶简单图, 由定义知 $\overline{G}$ 或者含有 k 团或者含有 l 独立集, 从而 G 或者含有 k 独立集或者含有 l 团, 所以 $r(l, k)$ 存在, 且有 $r(l, k) \leqslant r(k, l)$, 同理可证 $r(k, l) \leqslant r(l, k)$.

(3) 因为任何一个 1 阶简单图都含有 1 团 (也是 1 独立集), 所以 $r(1, k) \leqslant 1$, 从而 $r(1, k) = 1$. 再由 (2) 知 $r(k, 1) = 1$.

(4) 由 (2) 知, 只需证明 $r(2, l) = l$, 由 (3) 不妨设 $l \geqslant 2$. 设 G 是 l 阶简单图, 若 G 不是空图, 则 G 和含有 2 团; 若 G 是空图, 则 G 含有 l 独立集. 于是 $r(2, l) \leqslant l$. 另一方面, 因为 $l - 1$ 阶空图既不含 2 团, 也不含 l 独立集, 所以 $r(2, l) > l - 1$. 因此 $r(2, l) = l$. □

接下来, 我们证明 Ramsey 数的存在性, 即 Ramsey 定理.

定理 6.5 对于任何正整数 k 和 l, 都有 $r(k, l)$ 存在.

证 对 k 和 l 使用双重归纳法. 已知对任何正整数 k 和 l, $r(k, 1) = r(1, l) = 1$. 下设 $k \geqslant 2, l \geqslant 2$. 假设 $r(k - 1, l)$ 和 $r(k, l - 1)$ 都存在, 往证

$$r(k - 1, l) + r(k, l - 1) \to (k, l). \tag{3}$$

设 G 是任意一个 $r(k - 1, l) + r(k, l - 1)$ 阶简单图, 设 $v \in V(G)$, 因为

$$d_G(v) + d_{\overline{G}}(v) = r(k - 1, l) + r(k, l - 1) - 1,$$

所以下列两种情况必有一种出现:

(1) $d_G(v) \geqslant r(k - 1, l)$;

(2) $d_{\overline{G}}(v) \geqslant r(k, l - 1)$.

若 (1) 出现, 记 $N_G(v) = S$, 则 $|S| \geqslant r(k - 1, l)$, 从而 $G[S]$ 中或者含有 $k - 1$ 团, 或者含有 l 独立集, 于是 $G[S \cup \{v\}]$ 中或者含有 k 团, 或者含有 l 独立集.

若 (2) 出现, 注意到 $r(k, l - 1) = r(l - 1, k)$, 通过类似推理, 也能得到 G 中或者含有 k 团, 或者含有 l 独立集.

综上, (3) 式得证, 从而 $r(k, l)$ 存在. □

6.2.2　Ramsey 数的上界

求出 Ramsey 数的精确值是一个非常困难的问题. 为此, 人们往往采用先确定其上界和下界的方法, 以缩小 Ramsey 数所在的范围, 然后希望计算出 Ramsey 数 $r(k,l)$ 的精确值.

下面我们讨论 Ramsey 数的上界.

定理 6.6　对任何正整数 $k \geqslant 2$ 和 $l \geqslant 2$, 有

$$r(k,l) \leqslant r(k-1,l) + r(k,l-1), \tag{4}$$

并且若 $r(k-1,l)$ 和 $r(k,l-1)$ 都是偶数, 则有

$$r(k,l) \leqslant r(k-1,l) + r(k,l-1) - 1. \tag{5}$$

证　式 (4) 可由式 (3) 直接得到, 下面证明式 (5).

设 G 是任意一个 $r(k-1,l) + r(k,l-1) - 1$ 阶简单图, 由条件知, G 有奇数个顶点, 由握手引理, G 中存在偶点 v, 于是, 或者 $d_G(v) \geqslant r(k-1,l) - 1$, 或者 $d_{\bar{G}}(v) \geqslant r(k,l-1)$. 因为 $d_G(v)$ 与 $r(k-1,l)$ 同为偶数, 所以若 $d_G(v) \geqslant r(k-1,l) - 1$, 则必有 $d_G(v) \geqslant r(k-1,l)$, 从而根据定理 6.5 的证明知, G 或者含有 k 团, 或者含有 l 独立集. □

定理 6.6 以递推的形式给出了 Ramsey 数 $r(k,l)$ 的上界. 下面的定理 6.7 则是以具体数值的形式给出其上界.

定理 6.7　对于任何正整数 k 和 l, 都有

$$r(k,l) \leqslant \binom{k+l-2}{k-1}. \tag{6}$$

证　对 $k+l$ 用数学归纳法, 利用 $r(1,l) = r(k,1) = 1$ 及 $r(2,l) = l, r(k,2) = k$ 知, $k+l \leqslant 5$ 时, 式 (6) 成立. 设 m 和 n 为正整数, 假设式 (6) 对于满足 $5 \leqslant k+l < m+n$ 的一切正整数 k 和 l 都成立, 则由定理 6.6 有

$$r(m,n) \leqslant r(m,n-1) + r(m-1,n)$$
$$\leqslant \binom{m+n-3}{m-1} + \binom{m+n-3}{m-2} = \binom{m+n-2}{m-1}.$$

由归纳原理, 结论对一切正整数 k 和 l 成立. □

6.2.3 Ramsey 数的下界

接下来介绍定理 6.8, 其证明方法被匈牙利数学家 Erdös 命名为 "概率方法", 这种方法常常用来证明某类图的存在性.

定理 6.8 对于任何正整数 k, 有 $r(k,k) > k \cdot 2^{\frac{k}{2}-2}$.

证 因为 $r(1,1) = 1 > 2^{-\frac{3}{2}}$, $r(2,2) = 2 > 2 \cdot 2^{1-2} = 1$, 故当 $k = 1, 2$ 时, 结论成立. 下设 $k \geqslant 3$. 用 $\mathcal{G}_n$ 表示以 $\{v_1, v_2, \cdots, v_n\}$ 为顶点集的一切简单图的集合, $\mathcal{G}_n^k$ 表示 $\mathcal{G}_n$ 中具有 k 团的图的集合. 由于 $\mathcal{G}_n$ 中图最多有 $m = \binom{n}{2}$ 条边, 即 $\mathcal{G}_n$ 中图的边数只能是 $0, 1, \cdots, m-1, m$, 因此

$$|\mathcal{G}_n| = \binom{m}{0} + \binom{m}{1} + \cdots + \binom{m}{m} = 2^{\binom{n}{2}}, \tag{7}$$

类似地, $\mathcal{G}_n$ 中包含指定 k 个顶点的团的图的个数为 $2^{\binom{n}{2}-\binom{k}{2}}$, 又因为 $\{v_1, v_2, \cdots, v_n\}$ 中任意取定 k 个顶点的方法有 $\binom{n}{k}$ 种, 并注意到一个图可以有多个不同的 k 团, 所以

$$|\mathcal{G}_n^k| \leqslant \binom{n}{k} \cdot 2^{\binom{n}{2}-\binom{k}{2}}, \tag{8}$$

于是由式 (7) 和式 (8) 有

$$\frac{|\mathcal{G}_n^k|}{|\mathcal{G}_n|} \leqslant \binom{n}{k} \cdot 2^{-\binom{k}{2}} < n^k \cdot \frac{2^{-\binom{k}{2}}}{k!}. \tag{9}$$

假若 $n \leqslant k \cdot 2^{\frac{k}{2}-2}$, 则由式 (9) 得

$$\frac{|\mathcal{G}_n^k|}{|\mathcal{G}_n|} < k^k \cdot \frac{2^{\frac{k^2}{2}-2k-\frac{k(k-1)}{2}}}{k!} = k^k \cdot \frac{2^{-\frac{3k}{2}}}{k!},$$

令 $l_k = k^k \cdot \dfrac{2^{-\frac{3k}{2}}}{k!}$, 则

$$\frac{l_k}{l_{k+1}} = \left(\frac{k}{k+1}\right)^k \cdot 2^{\frac{3}{2}} = \frac{2^{\frac{3}{2}}}{\left(1+\frac{1}{k}\right)^k} > \frac{2^{\frac{3}{2}}}{e} > 1,$$

即 $\{l_k\}$ 单调减少, 而 $l_3 < \dfrac{1}{2}$, 故 $l_k < \dfrac{1}{2}(k = 3, 4, \cdots)$, 于是有

$$\frac{|\mathcal{G}_n^k|}{|\mathcal{G}_n|} < l_k < \frac{1}{2} \quad (k \geqslant 3),$$

这就是说, $\mathcal{G}_n$ 中含 k 团的图不足半数, 以 $\widetilde{\mathcal{G}_n^k}$ 记 $\mathcal{G}_n$ 中含有 k 独立集的图的集合, 则 $\forall G \in \widetilde{\mathcal{G}_n^k}$, G 的补图 $\overline{G} \in \mathcal{G}_n^k$. 反之, $\forall H \in \mathcal{G}_n^k$, 也有 $\overline{H} \in \widetilde{\mathcal{G}_n^k}$, 因此有 $|\widetilde{\mathcal{G}_n^k}| = |\mathcal{G}_n^k|$, 即 $\mathcal{G}_n$ 中含有 k 独立集的图也不足半数. 于是, 只要 $n \leqslant k \cdot 2^{\frac{k}{2}-2}$, $\mathcal{G}_n$ 中必有某个图既不含 k 团, 也不含 k 独立集, 故 $r(k, k) \leqslant k \cdot 2^{\frac{k}{2}-2}$. □

推论 6.2　对任何正整数 k 和 l, 记 $m = \min\{k, l\}$, 则 $r(k, l) > m \cdot 2^{\frac{m}{2}-2}$.

证　因为任何 $r(k, l)$ 阶简单图 G 中或者含有 k 团, 或者含有 l 独立集, 所以 G 或者含有 m 团, 或者含有 m 独立集, 故 $r(k, l) \geqslant r(m, m)$, 于是由定理 6.8 即知推论成立. □

定理 6.8 给出的下界往往比真值小, 比如由定理 6.8 得 $r(3, 3) > 3 \cdot 2^{\frac{3}{2}-2} \approx 2.1213$, 可知 $r(3, 3) \geqslant 3$, 但实际上 $r(3, 3) = 6$. 另外一种获得 Ramsey 数 $r(k, l)$ 下界的常用方法是构造适当的图, 要求该图既不含 k 团也不含 l 独立集.

如图 6.2 是一个 5 圈, 显然它既不含 3 团也不含 3 独立集, 故可得到 $r(3, 3)$ 的下界 6, 即 $r(3, 3) \geqslant 6$. 再由 Ramsey 数上界公式定理 6.6 知

$$r(3, 3) \leqslant r(2, 3) + r(3, 2) = 3 + 3 = 6,$$

从而知 $r(3, 3) = 6$.

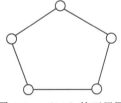

图 6.2　$r(3, 3)$ 的下界图

如图 6.3 所示, 它是一个 8 阶图且该图中既不含 3 团, 也不含 4 独立集, 故可知 $r(3, 4)$ 的下界 9, 即 $r(3, 4) \geqslant 9$. 再由 Ramsey 数上界公式定理 6.6 知

$$r(3, 4) \leqslant r(3, 3) + r(2, 4) - 1 = 6 + 4 - 1 = 9,$$

从而知 $r(3, 4) = 9$.

同样, 通过构造图 6.4 可知 $r(3, 5) \geqslant 14$, 再由 Ramsey 数上界公式定理 6.6 知

$$r(3, 5) \leqslant r(3, 4) + r(2, 5) = 9 + 5 = 14,$$

从而知 $r(3,5)=14$.

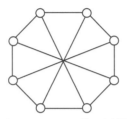

图 6.3　$r(3,4)$ 的下界图

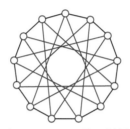

图 6.4　$r(3,5)$ 的下界图

同样, 通过构造图 6.5 可知 $r(4,4) \geqslant 18$, 再由 Ramsey 数上界公式定理 6.6
知

$$r(4,4) \leqslant r(3,4) + r(4,3) = 9 + 9 = 18,$$

从而知 $r(4,4) = 18$.

图 6.5　$r(4,4)$ 的下界图

对于 $k, l \geqslant 3$, 目前已知的 Ramsey 数只有如表 6.1 所示的 9 个. 在数学上,
人们不仅关心 Ramsey 数的精确值, 同时, 人们更希望给出当 $k \to +\infty$ 时, $r(k,k)$
的尽可能好 (小) 的估计值.

6.2.4 广义 Ramsey 数

我们先从另一个角度来考察 Ramsey 数. Ramsey 数 $r(k,l)$ 是所有满足如下
条件的简单图的最小阶数, 这些图要么含有 k 团, 要么含有 l 独立集. 现在考虑

表 6.1　Ramsey 数或 Ramsey 数的上、下界

k \ l	3	4	5	6	7	8	9	10	11	12	13	14	15
3	6	9	14	18	23	28	36	40 43	46 51	51 60	59 69	66 78	73 89
4		18	25	35 41	49 61	53 84	69 115	80 149	96 191	106 238	118 291	129 349	134 417
5			43 49	58 87	80 143	95 216	114 316	442					
6				102 165	298	495	780	1171					
7					205 540	1031	1713	2826					
8						282 1087	3583	6090					
9							565 6625	12715					
10								798 23854					

注: 广义 Ramsey 数 $r(3,3,3) = 17$, $r(3,3,4) = 30$.

用两种颜色——红色和蓝色——给 $r(k,l)$ 阶完全图 G 的边染色, 这种染色是随意的, 没有任何限制. 如果 G 中的某条边被染成红色, 则认为这条边是存在的; 否则, 如果某条边被染成蓝色, 则诊断该边不存在. 这样一来, $r(k,l)$ 阶完全图的一种边染色就对应了一个 $r(k,l)$ 阶简单图. l 独立集对应一个染成蓝色的 l 团, k 团对应一个染成红色的 k 团. 按这种观点, Ramsey 数 $r(k,l)$ 就是这样的最小正整数, 它使得对任意给定的两个正整数 k 和 l, 使得当 $n \geqslant r(k,l)$ 时, 用红、蓝两种颜色来给 K_n 中的边染色, 则无论怎样染色, 总会使得图 K_n 中有红色的 k 团或蓝色的 l 团.

将红、蓝两种颜色推广到任意 k 种颜色, 就得到广义 Ramsey 数.

定义 6.6 (广义 Ramsey 数)　给定 k 个正整数 $a_1, a_2, \cdots, a_k$, 对 n 阶完全图 K_n 的边用 $c_1, c_2, \cdots, c_k$ 这 k 种颜色进行任意染色, 如果总存在某个 $1 \leqslant i \leqslant k$, 使得 K_n 中出现 c_i 颜色的 a_i 团, 称满足这种性质的 n 的最小值为广义 Ramsey 数, 记作 $r(a_1, a_2, \cdots, a_k)$.

关于广义 Ramsey 数, 有如下重要结论.

定理 6.9　对任意正整数 $a_1, a_2, \cdots, a_k$, 有 $r(a_1, a_2, \cdots, a_k) \leqslant r(a_1, r(a_2, a_3, \cdots, a_k))$.

证　设 $r(a_1, a_2, \cdots, a_k) = m$, $r(a_1, m) = n$.

用 $c_1, c_2, \cdots, c_k$ 这 k 种颜色给 n 阶完全图的边染色. 首先把颜色 $c_2, c_3, \cdots, c_k$ 视为同一种颜色 b_1, 则由 $n = r(a_1, m)$ 知必有 c_1 颜色的 a_1 团或者 b_1 颜色的

m 团出现. 若出现了 c_1 颜色的 a_1 团, 则结论成立. 否则, 若出现 b_1 颜色的 m 团, 这相当于用颜色 $c_2, c_3, \cdots, c_k$ 给 K_m 的边染色, 于是由 $m = r(a_2, a_3, \cdots, a_k)$ 可知, 或者出现 c_2 颜色的 a_2 团, 或者出现 c_3 颜色的 a_3 团, $\cdots$, 或者出现 c_k 颜色的 a_k 团, 从而结论亦成立. □

由定理 6.9 可知, 广义 Ramsey 数是存在的, 且关于广义 Ramsey 数也有类似于定理 6.6 和定理 6.7 的上界.

定理 6.10 对任意 k 个正整数 $a_1, a_2, \cdots, a_k$, 有

$$r(a_1, a_2, \cdots, a_k) \leqslant r(a_1 - 1, a_2, \cdots, a_k) + r(a_1, a_2 - 1, \cdots, a_k) + \cdots$$
$$+ r(a_1, a_2, \cdots, a_k - 1) - (k - 2).$$

证 令

$$N = r(a_1 - 1, a_2, \cdots, a_k) + r(a_1, a_2 - 1, \cdots, a_k) + \cdots$$
$$+ r(a_1, a_2, \cdots, a_k - 1) - (k - 2).$$

对 K_N 的边用颜色 $c_2, c_3, \cdots, c_k$ 任意染色. 设 v 是 K_N 的任意顶点, 在 K_N 中与 v 相关联的边共有 $N - 1$ 条, 即与 v 关联的边有 $r(a_1 - 1, a_2, \cdots, a_k) + r(a_1, a_2 - 1, \cdots, a_k) + \cdots + r(a_1, a_2, \cdots, a_k - 1) - k + 1$ 条. 于是, 由鸽巢原理知, 这些边中, 要么有 c_1 颜色的 $r(a_1 - 1, a_2, \cdots, a_k)$ 条边, 要么有 c_2 颜色的 $r(a_1, a_2 - 1, \cdots, a_k)$ 条边, $\cdots$, 要么有 c_k 颜色的 $r(a_1, a_2, \cdots, a_k - 1)$ 条边.

不妨设有 c_i 颜色的 $r(a_1, a_2, \cdots, a_{i-1}, a_i - 1, a_{i+1}, \cdots, a_k)$ 条边. 在以这些边与 v 关联的 $r(a_1, a_2, \cdots, a_{i-1}, a_i - 1, a_{i+1}, \cdots, a_k)$ 个顶点所构成的完全图中, 由 Ramsey 数的定义, 要么有 c_1 颜色的 a_1 团, 要么有 c_2 颜色的 a_2 团, $\cdots$, 要么有 c_{i-1} 颜色的 a_{i-1} 团, 要么有 c_i 颜色的 $a_i - 1$ 团, $\cdots$, 要么有 c_k 颜色的 a_k 团. 若有 c_i 颜色的 $a_i - 1$ 团出现, 则该 c_i 颜色的 $a_i - 1$ 团加上顶点 v 以及 v 与该团之间的所有边, 即构成一个 c_i 颜色的 a_i 团. 否则, 若出现了 c_1 颜色的 a_1 团, 或者 c_2 颜色的 a_2 团, $\cdots$, 或者 c_{i-1} 颜色的 a_{i-1} 团, 或者 c_{i+1} 颜色的 a_{i+1} 团, $\cdots$, 或者 c_k 颜色的 a_k 团, 则结论显然已经成立了.

综上所述, 知 $r(a_1, a_2, \cdots, a_k) \leqslant N$. □

类似于定理 6.7, 广义 Ramsey 数有另一个数值上界.

定理 6.11 对于任意正整数 $a_1, a_2, \cdots, a_k$, $k \geqslant 2$, 有

$$r(a_1 + 1, a_2 + 1, \cdots, a_k + 1) \leqslant \frac{(a_1 + a_2 + \cdots + a_k)!}{a_1! a_2! \cdots a_k!}.$$

证 对 $(a_1 + 1) + (a_2 + 1) + \cdots + (a_k + 1)$ 用归纳法. 当 $a_1 = a_2 = \cdots = a_k = 1$

时, 即 $(a_1+1)+(a_2+1)+\cdots+(a_k+1)=2k$, 有

$$r(a_1+1,a_2+1,\cdots,a_k+1)=r(2,2,\cdots,2)=2<\frac{k!}{1!1!\cdots1!},$$

结论成立. 假设当 $2k<(a_1+1)+(a_2+1)+\cdots+(a_k+1)\leqslant n+k$ 时结论都成立, 则当 $(a_1+1)+(a_2+1)+\cdots+(a_k+1)=n+k+1$ 时, 即 $a_1+a_2+\cdots+a_k=n+1$, 由定理 6.10 知

$$r(a_1+1,a_2+1,\cdots,a_k+1)$$
$$\leqslant r(a_1,a_2+1,\cdots,a_k+1)+r(a_1+1,a_2,a_3+1,\cdots,a_k+1)+\cdots$$
$$+r(a_1+1,a_2+1,\cdots,a_{k-1}+1,a_k)-(k-2). \tag{10}$$

由归纳假设知

$$r(a_1,a_2+1,\cdots,a_k+1)=r((a_1-1)+1,a_2+1,\cdots,a_k+1)$$
$$\leqslant\frac{(a_1-1+a_2+\cdots+a_k)!}{(a_1-1)!a_2!\cdots a_k!}=\frac{n!}{(a_1-1)!a_2!\cdots a_k!},$$
$$\vdots$$
$$r(a_1+1,\cdots,a_i,\cdots,a_k+1)\leqslant\frac{n!}{a_1!a_2!\cdots(a_i-1)!\cdots a_k!},$$
$$\vdots$$
$$r(a_1+1,a_2+1,\cdots,a_k)\leqslant\frac{n!}{a_1!a_2!\cdots(a_k-1)!}.$$

于是, 由式 (10) 知

$$r(a_1+1,a_2+1,\cdots,a_k+1)$$
$$\leqslant\frac{n!}{(a_1-1)!a_2!\cdots a_k!}+\cdots+\frac{n!}{a_1!a_2!\cdots(a_k-1)!}-k+2$$
$$\leqslant\frac{1}{n+1}\cdot\frac{(n+1)!}{a_1!a_2!\cdots a_k!}\cdot\left[a_1+a_2+\cdots+a_k-(k-2)\frac{a_1!a_2!\cdots a_k!}{n!}\right]$$
$$=\frac{1}{n+1}\cdot\frac{(n+1)!}{a_1!a_2!\cdots a_k!}\cdot\left[(n+1)-(k-2)\frac{a_1!a_2!\cdots a_k!}{n!}\right]\leqslant\frac{(n+1)!}{a_1!a_2!\cdots a_k!},$$

即当 $(a_1+1)+(a_2+1)+\cdots+(a_k+1)=n+k+1$ 时, 结论亦成立, 由归纳原理, 定理得证. □

Schur 定理是 Ramsey 理论的源头之一. 作为 Ramsey 理论在组合数学中一个有趣应用, 下面介绍 Schur 定理.

如果集合 A 中的任何两个元素 (可以是相同的) 之和都不在 A 中, 就称 A 为无和集. 考察将集合 $\{1,2,3,4,5\}$ 任意划分成两个不交子集, 如 $(\{1,2,4\},\{3,5\})$, 会发现无论怎么划分, 总会存在一个子集使得该子集中存在三个数 x,y,z (x,y,z 可相同) 满足 $x+y=z$, 即该子集不是无和集. 同样, 将集合 $\{1,2,\cdots,14\}$ 任意划分成三个不交子集, 也总会存在一个不是无和集的子集. 但是, 如果将集合 $\{1,2,\cdots,13\}$ 划分成

$$(\{1,4,10,13\},\{2,3,11,12\},\{5,6,7,8,9\}),$$

则这三个子集都是无和集.

一般地, 1916 年, 德国数学家 Schur 指出: 对于任意给定正整数 n, 总存在数 r_n 使得将正整数集合 $\{1,2,\cdots,r_n\}$ 任意划分成 n 个不交子集时, 总有某个子集不是无和集. 我们将证明可取 r_n 为广义 Ramsey 数, 即

$$r_n = r(t_1,t_2,\cdots,t_n) \quad (t_i=3, i=1,2,\cdots,n).$$

定理 6.12 (Schur 定理)   设 $\{A_1,A_2,\cdots,A_n\}$ 是正整数集合 $\{1,2,\cdots,r_n\}$ 的任意一个不交划分, 则存在某子集 A_i 不是无和集, 即存在 $x,y,z \in A_i$ 满足 $x+y=z$.

证   设完全图 K_{r_n} 以 $\{1,2,\cdots,r_n\}$ 为顶点集. 现用 n 种颜色 $\{c_1,c_2,\cdots,c_n\}$ 给 K_{r_n} 的边染色, 边染色规则: 若 $|u-v| \in A_j$, 则边 uv 的颜色为 c_j. 由广义 Ramsey 数定义知, K_{r_n} 的边染色中必然出现某种同色的三角形 K_3, 也就是说, 存在三个顶点 a,b,c 使得边 ab,ac,bc 具有相同颜色 c_i. 不妨设 $a>b>c$, 设 $x=a-b,y=b-c,z=a-c$, 则由染色规则知 $x,y,z \in A_i$ 且 $x+y=z$.   □

设 s_n 是可以将 $\{1,2,\cdots,s_n\}$ 划分成 n 个不交无和集子集的最大正整数, 称 s_n 为 Schur 数. 已知的 Schur 数有 $s_1=1, s_2=4, s_3=13, s_4=44$ (1965 年借助计算机求得), $s_5=161$ (2017 年借助计算机求得), $s_6 \geqslant 536, s_7 \geqslant 1680$. 关于 Schur 数的上界有 $s_n \leqslant r_n$, $s_n \leqslant \lfloor k!e \rfloor - 1$, $s_n \leqslant \left\lfloor k!\left(e-\dfrac{1}{24}\right) \right\rfloor$, 以及递推下界 $s_{m+n} \geqslant 2s_m s_n + s_n + s_m$ 等.

6.2.5 类似 Ramsey 数的问题

计算 Ramsey 数是一件困难的工作, 求广义 Ramsey 数的难度更是可想而知. 图论中除了求 Ramsey 数外, 还有许多问题与 Ramsey 问题相似. 例如, 设 G_1 和 G_2 是两个简单图, n 为正整数满足: 如果用红蓝两种颜色将 K_n 的边染色, 则无

论怎样染色, 总会出现红色的 G_1, 或者出现蓝色的 G_2. 记 $r(G_1, g_2)$ 为具有这样性质的最小正整数 n. 由 Ramsey 数 $r(k, l)$ 的定义易知, 当 $G_1 = K_k, G_2 = K_l$ 时, 就有 $r(G_1, G_2) = r(k, l)$. 对于一些特殊的图 G_1 和 G_2, 可以得到 $r(G_1, G_2)$ 的精确值.

例 6.2　用红、蓝两色染 K_n 的边, $n \geqslant 3$, 则无论怎样染, K_n 中总存在一个 Hamilton 圈 C_n, 使得 C_n 或者是单色的, 或者由两条单色的链组成.

证　对 n 用归纳法. 当 $n = 3$ 时, 结论显然成立. 假设对 $n-1$ 阶完全图, 结论成立. 对 n 阶完全图 K_n, 去掉 K_n 中任一顶点 x, 则由归纳假设, $K_n - x$ 中有一个长为 $n-1$ 的圈 C'_{n-1}, 使得 C'_{n-1} 或者是单色的, 或者是由两条单色的链组成.

若 C'_{n-1} 是单色的, 则无论怎样染与 x 关联的边, 结论均成立. 因此, 不妨设 C'_{n-1} 是由红色的 (u, v) 链 P 和蓝色的 (u, v) 链 Q 组成. 考察边 xu 的颜色, 不妨设 xu 染蓝色, 设 u' 为在链 P 上与 u 相邻的顶点, 若 xu' 也染成蓝色, 则 K_n 上有 n 圈 $C_n = C'_{n-1} - uu' + xu + xu'$, 它由红色的 (u', v) 链 $P - uu'$ 和蓝色的 (u', v) 链 $u'xu + Q$ 组成. 若 xu' 染成红色, 则 n 圈 C_n 由红色的 (x, v) 链 $xu' + P - uu'$ 和蓝色的 (x, v) 链 $xu' + Q$ 组成, 即对 n 阶完全图 K_n, 结论亦成立.　　　□

例 6.3　设 G_1, G_2 和 G_3 均为简单图, 用红、蓝两种颜色染 K_n 的边, 则无论怎样染, 只要

$$n \geqslant \max\{r(G_1, G_2) + \nu(G_3), r(G_1, G_3)\},$$

K_n 中就一定出现红色的 G_1, 或者出现两个彼此不交的蓝色 G_2 和 G_3.

证　若 K_n 中没有出现红色的 G_1, 则由 $n \geqslant r(G_1, G_3)$ 知 K_n 中一定出现蓝色 G_3. 考虑图 $K_n - V(G_3)$, 由 $n \geqslant r(G_1, G_2) + \nu(G_3)$ 知, $n - \nu(G_3)$ 阶完全图 $K_n - V(G_3)$ 中必出现蓝色的 G_2. 因此, K_n 中必出现蓝色的 G_2 和 G_3, 且它们彼此不交.　　　□

换个角度看 Ramsey 定理. 如果我们把 k 种颜色看成是 k 个盒子, 把简单图中的边看成是二元子集, n 阶完全图看成是一个 n 元集合 S, 每一次染色都相当于把 S 的一个二元子集放入相应颜色的盒子里, 那么可以看成, 广义 Ramsey 数 $r(a_1, a_2, \cdots, a_k)$ 就是满足如下条件的最小正整数: 当集合 S 的元素个数 $n > r(a_1, a_2, \cdots, a_k)$ 时, 若将 S 的所有二元子集任意分放到 k 个盒子里, 则要么有 S 中的 a_1 个元素, 它的所有二元子集全在第一个盒子里; 要么有 S 中的 a_2 个元素, 它的所有二元子集全在第二个盒子里; $\cdots$, 要么有 S 中的 a_k 个元素, 它的所有二元子集全在第 k 个盒子里.

再进一步推广, 将 S 的二元子集推广到 S 的 t 元子集, 我们就得到一般的 Ramsey 定理.

定理 6.13 (一般的 Ramsey 定理)　设 S 是一个集合, $|S| = m$, 设 $a_1, a_2, \cdots,$ a_k, t 都是正整数, 且 $a_i \geqslant t \, (i = 1, 2, \cdots, k)$. 则必存在最小的正整数 $r(a_1, a_2, \cdots,$ $a_k; t)$, 使得当 $m \geqslant r(a_1, a_2, \cdots, a_k; t)$ 时, 将 S 的所有 t 元子集任意分放到 k 个盒子里, 要么有 S 中的 a_1 个元素, 它的所有 t 元子集全在第一个盒子里; 要么有 S 中的 a_2 个元素, 它的所有 t 元子集全在第二个盒子里; $\cdots$, 要么有 S 中的 a_k 个元素, 它的所有 t 元子集全在第 k 个盒子里. □

6.2.6　Turán 定理

Turán 定理同 Ramsey 数一样, 也涉及图的团, 它是极值图论中一个重要的结论. 本节将证明这一著名定理, 为此先给出 k 部图的概念.

定义 6.7 (k 部图)　若图 G 的顶点集 V 可以分划成 $V = V_1 \cup V_2 \cup \cdots \cup V_k$, 这里 $V_i \cap V_j = \varnothing \, (1 \leqslant i < j \leqslant k)$, 且 V_i 中任何两个顶点在 G 中都不相邻, 则称 G 是 k 部图 (k-partite graph). 又若 $V_i \neq \varnothing \, (1 \leqslant i \leqslant k)$, 且 V_i 中任一顶点与 V_j 中任一顶点之间恰有一条边相连 $(1 \leqslant i < j \leqslant k)$, 则称 G 是完全 k 部图 (complete k-partite graph).

记 k 和 ν 是两个正整数, $k \leqslant \nu$, 问不包含 $k+1$ 阶完全图的 ν 阶简单图至多有多少条边? 这就是 Turán 于 1941 年提出并解决的一个问题, 下面我们以 Erdös 的一个结果来导出 Turán 定理.

定理 6.14 (Erdös, 1970)　若简单图 G 不包含 K_{k+1}, 则存在一个以 $V = V(G)$ 为顶点集的完全 k 部图 H, 使得

$$d_G(x) \leqslant d_H(x) \quad (\forall x \in V),$$

而且若 $d_G(x) = d_H(x)(\forall x \in V)$, 则 $G \cong H$.

证　对 k 进行归纳, 当 $k = 1$ 时, G 是空图, 只需取 $H = G$.

假设对所有 $k < n$ 的正整数 k, 定理成立. 设 G 是不含 K_{n+1} 的简单图 $(2 \leqslant n \leqslant \nu)$. 选取 G 的一个度最大的顶点, 记 $W = N_G(v)$, 因 G 是不含 K_{n+1}, 故 $G_0 = G[W]$ 不含 K_n, 根据归纳假设, 存在一个以 W 为顶点集的完全 $n-1$ 部图 H_0, 使

$$d_{G_0}(x) \leqslant d_{H_0}(x) \quad (\forall x \in W), \tag{11}$$

令 H_1 是以 $V \backslash W$ 为顶点集的空图, 把 H_0 的每个顶点与 H_1 的每个顶点之间连一条边, 所得到的图记为 H, 则 H 是一个完全 n 部图, 当 $x \in W$ 时, 由式 (11) 有

$$d_G(x) \leqslant d_{G_0}(x) + |V \backslash W|$$
$$\leqslant d_{H_0}(x) + |V \backslash W| = d_H(x). \tag{12}$$

当 $x \in V \backslash W$ 时, 由于 $d_G(v) = \Delta(G) = |W|$, 因此

$$d_G(x) \leqslant \Delta(G) = |W| = d_H(x). \tag{13}$$

从而可知定理的前半部分成立.

现在假设 $d_G(x) = d_H(x)(\forall x \in V)$, 显然

$$d_G(x) = d_H(x) \quad (\forall x \in W), \tag{14}$$

$$d_G(x) = d_H(x) = \Delta(G) \quad (\forall x \in V \backslash W). \tag{15}$$

由式 (12) 和式 (14) 有

$$d_{G_0}(x) = d_{H_0}(x) \quad (\forall x \in W). \tag{16}$$

根据归纳假设知 $G_0 \cong H_0$. 由于 W 中任何顶点与 $V \backslash W$ 中任何顶点在 H 中都相邻, 因此由式 (14) 和式 (16) 知, W 中任何顶点与 $V \backslash W$ 中任何顶点在 G 中也都相邻, 于是由式 (15) 知, $V \backslash W$ 中任何两个顶点在 G 中必不相邻, 所以 $G \cong H$. □

设 G 是 ν 阶完全 k 部图, 若

$$\left\lfloor \frac{\nu}{k} \right\rfloor \leqslant |V_i| \leqslant \left\lceil \frac{\nu}{k} \right\rceil \quad (1 \leqslant i \leqslant k),$$

则把 G 记作 $T_{\nu,k}$, 即 $T_{\nu,k}$ 中任何两个 V_i, V_j 的顶点数最多相差 1.

引理 6.1 设 G 是 ν 阶完全 k 部图, 则 $\varepsilon(G) \leqslant \varepsilon(T_{\nu,k})$. 并且若 $\varepsilon(G) = \varepsilon(T_{\nu,k})$, 则 $G \cong T_{\nu,k}$.

证 首先证明, 若 G 不同构于 $T_{\nu,k}$, 则存在一个 ν 阶完全 k 部图 G', 使得 $\varepsilon(G) < \varepsilon(G')$. 设 G 的 k 部分顶点数依次为 $m_1, m_2, \cdots, m_k$, 因 G 不同构于 $T_{\nu,k}$, 故不妨设 $m_1 - m_2 > 1$, 考虑如下的 ν 阶完全 k 部图 G': 它的 k 部分的顶点数分别为 $m_1 - 1, m_2 + 1, m_3, \cdots, m_k$, 由于

$$\varepsilon(G) = \frac{1}{2} \sum_{i=1}^{k} (\nu - m_i) m_i,$$

$$\varepsilon(G') = \frac{1}{2} \sum_{i=3}^{k} (\nu - m_i) m_i + (\nu - m_1 + 1)(m_1 - 1) + (\nu - m_2 - 1)(m_2 + 1),$$

因此有

$$\varepsilon(G') = \varepsilon(G) + (m_1 - m_2) - 1 > \varepsilon(G),$$

这说明: 若 G 是边数最多的 ν 阶完全 k 部图, 则 $G \cong T_{\nu,k}$, 并且在同构意义下, 边数最多的 ν 阶完全 k 部图只能是 $T_{\nu,k}$. $\qquad\square$

需要指出的是, $T_{\nu,k}$ 的补图 $\overline{T_{\nu,k}}$ 是一些点不交的完全图的并, 且当 $\nu = mk + r, 0 \leqslant r < k$ 时, 有

$$\varepsilon\left(T_{\nu,k}\right) = \binom{\nu}{2} - r\binom{m+1}{2} + (k-r)\binom{m}{2},$$

$$\varepsilon\left(\overline{T_{\nu,k}}\right) = r\binom{m+1}{2} + (k-r)\binom{m}{2},$$

$$= \frac{1}{2k}(\nu - r)(\nu - k + r)$$

$$= \frac{1}{2k}[\nu(\nu - k) + r(k-r)].$$

若用 $ex(\nu, K_{k+1})$ 表示不含 K_{k+1} 的 ν 阶简单图的最大边数, 则有如下的定理.

定理 6.15 (Turán 定理, 1941) $ex(\nu, K_{k+1}) = \varepsilon(T_{\nu,k})$, 并且 $T_{\nu,k}$ 是不含 K_{k+1} 且边数等于 $ex(\nu, K_{k+1})$ 的唯一的简单图 (在同构意义下).

证 设 ν 阶简单图 G 不含 K_{k+1}, 由定理 6.14 知, 存在一个以 $V(G)$ 为顶点集的完全 k 部图 H, 使

$$d_G(x) \leqslant d_H(x) \quad (\forall x \in V(G)), \tag{17}$$

故由引理 6.1 有

$$\varepsilon(G) \leqslant \varepsilon(H) \leqslant \varepsilon(T_{\nu,k}). \tag{18}$$

显然 $T_{\nu,k}$ 不含 K_{k+1}, 因此由 G 的任意性知 $ex(\nu, K_{k+1}) = \varepsilon(T_{\nu,k})$.

又若 $\varepsilon(G) = \varepsilon(T_{\nu,k})$, 则由式 (18) 有 $\varepsilon(G) = \varepsilon(H)$. 由式 (17) 得

$$d_G(x) = d_H(x) \quad (\forall x \in V(G)).$$

根据定理 6.14 知 G 是完全 k 部图, 再由引理 6.1 知 $G \cong T_{\nu,k}$. $\qquad\square$

推论 6.3 设 G 是不含 $k+1$ 独立集的 ν 阶简单图, 则 $\varepsilon(G) \geqslant \varepsilon(\overline{T_{\nu,k}})$, 并且上式等号成立当且仅当 $G \cong \overline{T_{\nu,k}}$.

证 显然 G 不含 $k+1$ 独立集, 当且仅当 $\overline{G}$ 不含 K_{k+1}, 于是由 Turán 定理 (即定理 6.15) 知 $\varepsilon(\overline{G}) \leqslant \varepsilon(T_{\nu,k})$, 并且 $\varepsilon(\overline{G}) = \varepsilon(T_{\nu,k})$, 当且仅当 $G \cong \overline{T_{\nu,k}}$, 因此

$$\varepsilon(G) = \binom{\nu}{2} - \varepsilon(\overline{G}) \geqslant \binom{\nu}{2} - \varepsilon(T_{\nu,k}) = \varepsilon\left(\overline{T_{\nu,k}}\right),$$

并且 $\varepsilon(G) = \varepsilon(\overline{T_{\nu,k}})$ 当且仅当 $G \cong \overline{T_{\nu,k}}$.　　　　　　　　　　　　　　□

由推论 6.3 可以给出独立数的一个下界.

推论 6.4　设 G 为简单图, 则 $\alpha(G) \geqslant \dfrac{\nu^2(G)}{\nu(G) + 2\varepsilon(G)}$, 并且式中等号成立, 当且仅当 G 是点不交的同阶完全图的并.

证　设 $\alpha(G) = k$, 则 G 不含 $k+1$ 独立集, 从而由推论 6.3 有

$$\varepsilon(G) \geqslant \varepsilon(\overline{T_{\nu,k}}) = \frac{1}{2k}[\nu(\nu - k) + r(k - r)],$$

其中 $\nu = \nu(G), \nu = mk + r(0 \leqslant r < k)$, 于是

$$\varepsilon(G) \geqslant \frac{1}{2k}\nu(G)(\nu(G) - k),$$

即知

$$\alpha(G) = k \geqslant \frac{\nu^2(G)}{\nu(G) + 2\varepsilon(G)},$$

并且上式左端等于右端, 当且仅当 $G \cong \overline{T_{\nu,k}}$, 且 $r = 0$, 这等价于 G 是点不交的同阶完全图的并.　　　　　　　　　　　　　　　　　　　　　□

下面借助于 Turán 定理, 我们解决一个 Ramsey 问题.

例 6.4　证明 $r(K_m, K_{1,n}) = (m - 1)n + 1$.

证　不妨设 $m \geqslant 2, n \geqslant 2$. 对于 $(m-1)n$ 阶完全图 $K_{n(m-1)}$, 由 Turán 定理知, $(m-1)n$ 阶完全 $m-1$ 部图 $T_{(m-1)n,(m-1)}$ 中不含 m 团, 把 $T_{(m-1)n,(m-1)}$ 中的边染红色, 并将 $K_{n(m-1)}$ 中其他边染成蓝色. 可见, 这种染色使 $K_{n(m-1)}$ 中既不含红色的 m 团, 也不含蓝色的 $K_{1,n}$, 故 $r(K_m, K_{1,n}) \geqslant (m-1)n+1$.

下面对 m 用归纳法证明 $r(K_m, K_{1,n}) \leqslant (m-1)n + 1$.

当 $m = 2$ 时, 结论显然成立.

假设 $r(K_{m-1}, K_{1,n}) \leqslant (m-2)n + 1$, 往证 $r(K_m, K_{1,n}) \leqslant (m-1)n + 1$. 在 $(m-1)n + 1$ 阶完全图 $K_{(m-1)n+1}$ 中任取一点 v, 共有

$$(m-1)n = [(m-2)n + 1] + n - (2-1)$$

条边与 v 关联, 用红蓝两色染这些边, 由鸽巢原理知, 要么有 $(m-2)n + 1$ 条边染红色, 要么有 n 条边染蓝色. 若有 n 条边染蓝色, 则已经出现一个蓝色的 $K_{1,n}$. 否则, 有 $(m-2)n + 1$ 条边染红色, 由归纳假设, 以这些红色边与 v 相邻的顶点或出现一个红色 K_{m-1}, 或者出现一个蓝色的 $K_{1,n}$. 由于把顶点 v 及相应的红色边加入 K_{m-1} 即可得到红色的 K_m, 因此, 无论怎样染 $K_{(m-1)n+1}$ 的边, 总会出现红色的 K_m 或者出现蓝色的 $K_{1,n}$, 即有 $r(K_m, K_{1,n}) \leqslant (m-1)n + 1$.　　　□

6.3 顶点着色

期末考试安排问题 设某学校有 n 门课程可供学生选修, 期末要进行考试. 显然每名学生在同一个时间段内只能参加一门课程考试. 求期末考试至少需要安排多少个时间段.

我们用顶点 $v_1, v_2, \cdots, v_n$ 表示学校的所有选修课程, 两个顶点 v_i 和 v_j 相邻当且仅当这两门课程同时被某位学员选修, 这样就得到一个简单图 G. 如, 某校的选修课程情况如图 6.6 所示.

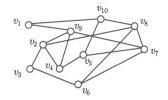

图 6.6　某校课程选修情况图 G

若两个顶点在 G 中不相邻, 则它们对应的课程就可以安排在同一时间考试. 这样, 期末考试安排问题就转化为顶点集 $V(G)$ 的划分问题, 即把 $V(G)$ 划分成 k 个独立集 $S_1, S_2, \cdots, S_k$, 使

$$S_i \cap S_j = \varnothing, \quad \bigcup_{i=1}^{k} S_i = V(G),$$

且独立集的个数 k 尽可能小, k 就是所需的考试时间段数目. 这是图的着色问题.

6.3.1 色数

定义 6.8 (着色)　设 G 是无环图, 若把 G 的每个顶点都染上颜色, 使任何一对相邻顶点的颜色都不相同, 则称这种染色方法为正常顶点着色 (proper vertex coloring), 简称为 G 的**着色** (coloring); 若某一着色中所使用的着色种类不超过 k, 则称这个着色为 **k 着色**.

关于着色, 有以下结论:

(1) 一个无环图 G 是 k 可着色的, 当且仅当它的基础简单图是 k 可着色的. 因此, 只需讨论简单图的着色问题.

(2) 图 G 的 k 着色等价于把顶点集 $V(G)$ 划分成 k 个独立集 $S_1, S_2, \cdots, S_k$, 两个顶点染相同的颜色当且仅当它们属于同一个独立集.

(3) n 阶简单图一定存在 $k(k \geqslant n)$ 着色.

(4) n 阶简单图 G 有 1 着色当且仅当 G 是 n 阶空图.

图 6.6 中的图 G 中有 10 个顶点, 如果每个顶点颜色都互不相同, 则它有 10 着色; 观察到 v_1, v_2, v_5 互不相邻, 所以它们可以染成相同颜色, 这样, 如果把其他 7 个顶点染成互不相同的颜色, 则 G 有 8 着色. 进一步, 观察到 v_3, v_4, v_7, v_{10} 互不相邻, v_6 和 v_9 互不相邻, 于是, 4 种颜色可以实现 G 的正常着色. 见图 6.7.

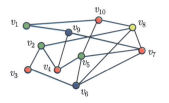

图 6.7 图 G 的 4 着色

显然, 如果颜色数目 k 较小, 则 G 不一定有 k 着色.

定义 6.9 (色数) 若图 G 有 k 着色, 则称 G 是 $\boldsymbol{k}$ **可着色的** (k-colorable); 使得 G 是 k 可着色的 k 的最小值称为 G 的**色数** (chromatic number), 记作 $\chi(G)$. 若 $\chi(G) = k$, 则称 G 是 $\boldsymbol{k}$ **色图** (k-chromatic graph).

图 G 是 1 色图当且仅当 G 是空图; n 阶完全图是 n 色图.

在图 6.6 中, 由 v_2, v_4, v_9 这三个顶点导出的子图 $G[\{v_2, v_4, v_9\}]$ 是三阶完全图, 故 $\chi(G) \geqslant 3$. 由图 6.7 知 $\chi(G) \leqslant 4$, 于是知 $3 \leqslant \chi(G) \leqslant 4$.

6.3.2 色数上界

对于一般图, 计算色数是一件非常困难的事情, 下面给出估计色数上界的方法.

定理 6.16 设简单图 G 的顶点排序 $v_1, v_2, \cdots, v_\nu$ 满足: 每个 v_j 最多与排在它前面的 $v_1, v_2, \cdots, v_{j-1}$ 中 k 个顶点相邻, $2 \leqslant j \leqslant \nu$, 则有 $\chi(G) \leqslant k+1$.

证 设①②$\cdots$ⓝ$\cdots$ 表示一个颜色序列, 当 $i \neq j$ 时, 颜色ⓘ与ⓙ颜色不同. 按照顶点排序依次给图中各个顶点着色, 先把 v_1 染颜色①; 当 v_2 与 v_1 不相邻时, 仍把 v_2 染颜色①, 否则, 把 v_2 染成颜色②; 一般地, 当已经把顶点 $v_1, v_2, \cdots, v_{j-1}$ 着色后, 在使 $G[\{v_1, v_2, \cdots, v_j\}]$ 获得正常着色的前提下, 总是使用标号尽可能小的颜色给 v_j 着色, 由于每个 v_j 最多与排在它前面的 $v_1, v_2, \cdots, v_{j-1}$ 中 k 个顶点相邻, 因此, $k+1$ 种颜色中至少有一种颜色可以用来染 v_j, 从而得到 $G[\{v_1, v_2, \cdots, v_j\}]$ 的 $k+1$ 着色, 如此下去, 可使所有顶点均被正常着色, 于是 $\chi(G) \leqslant k+1$. $\square$

在图 6.6 中, 我们可以将顶点排序为 $v_5, v_6, v_7, v_8, v_9, v_4, v_2, v_{10}, v_1, v_3$, 则每个顶点至多与排在它前面的 $3(k = 3)$ 个顶点相邻, 由定理 6.16 可知, $\chi(G) \leqslant k+1 = 4$.

用定理 6.16 的证明过程, 有时可以得到更小的上界. 比如, 在图 6.6 中, 我们将顶点排序为 $v_5, v_6, v_7, v_8, v_9, v_4, v_2, v_{10}, v_1, v_3$. 由定理 6.16 的证明过程, 知各顶点的颜色如图 6.8 所示.

$$
\begin{array}{cccccccccc}
① & ② & ③ & ① & ① & ② & ③ & ② & ③ & ① \\
v_5 & v_6 & v_7 & v_8 & v_9 & v_4 & v_2 & v_{10} & v_1 & v_3
\end{array}
$$

图 6.8 由定理 6.16 证明过程得到的着色方案

因此, 只要用 3 种颜色即可实现该图的正常着色, 即 $\chi(G) \leqslant 3$. 进而, 由顶点导出子图 $G[\{v_2, v_4, v_9\}]$ 是三阶完全图知 $\chi(G) = 3$. 于是, 期末考试安排问题的解是 3, 即 10 门选修课只需要安排 3 个时间段考试, 染成相同颜色的课程可安排在同一时间考试.

推论 6.5 对任意简单图 G 均有 $\chi(G) \leqslant \Delta(G) + 1$.

证 设顶点排序为 $v_1, v_2, \cdots, v_\nu$, 由 $\Delta(G)$ 是 G 中顶点的最大度, 因此, 每个 v_j 最多与排在它前面的 $v_1, v_2, \cdots, v_{j-1}$ 中 $\Delta(G)$ 个顶点相邻, $2 \leqslant j \leqslant \nu$, 于是, 由定理 6.16 知结论成立. □

推论 6.5 告诉人们简单图色数的上界是它的最大度加 1, 但这仅仅只是一个上界, 这个上界可能与色数真值差距很大, 如完全二部图的色数是 2, 但完全二部图的最大度可以任意大.

推论 6.6 设 G 是简单图, 则 $\chi(G) \leqslant \max_H \delta(H) + 1$, 其中 H 是取遍 G 的所有由顶点导出的子图.

证 设 $k = \max_H \delta(H)$, 由于 H 能取到 G, 因此 $\delta(G) \leqslant k$, 从而 G 中有一个顶点 v_ν, 使 $d_G(v_\nu) \leqslant k$, 令 $H_{\nu-1} = G - v_\nu$, 则 $H_{\nu-1}$ 是 G 的导出子图, 因而 $H_{\nu-1}$ 也有一个顶点 $v_{\nu-1}$, 使 $d_{H_{\nu-1}}(v_{\nu-1}) \leqslant k$, 再令 $H_{\nu-2} = H_{\nu-1} - v_{\nu-1}$, 同样有 $v_{\nu-2} \in V(H_{\nu-2})$, 使 $d_{H_{\nu-2}}(v_{\nu-2}) \leqslant k$, 这样下去, 就得到一个顶点序列 $v_1, v_2, \cdots, v_\nu$, 根据该序列的做法可知, 序列中每个 v_j 最多与 $v_1, v_2, \cdots, v_{j-1}$ 中的 k 个顶点在 G 中相邻, $2 \leqslant j \leqslant \nu$, 因此, 由定理 6.16 知 $\chi(G) \leqslant k+1$. □

推论 6.7 设 G 是简单连通图, 且不是正则图, 则有 $\chi(G) \leqslant \Delta(G)$.

证 由推论 6.6 可知, 只需证明 G 的任何导出子图 H 都有 $\delta(H) \leqslant \Delta(G) - 1$. 若 $H = G$, 因 G 不是正则图, 故 $\delta(H) \leqslant \Delta(G) - 1$. 若 H 是 G 的真子图, 则由 G 的连通性可知, 有 $x \in V(H), y \in V(G) \backslash V(H)$, 使 $xy \in E(G)$, 从而

$$d_H(x) < d_G(x) \leqslant \Delta(G),$$

因此 $\delta(H) \leqslant d_H(x) \leqslant \Delta(G) - 1$. □

推论 6.8 设 G 是连通的正则简单图, 不是完全图且含有 1 顶点割, 则 $\chi(G) \leqslant \Delta(G)$.

证　设 $\{v\}$ 是 G 的 1 顶点割, G' 为 $G - v$ 的一个连通分支, 记

$$G_1 = G\left[V\left(G'\right) \cup \{v\}\right], \quad G_2 = G - V\left(G'\right).$$

由于 G 是连通正则简单图, 因此 G_1 和 G_2 都是连通简单图, 但不是正则图且 $\Delta\left(G_1\right) = \Delta\left(G_2\right) = \Delta$. 于是由推论 6.7 知 $\chi\left(G_i\right) \leqslant \Delta(G)(i = 1, 2)$, 分别对 G_1 和 G_2 进行 $\Delta(G)$ 着色, 使得 v 在 G_1, G_2 的 $\Delta(G)$ 着色中染相同颜色, 从而得到 G 的 $\Delta(G)$ 着色, 即 $\chi(G) \leqslant \Delta(G)$.　　□

推论 6.9　设 G 是连通的 k 正则简单图, $k \geqslant 3$, 不是完全图且 G 有 2 顶点割, 则 $\chi(G) \leqslant \Delta(G)$.

证　设 $\{v_1, v_2\}$ 是 G 的 2 顶点割, G' 是 $G - \{v_1, v_2\}$ 的一个连通分支, 令

$$G_1 = G\left[V\left(G'\right) \cup \{v_1, v_2\}\right], \quad G_2 = G - V\left(G'\right).$$

设 $v_1, v_2 \notin E(G)$, 则可以假设

$$d_{G_1}\left(v_1\right) > 1, \quad d_{G_2}\left(v_2\right) > 1.$$

这是因为, 若不然, 则由 $k \geqslant 3$ 知有以下三种情况:

(1) $d_{G_1}\left(v_1\right) = 1, d_{G_2}\left(v_2\right) = 1$;

(2) $d_{G_1}\left(v_1\right) = 1, d_{G_2}\left(v_2\right) > 1$;

(3) $d_{G_1}\left(v_1\right) > 1, d_{G_2}\left(v_2\right) = 1$.

当 (1) 发生时, 则 $d_{G_1}\left(v_2\right) > 1, d_{G_2}\left(v_1\right) > 1$, 此时, 只需将 v_1 与 v_2 互换即可; 若 (2) 发生, 则有 $v_1 u_1 \in E(G_1)$, 此时 $\{u_1, v_2\}$ 仍是 G 的 2 顶点割, 且 $d_{G_1 - v_1}\left(u_1\right) > 1, d_{G_2 + v_1}\left(v_2\right) = d_{G_2}\left(v_2\right) + 1$, 从而只要用 u_1 代替 v_1, 用 $G_1 - v_1$ 代替 G_1, 用 $G_2 + v_1$ 代替 G_2 即可; 对于 (3), 则与 (2) 类似地处理. 对于 $i = 1, 2$, 令

$$H_i = \begin{cases} G_i + v_1 v_2, & v_1 v_2 \notin E(G), \\ G_i, & v_1 v_2 \in E(G). \end{cases}$$

显然 H_i 不是正则图, 但它是连通简单图, 从而由推论 6.7 知 $\chi\left(H_i\right) \leqslant \Delta\left(G_i\right) = k$, 即 H_i 有 k 着色, 使 v_1, v_2 着以不同的颜色 $(i = 1, 2)$. 不妨设 v_1 在 H_1 和 H_2 的 k 着色中同染颜色①, v_2 在 H_1 和 H_2 的 k 着色中同染颜色②, 从而得到 G 的 k 着色, 即 $\chi(G) \leqslant k$.　　□

由推论 6.5 可知, 简单图的色数至多为 $\Delta + 1$, 并且由上述一系列推论可以发现, 大多数简单图的色数都不超过 Δ, 但是, 也确有色数达到 $\Delta + 1$ 的简单图, 例如奇圈和完全图. 1941 年, Brooks 证明了在连通简单图中只有这两类图的色数达到了 $\Delta + 1$.

定理 6.17 设 G 是连通简单图, 且既不是奇圈, 也不是完全图, 则 $\chi(G) \leqslant \Delta(G)$.

证 首先, 根据推论 6.7, 可以假设 G 是正则图. 其次, 不妨设 $\Delta(G) \geqslant 3$, 因为 $\Delta(G) = 0$ 或 1 时, G 只能是 K_1 或 K_2, 此与条件相矛盾; 而 $\Delta(G) = 2$ 时, G 只能是偶圈, 即知 $\chi(G) = 2 \leqslant \Delta(G)$. 于是 $\nu(G) \geqslant 5$, 根据推论 6.8 和推论 6.9, 还可假定 G 是 3 连通的.

由于 G 是 3 连通简单图, 且不是完全图, 因此, 由例 1.5 可知, 存在 $u, v, w \in V(G)$, 使 $uv, vw \in E(G)$, $uw \notin E(G)$, 令 $v_1 = u, v_2 = w, v_\nu = v$, 因 G 是 3 连通图, 故 $G - \{v_1, v_2\}$ 连通. 在 $G - \{v_1, v_2\}$ 中取与 v_ν 相邻的顶点 $v_{\nu-1}$, 设 $v_{\nu-2}$ 是 $G - \{v_1, v_2\}$ 中不属于 $\{v_\nu, v_{\nu-1}\}$ 但与 $\{v_\nu, v_{\nu-1}\}$ 中顶点相邻的顶点. 一般地, 取 $v_{\nu-i}$ 是 $G - \{v_1, v_2\}$ 中不属于 $\{v_\nu, v_{\nu-1}, \cdots, v_{\nu-i+1}\}$ 但与其中顶点相邻的顶点 $(i = 1, 2, \cdots, \nu - 3)$, 从而得到 G 的一顶点序列 $v_1, v_2, \cdots, v_{\nu-1}, v_\nu$, 并且该序列中每个顶点 $v_j (1 \leqslant j \leqslant \nu - 1)$ 都与排在其后的某个顶点相邻, 或者说 v_j 的前面最多有 $\Delta(G) - 1$ 个顶点与 v_j 相邻 $(2 \leqslant j \leqslant \nu - 1)$. 采用定理 6.16 的证明方法可知 $G[\{v_1, v_2, \cdots, v_{\nu-1}\}]$ 能用 Δ 种颜色①,②,$\cdots$,Ⓐ 进行正常着色, 且按照染色方案, v_1 与 v_2 同染颜色①. 注意到 v_ν 与 v_1, v_2 都相邻, 所以 v_ν 的 Δ 个邻点至多染 $\Delta - 1$ 种颜色, 即知 v_ν 可用颜色②,③,$\cdots$,Ⓐ 中的某种颜色来染, 这样就得到 G 的 Δ 着色. $\qquad\square$

6.3.3 色数的下界

由于简单图 G 的任何一个着色至少使 G 的每个团中顶点染不同的颜色, 因此, 对 G 的任何团 S, 均有 $\chi(G) \geqslant |S|$, 又因为 S 是 G 的团, 当且仅当 S 为 $\overline{G}$ 的独立集, 所以我们得到色数的一个明显下界: $\chi(G) \geqslant \alpha(\overline{G})$.

定理 6.18 设 G 为简单图, 则

$$\chi(G) \geqslant \frac{\nu^2(G)}{\nu^2(G) - 2\varepsilon(G)},$$

并且上式中等号成立, 当且仅当 G 是完全 k 部图, 且各个部分的顶点数相等.

证 注意到 $\nu(\overline{G}) = \nu(G)$, $\varepsilon(\overline{G}) = \dbinom{\nu(G)}{2} - \varepsilon(G)$, 从而根据推论 6.4 得

$$\alpha(\overline{G}) \geqslant \frac{\nu^2(\overline{G})}{\nu(\overline{G}) + 2\varepsilon(\overline{G})} = \frac{\nu^2(G)}{\nu^2(G) - 2\varepsilon(G)},$$

并且上式左端等于右端, 当且仅当 $\overline{G}$ 中 k 个点不交的同阶完全图的并, 这等价于 G 是完全 k 部图, 且各个部分的顶点数相等, 因此

$$\chi(G) \geqslant \alpha(\overline{G}) \geqslant \frac{\nu^2(G)}{\nu^2(G) - 2\varepsilon(G)}.$$

若上式左端等于右端, 则 G 是完全 k 部图, 且各个部分的顶点数相等; 反之, 若 G 是完全 k 部图, 且各个部分的顶点数相等, 则上式左端等于右端, 此时 $\chi(G) = k = \alpha(\overline{G})$. □

1956 年, Nordhaus 和 Gaddum 研究了 $\chi(G)$ 与 $\chi(\overline{G})$ 之间的关系. 给出了下面定理.

定理 6.19   设 G 是 ν 阶简单图, 则

$$2\sqrt{\nu} \leqslant \chi(G) + \chi(\overline{G}) \leqslant \nu + 1,$$

$$\nu \leqslant \chi(G)\chi(\overline{G}) \leqslant \frac{1}{4}(\nu + 1)^2.$$

证   设 $(V_1, V_2, \cdots, V_{\chi(G)})$ 是 G 的 $\chi(G)$ 着色, 则

$$\alpha(G) \geqslant \max_i |V_i| \geqslant \frac{\nu}{\chi(G)},$$

即知 $\chi(G) \geqslant \dfrac{\nu}{\alpha(G)} \geqslant \dfrac{\nu}{\chi(\overline{G})}$, 于是 $\nu \leqslant \chi(G)\chi(\overline{G})$. 又因为 $\sqrt{\chi(G)\chi(\overline{G})} \leqslant \dfrac{\chi(G) + \chi(\overline{G})}{2}$, 所以

$$2\sqrt{\nu} \leqslant \chi(G) + \chi(\overline{G}).$$

这就证明了左侧两个不等式.

下面用归纳法证明 $\chi(G) + \chi(\overline{G}) \leqslant \nu + 1$. 当 $\nu = 1$ 时, 不等式显然成立. 假设对任何阶数小 ν 的简单图, 不等式都成立. 设 G 为 ν 阶简单图, $\nu \geqslant 2$, 任取 $v \in V(G)$, 令 $H = G - v$, 则 $\overline{H} = \overline{G} - v$, 易知 $\chi(G) \leqslant \chi(H) + 1$, $\chi(\overline{G}) \leqslant \chi(\overline{H}) + 1$. 若 $\chi(G) < \chi(H) + 1$ 或 $\chi(\overline{G}) < \chi(\overline{H}) + 1$, 则由归纳假设, $\chi(G) + \chi(\overline{G}) < \chi(H) + \chi(\overline{H}) \leqslant \nu + 1$. 因此下设 $\chi(G) = \chi(H) + 1$ 且 $\chi(\overline{G}) = \chi(\overline{H}) + 1$, 则在 H 的 $\chi(H)$ 着色中, $N_G(v)$ 中顶点用到 $\chi(H)$ 种颜色, 故 $d_G(v) \geqslant \chi(H)$. 类似地可证: $d_{\overline{G}}(v) \geqslant \chi(\overline{H})$, 从而有

$$\chi(H) + \chi(\overline{H}) \leqslant d_G(v) + d_{\overline{G}}(v) = \nu - 1,$$

于是

$$\chi(G) + \chi(\overline{G}) \leqslant \nu + 1.$$

再由 $\sqrt{\chi(G)\chi(\overline{G})} \leqslant \dfrac{\chi(G)+\chi(\overline{G})}{2}$ 知 $\chi(G)\chi(\overline{G}) \leqslant \dfrac{1}{4}(\nu+1)^2$, 从而右侧两个不等式也成立. $\qquad\square$

6.3.4 色多项式

设 G 是顶点标号图, 用 k 种颜色对 G 的顶点进行着色, 问有多少种不同的 k 着色? 所谓两个 k 着色不同是指至少有一个顶点在两个 k 着色中颜色不同. 用 $\pi(G,k)$ 表示图 G 的所有不同的 k 着色数目. 不难知道, G 是 k 可着色的当且仅当 $\pi(G,k) > 0$.

对于空图 $\overline{K_\nu}$, 因为顶点互不相邻, 每一个顶点都可以染以 k 种颜色中的任何一种, 所以有

$$\pi\left(\overline{K_\nu},k\right) = k^\nu.$$

对于完全图 K_ν, 任何两个顶点都相邻, 从而任何两个顶点的颜色都互不相同. 第一个顶点有 k 种颜色可供选择, 第二个顶点有 $k-1$ 种颜色可供选择, 依次类推, 可得

$$\pi(K_\nu,k) = k(k-1)\cdots(k-\nu+1).$$

对于一般的简单图 G, 有下面的递推公式.

定理 6.20 对于简单图 G 的任意一条边 e, 有

$$\pi(G,k) = \pi(G-e,k) - \pi(G\cdot e,k).$$

证 设 $e = uv$, $G-uv$ 的全体 k 着色可以分为两类: 一类是使 u 和 v 的颜色相同, 另一类是使 u 和 v 的颜色不同. 对于前一类 k 着色, 用 u,v 的颜色染 $G\cdot e$ 的新顶点, 就对应着 $G\cdot e$ 的 k 着色, 显然, 这种对应是一一对应. 同理, 后一类 k 着色与 G 的全体 k 着色之间存在一一对应, 因此

$$\pi(G-e,k) = \pi(G,k) + \pi(G\cdot e,k). \qquad\square$$

利用这个递推公式, 我们得到下面一个重要定理.

定理 6.21 设简单图 G 有 ν 个顶点, ε 条边和 ω 个连通分支, 则

$$\pi(G,k) = a_0 k^\nu - a_1 k^{\nu-1} + \cdots + (-1)^{\nu-\omega} a_{\nu-\omega} k^\omega,$$

其中 $a_0 = 1, a_1 = \varepsilon, a_i > 0\,(2 \leqslant i \leqslant \nu-\omega)$.

证 对 ε 进行归纳. 当 $\varepsilon = 0$ 时, 则 $G = \overline{K_\nu}$, $\pi(G,k) = k^\nu$, 结论成立.

假设结论对所有边数少于 ε 的简单图, 结论都成立. 下设 G 有 ε 条边 $(\varepsilon \geqslant 1)$, 任取 $uv \in E(G)$, 设 $G_1 = G-uv$, G_2 为 $G\cdot uv$ 的基础简单图, 则 $\pi(G_2,k) = \pi(G\cdot e,k)$. 由于 G_1 和 G_2 的边数都小于 ε, 根据归纳假设, 有

$$\pi(G_1,k) = k^\nu - (\varepsilon-1)k^{\nu-1} + \cdots + (-1)^{\nu-\omega-1} b_{\nu-\omega-1} k^{\omega+1}$$

$$+ (-1)^{\nu-\omega} b_{\nu-\omega} k^{\omega}, \tag{19}$$

其中 $b_i > 0 (2 \leqslant i \leqslant \nu - \omega - 1)$, 当 $\omega(G_1) = \omega$ 时, $b_{\nu-\omega} > 0$; 当 $\omega(G_1) = \omega + 1$ 时, $b_{\nu-\omega} = 0$.

对 G_2 应用归纳假设, 注意到 $\nu(G_2) = \nu - 1$, $\omega(G_2) = \omega$, 知

$$\pi(G_2, k) = k^{\nu-1} - c_2 k^{\nu-2} + \cdots + (-1)^{\nu-\omega-1} c_{\nu-\omega} k^{\omega}, \tag{20}$$

其中 $c_i > 0 (2 \leqslant i \leqslant \nu - \omega)$.

于是, 由 (19), (20) 及定理 6.20 知

$$\pi(G, k) = \pi(G_1, k) - \pi(G_2, k)$$

$$= k^{\nu} - \varepsilon k^{\nu-1} + (b_2 + c_2) k^{\nu-2} + \cdots + (-1)^{\nu-\omega} (b_{\nu-\omega} + c_{\nu-\omega}) k^{\omega}$$

$$= k^{\nu} - \varepsilon k^{\nu-1} + a_2 k^{\nu-2} + \cdots + (-1)^{\nu-\omega} a_{\nu-\omega} k^{\omega},$$

其中 $a_i = b_i + c_i > 0 (2 \leqslant i \leqslant \nu - \omega)$. ▢

由定理 6.21, 立即可以得到关于 $\pi(G, k)$ 的以下性质.

(1) $a_{\nu-1} > 0$ 当且仅当简单图 G 连通. 这是因为 $\omega(G) = 1$ 当且仅当 G 连通.

(2) $\pi(G, k)$ 是关于颜色数目 k 的多项式函数. 因此, 通常称 $\pi(G, k)$ 为简单图 G 的色多项式 (chromatic polynomial).

定理 6.20 提供了递推地计算色多项式的方法.

(1) 若简单图 G 不是空图, 则可反复利用公式

$$\pi(G, k) = \pi(G - e, k) - \pi(G \cdot e, k),$$

把 $\pi(G, k)$ 表示为若干个空图的色多项式的代数和.

(2) 若简单图 G 不是空图, 则可反复利用公式

$$\pi(G, k) = \pi(G + e, k) + \pi((G + e) \cdot e, k),$$

把 $\pi(G, k)$ 表示为若干个完全图的色多项式的代数和.

这两种方法分别称为减边法和加边法. 减边法通常适用于边数较少的图, 而加边法通常适用于边数较多的图.

例 6.5　求图 6.9 所示的图 G 的色多项式 $\pi(G, k)$.

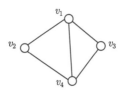

图 6.9　图 G

解 为了表达简便直观, 我们直接用图形代表它色多项式并省略各顶点上的标号, 应用加边法, 有

于是, $\pi(G,k) = k(k-1)(k-2)(k-3) + k(k-1)(k-2) = k^4 - 5k^3 + 8k^2 - 4k$.

$\Box$

虽然迄今为止, 我们还不知道什么样的多项式是色多项式, 但是对于树有下面的定理.

定理 6.22 简单图 G 是树, 当且仅当 $\pi(G,k) = k(k-1)^{\nu-1}$.

证 (充分性) 若 $\pi(G,k) = k(k-1)^{\nu-1}$, 则 $\pi(G,k)$ 中 $a_{\nu-1} = 1$, 从而由定理 6.21 知 G 连通, 并且在 $\pi(G,k)$ 中, 由 $a_1 = \nu - 1$ 知 $\varepsilon = \nu - 1$, 所以 G 是树.

(必要性) 对 ν 进行归纳. 当 $\nu = 1$ 时, $G = K_1$; 当 $\nu = 2$ 时, $G = K_2$. 于是, 当 $\nu \leqslant 2$ 时, 总有 $\pi(G,k) = k(k-1)^{\nu-1}$. 假设 G 是树, 且 $2 \leqslant \nu \leqslant n - 1$ 时, $\pi(G,k) = k(k-1)^{\nu-1}$. 设树 G 的阶 $\nu(G) = n \geqslant 3$, 且 v 为 G 的悬挂点. 考虑树 $G' = G - v$, 由归纳假设, $\pi(G',k) = k(k-1)^{n-2}$, 对于 G' 的每个 k 着色, 为了得到 G 的 k 着色, 与 v 相邻的那个顶点的颜色不能用来染 v, 即染 v 有 $k-1$ 种颜色可选, 故

$$\pi(G,k) = (k-1)\pi(G',k) = k(k-1)^{n-1},$$

由归纳原理知结论成立. $\Box$

定理 6.23 (洪渊, 1984) 简单图 G 是连通二部图, 当且仅当 $\pi(G,k)$ 中的 $a_{\nu-1}$ 为奇数.

证 若已知图 G 连通, 则 $\varepsilon \geqslant \nu - 1$. 若已知 $\pi(G,k)$ 中的 $a_{\nu-1}$ 为奇数, 则 $a_{\nu-1} > 0$, 从而 G 连通. 反之, 若 G 连通, 也一定有 $\varepsilon \geqslant \nu - 1$.

对 ε 进行归纳. 当 $\varepsilon = \nu - 1$ 时, 因 G 连通, 故 G 是树, 从而由定理 6.22 知 $a_{\nu-1} = 1$ 为奇数; 反之, 若 $a_{\nu-1}$ 为奇数, 则 G 连通, 即知 G 是树, 于是 G 为连通二部图.

假设对边数小于 m 的任何简单图, 定理成立. 往证当 G 是 m 条边的简单图时定理也成立.

先证必要性. 设 G 是连通二部图, 且 $m > \nu - 1$, 则 G 不是树. 令 e 是 G 中某个圈上的一条边, 设 $\pi(G-e,k)$ 和 $\pi(G\cdot e,k)$ 中 1 次项 k 的系数分别为 $(-1)^{\nu-1}b_{\nu-1}$ 和 $(-1)^{\nu-2}c_{\nu-2}$, 因为 $G-e$ 是连通二部图, $G\cdot e$ 是连通图但不是二

部图, 所以由归纳假设知 $b_{\nu-1}$ 是奇数, $c_{\nu-2}$ 是偶数, 从而

$$\pi(G,k) = \pi(G-e,k) - \pi(G \cdot e,k)$$

中 1 次项的系数为

$$(-1)^{\nu-1} a_{\nu-1} = (-1)^{\nu-1} b_{\nu-1} - (-1)^{\nu-2} c_{\nu-2} = (-1)^{\nu-1}(b_{\nu-1}+c_{\nu-2}),$$

即 $a_{\nu-1} = b_{\nu-1} + c_{\nu-2}$ 为奇数.

再证充分性. 设 $\pi(G,k)$ 中 $a_{\nu-1}$ 为奇数, 则 G 连通. 下证 G 是二部图. 若不然, G 中含有奇数 C, 设 $e \in E(C)$. 易见, $G-e$ 含有奇数, 当且仅当 $G \cdot e$ 含有奇圈, 即 $G-e$ 是二部图, 当且仅当 $G \cdot e$ 是二部图. 又因 G 连通, 故 $G-e$ 和 $G \cdot e$ 都连通. 于是由归纳假设知, $\pi(G-e,k)$ 的 1 次项系数 $b_{\nu(G-e)-1}$ 和 $\pi(G \cdot e,k)$ 的 1 次项系数 $c_{\nu(G \cdot e)-1}$ 有相同的奇偶性, 从而 $\pi(G,k)$ 的 1 次项系数 $a_{\nu-1} = b_{\nu(G-e)-1} + c_{\nu(G \cdot e)-1}$ 为偶数, 此与假设条件相矛盾. □

对于有规则结构的图, 如圈图、轮图等, 它们的色多项式往往满足递推关系, 可以用递推关系的有关理论求出它们的色多项式. 定理 6.24 就是通过建立递推关系, 给出了圈图的色多项式. 为此, 我们不加证明地给出求解递推关系的相关理论.

设 m 是任意给定的正整数, 若数列 $H(0), H(1), \cdots, H(n), \cdots$ 的相邻 $m+1$ 项满足关系

$$H(n) = c_1(n)H(n-1) + c_2(n)H(n-2) + \cdots + c_m(n)H(n-m) + g(n), \quad (21)$$

其中 $n \geqslant m$, 则称该关系为数列 $\{H(n)\}$ 的 m 阶线性递推关系. 若 $c_1(n), c_2(n), \cdots, c_m(n)$ 都是常数, 则称之为 m 阶常系数线性递推关系. 如果 $g(n) = 0$, 则称之为齐次的. 称满足递推关系式的数列为该递推关系的解.

齐次常系数线性递推关系的一般形式为

$$H(n) = c_1 H(n-1) + c_2 H(n-2) + \cdots + c_m H(n-m),$$
$$n \geqslant m, c_m \neq 0. \quad (22)$$

方程 $x^m - c_1 x^{m-1} - c_2 x^{m-2} - \cdots - c_m = 0$ 称为它的特征方程. 称特征方程的解为特征根. 设 $q_1, q_2, \cdots, q_t$ 是该递推关系的全部互不相同的特征根, 其重数分别为 $r_1, r_2, \cdots, r_t$, 显然 $r_1 + r_2 + \cdots + r_t = m$, 则递推关系式 (22) 的通解为

$$H(n) = H_1(n) + H_2(n) + \cdots + H_t(n),$$

其中 $H_i(n) = (b_{i1} + nb_{i2} + \cdots + n^{r_i-1}b_{ir_i})q_i^n \, (1 \leqslant i \leqslant t)$.

非齐次常系数线性递推关系的一般形式为

$$H(n) = c_1 H(n-1) + c_2 H(n-2) + \cdots + c_m H(n-m) + g(n),$$

$$n \geqslant m, c_m \neq 0. \tag{23}$$

式 (22) 为其相应的齐次递推关系. 式 (23) 的通解是其特解与相应齐次递推关系的通解的和. 所以, 式 (23) 的特解很重要. 对于某些特殊 $g(n)$, 相应的特解形式如表 6.2 所示.

表 6.2　几个特殊的非齐次常系数递推关系的特解

$g(n)$	特征多项式 $p(x)$	特解的一般形式
β^n	$p(\beta) \neq 0$	$a\beta^n$
	β 是 $p(x)=0$ 的 m 重根	$an^m\beta^n$
n^s	$p(1) \neq 0$	$b_s n^s + b_{s-1} n^{s-1} + \cdots + b_1 n + b_0$
	1 是 $p(x)=0$ 的 m 重根	$n^m (b_s n^s + b_{s-1} n^{s-1} + \cdots + b_1 n + b_0)$
$n^s \beta^n$	$p(\beta) \neq 0$	$(b_s n^s + b_{s-1} n^{s-1} + \cdots + b_1 n + b_0) \beta^m$
	β 是 $p(x)=0$ 的 m 重根	$n^m (b_s n^s + b_{s-1} n^{s-1} + \cdots + b_1 n + b_0) \beta^m$

注: 表中 $a, b_1, b_2, \cdots, b_s$ 都是待定常数.

下面用递推关系的相关理论求出圈图的色多项式.

定理 6.24　简单图 G 是 n 圈 $C_n (n \geqslant 3)$, 当且仅当 $\pi(G,k) = (k-1)^n + (-1)^n (k-1)$.

证　(必要性) 设 G 是 n 圈 $C_n (n \geqslant 3)$, 任取其上一条边 e, 注意到 $C_n - e$ 是树, 由定理 6.22 知 $\pi(C_n - e, k) = k(k-1)^{n-1}$. 而 $C_n \cdot e$ 则是 $n-1$ 圈, 故

$$\pi(C_n, k) = \pi(C_n - e, k) - \pi(C_n \cdot e, k)$$

$$= k(k-1)^{n-1} - \pi(C_{n-1}, k). \tag{24}$$

这是一个线性非齐次递推关系, 其特征方程为 $x + 1 = 0$, 于是相应齐次方程的通解为 $A(-1)^n$, 其中 A 为待定系数. 其特解形式为 $B(k-1)^n$, 代入式 (24) 得

$$B(k-1)^n = k(k-1)^{n-1} - B(k-1)^{n-1},$$

即 $B = 1$. 从而递推关系式 (24) 的通解为 $A(-1)^n + (k-1)^n$. 考虑初始条件 C_3 的色多项式 $\pi(C_3, k) = k(k-1)(k-2)$ 得

$$-A + (k-1)^3 = k(k-1)(k-2),$$

即 $A = k-1$, 这样就得到了 n 圈的色多项式为 $\pi(C_n, k) = (k-1)^{n-1} + (k-1)(-1)^n$.

(充分性) 对 n 用归纳法. 当 $n = 3$ 时, 则图 G 的色多项式为

$$\pi(G, k) = (k-1)^3 + (-1)^3 (k-1) = k^3 - 3k^2 + 2k,$$

由定理 6.21 知 $\varepsilon = 3, \omega = 1$, 于是 G 为 3 圈. 假设当 $n \leqslant l - 1$ 时, 结论成立, 则当 $n = l \geqslant 4$ 时,

$$\pi(G, k) = (k-1)^l + (-1)^l (k-1)$$

$$= k^l - \binom{l}{1} k^{l-1} + \cdots + (-1)^{l-2} \binom{l}{l-2} k^2 + (-1)^l (1-l) k,$$

由定理 6.21 知 $\varepsilon(G) = l, \omega(G) = 1$, 于是 G 中必有唯一圈 C, 任取一边 $e \in E(C)$, 则 $G - e$ 为树, $\pi(G - e, k) = k(k-1)^{l-1}$, 进而有

$$\pi(G \cdot e, k) = \pi(G - e, k) - \pi(G, k)$$

$$= k(k-1)^{l-1} - \left[(k-1)^l + (-1)^l (k-1) \right]$$

$$= (k-1)^{l-1} + (-1)^{l-1} (k-1),$$

由归纳假设知 $G \cdot e$ 是 $l - 1$ 圈, 再由 $G - e$ 是树知 G 必为 l 圈.   □

6.4 支 配 集

在国际象棋比赛中, 皇后可以控制与其同行、同列及其所处位置两条斜线上的所有格子. 如图 6.10 中的皇后 Q 可以控制深色填充的所有格子. 1862 年, Jaenisch 考虑了控制整个棋盘至少需要多少个皇后的问题.

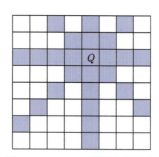

图 6.10 8×8 国际象棋棋盘

我们把棋盘上的每个格子与图 G 的顶点一一对应, G 中两个顶点相邻当且仅当对应的两个格子位于同行、同列或同斜线. 控制棋盘需要多少皇后就是本节将要讨论的图的支配数.

6.4.1 定义

定义 6.10 (支配集)　设简单图 $G = (V, E)$, $S \subseteq V, S \neq \varnothing$, 若 $\forall v \in \overline{S}$, 都存在 S 中的顶点与 v 相邻, 则称 S 是图 G 的**支配集** (dominating set). 若 S 是图 G 的支配集且 S 的任何真子集都不再是支配集, 则 S 为**极小支配集** (minimal dominating set). 若 S 是图 G 的顶点个数最少的支配集, 则称 S 是**最小支配集** (smallest dominating set). 最小支配集中所包含的顶点个数, 称为 G 的**支配数**, 记作 $\gamma(G)$.

例如, 图 6.11 中, 两个深色顶点 $\{v_4, v_5\}$ 就是 G 的支配集. 又因为任何一个顶点都不能控制其他所有顶点, 所以, 顶点集 $\{v_4, v_5\}$ 是 G 的最小支配集, $\gamma(G) = 2$.

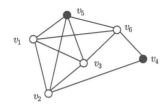

图 6.11　简单图 G 及其支配集

一般而言, 独立集不一定是支配集, 支配集也不一定是独立集. 但是, 极大独立集与支配集却有密切关系.

定义 6.11 (独立支配集)　设 S 是图 G 的支配集, 若 S 是独立集, 则称 S 为**独立支配集**.

在图 6.11 中, $\{v_4, v_5\}$ 就是 G 的独立支配集; $\{v_3, v_6\}$ 也是 G 的最小支配集, 但它不是独立支配集.

关于独立集和支配集, 有下列结论成立.

(1) S 是 G 的独立支配集当且仅当 S 是 G 的极大独立集;

(2) 若 S 是 G 的极大独立集, 则 S 也是 G 的极小支配集.

6.4.2 性质

首先讨论支配集成为极小支配集的充要条件.

定理 6.25　设 S 为简单图 G 的支配集, 则 S 为极小支配集当且仅当 S 中的每个顶点 v 满足下列性质之一:

(1) 存在 $u \in \overline{S}$, 使 $N(u) \cap S = \{v\}$;

(2) $S \cap N(v) = \varnothing$.

证　(充分性) $\forall v \in S$, 如果顶点 v 满足性质 (1), 则 $S - v$ 中任何顶点都不能控制 u, 从而 $S - v$ 不是支配集; 如果 v 满足性质 (2), 则 $S - v$ 中任何顶点都不能控制 v, 从而 $S - v$ 也不是支配集. 由 v 的任意性知 S 是极小支配集.

(必要性) 设 S 是简单图 G 的极小支配集. $\forall v \in S$, $S - v$ 不再是支配集, 于是, 存在顶点 $u \in \overline{S - v}$, 使没有 $S - v$ 中的顶点与 u 相邻.

若 $u = v$, 则没有 S 中顶点与 v 相邻, 即 v 满足性质 (2).

若 $u \neq v$, 则 $u \in \overline{S}$. 因为 $S - v$ 中没有顶点与 u 相邻, 而 S 又是支配集, 于是, S 中与 u 相邻的顶点必是 v, 即顶点 v 满足性质 (1). □

下面介绍支配数的上界.

定理 6.26　设 G 是没有孤立顶点的简单图, S 是 G 的极小支配集, $\overline{S}$ 是 S 的补集, 则 $\overline{S}$ 也是 G 的支配集.

证　$\forall v \in S$, 因为 S 是 G 的极小支配集, 则 v 至少满足定理 6.25 中两个性质之一.

若 v 满足性质 (1), 则存在 $\overline{S}$ 中的顶点 u, 使 u 与 v 相邻;

若 v 满足性质 (2), 则说明 v 不与 S 中任何顶点相邻, 而图 G 中没有孤立顶点, 即 G 中必有顶点与 v 相邻, 于是, 与 v 相邻的顶点必然属于 $\overline{S}$.

由 v 的任意性, 知 $\overline{S}$ 是 G 的支配集. □

定理 6.27　设 G 是没有孤立顶点的 ν 阶简单图, 则 $\gamma(G) \leqslant \dfrac{\nu}{2}$.

证　设 S 是 G 的极小支配集, 由定理 6.26 知, $\overline{S}$ 也是 G 的支配集, 于是

$$\gamma(G) \leqslant \min\left\{|S|, |\overline{S}|\right\} \leqslant \frac{\nu}{2}. \qquad \square$$

6.4.3　极小支配集的计算

通过布尔变量运算可以找出图中所有极小支配集.

设 $G = (V, E)$ 是简单图, 且 $V = \{v_1, v_2, \cdots, v_n\}$, 同极大独立集的计算一样, 我们作约定:

(1) G 的每个顶点 v_i 当作一个布尔变量;

(2) 布尔积 $v_i v_j$ 表示包含 v_i 和 v_j, 相应于交运算 $v_i \cap v_j$;

(3) 布尔和 $v_i + v_j$ 表示包含 v_i 或者 v_j, 相应于并运算 $v_i \cup v_j$.

$\forall v_i \in V(G)$, 作布尔表达式

$$\varphi_i = v_i + \sum_{v_j \in N(v_i)} v_j \quad (i = 1, 2, \cdots, n),$$

令 $\Phi = \varphi_1 \varphi_2 \cdots \varphi_n$. 化简 Φ 即可得到图 G 的所有极小支配集.

例 6.6　设 G 如图 6.11 所示, 用布尔变量的方法求出它的所有极小支配集.

解　作布尔表达式

$$\varphi_1 = v_1 + v_2 + v_3 + v_5 + v_6,$$

$$\varphi_2 = v_2 + v_1 + v_3 + v_4 + v_5,$$

$$\varphi_3 = v_3 + v_1 + v_2 + v_5 + v_6,$$

$$\varphi_4 = v_4 + v_2 + v_6,$$

$$\varphi_5 = v_5 + v_1 + v_2 + v_3 + v_6,$$

$$\varphi_6 = v_6 + v_1 + v_3 + v_4 + v_5,$$

再令

$$\Phi = \varphi_1\varphi_2\varphi_3\varphi_4\varphi_5\varphi_6,$$

其中

$$\varphi_1\varphi_2 = (v_1 + v_2 + v_3 + v_5 + v_6)(v_2 + v_1 + v_3 + v_4 + v_5)$$

$$= v_1 + v_2 + v_3 + v_5 + v_4v_6,$$

类似地有

$$\varphi_3\varphi_5 = v_1 + v_2 + v_3 + v_5 + v_6.$$

$$\varphi_4\varphi_6 = v_4 + v_6 + v_1v_2 + v_2v_3 + v_2v_5.$$

于是

$$\Phi = (\varphi_1\varphi_2)(\varphi_3\varphi_5)(\varphi_4\varphi_6)$$

$$= (v_1 + v_2 + v_3 + v_5 + v_4v_6)(v_1 + v_2 + v_3 + v_5 + v_6)$$

$$\cdot (v_4 + v_6 + v_1v_2 + v_2v_3 + v_2v_5)$$

$$= (v_1 + v_2 + v_3 + v_5 + v_4v_6)(v_4 + v_6 + v_1v_2 + v_2v_3 + v_2v_5)$$

$$= v_1v_4 + v_1v_6 + v_1v_2 + v_2v_4 + v_2v_6 + v_2v_3 + v_2v_5 + v_3v_4$$

$$+ v_3v_6 + v_4v_5 + v_5v_6 + v_4v_6,$$

得到 G 的全部极小支配集为

$$\{v_1, v_4\}, \quad \{v_1, v_6\}, \quad \{v_1, v_2\}, \quad \{v_2, v_4\}, \quad \{v_2, v_6\}, \quad \{v_2, v_3\}, \quad \{v_2, v_5\},$$

$$\{v_3, v_4\}, \quad \{v_3, v_6\}, \quad \{v_4, v_5\}, \quad \{v_5, v_6\}, \quad \{v_4, v_6\}. \qquad \square$$

习　题　六

1. 设图 G 如题图 6.1 所示, 下列选项中既是独立集, 也是覆盖的为 (　　)
A. $\{v_2, v_5\}$ B. $\{v_3, v_6\}$ C. $\{v_3, v_4, v_5\}$ D. $\{v_1, v_2, v_6\}$

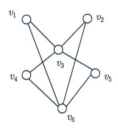

题图 6.1　图 G

2. 设图 G 如题图 6.1 所示.
(1) 用布尔变量运算方法求图 G 的所有极大独立集和极小覆盖;
(2) 求出图 G 的所有最大独立集和最小覆盖.

3. (信号干扰问题) 设在某一通信道里, 输入端有五个允许输入信号, 设为 a_1, a_2, a_3, a_4, a_5, 输出端可以获得 b_1, b_2, b_3, b_4, b_5 五种信息. 由于线路问题或其他干扰, 若输入端为 a_1 时, 输出端可能为 b_1, 也可能为 b_2 或 b_4; 同样, 输入端为 a_2 时, 输出端可能为 b_2 或 b_3; 具体如题表 6.1 所示. 这样, 从输出端输出的信息不能正确地断定输入端的信息. 为了正确无误地从输出端得到输入端的信息, 输入端只能选取 a_1, a_2, a_3, a_4, a_5 中的若干信号, 而不能是它们的全体, 为避免干扰, 输入端最多能输入多少个信号?

题表 6.1　输入信号与对应输出信号的对应关系

输入信号	可能的输出信号
a_1	b_1, b_2, b_4
a_2	b_2, b_3
a_3	b_3, b_4
a_4	b_4, b_5
a_5	b_5, b_1

4. 设 $\overline{K_n}, K_n$ 分别表示 n 阶空图和 n 阶完全图, 求它们的独立数 $\alpha(\overline{K_n})$ 和 $\alpha(K_n)$.

5. 设 $K_{m,n}$ 表示 $m+n$ 阶完全二部图, 求其覆盖数 $\beta(K_{m,n})$.

6. 设 C_n, P_n 分别表示长为 n 的圈和链, 求 $\alpha(C_n), \alpha(P_n)$ 和 $\beta(C_n), \beta(P_n)$.

7. 证明: G 是二部图的充要条件是存在 $V' \subset V(G)$, 使得 V' 既是 G 的独立集又是 G 的覆盖.

8. 证明: G 是二部图的充要条件是对 G 的每个子图 H, 均有 $\alpha(H) \geqslant \dfrac{1}{2}\nu(H)$.

9. 设 D 为有向图, 若 $S \subseteq V(D)$ 满足: (1) S 是独立集; (2) 对任意顶点 $v \notin S$, 存在 $u \in S$ 使 $(u,v) \in A(D)$, 则称 S 为 D 的核. 证明: 任一个无回路的向图必有核.

10. 证明: 无环有向图 D 中总存在一个独立集 S, 使得 $V(D)\backslash S$ 中每个顶点都可以从 S 的顶点出发, 经过长最多为 2 的路到达.

11. 证明竞赛图中总存在这样一个顶点, 从该顶点出发, 经过长至多为 2 的路到达其他任何顶点.

12. 14 名棋手赛棋, 证明: 不管下了多少盘, 总有 3 名棋手中任意两人都没赛过, 或者有 5 名棋手中任意两名都赛过了. 若任何两名棋手至多赛一盘, 问一共赛过多少盘, 就出现 4 名棋手他们两两之间都赛过了?

13. 求 $r(2,2,2,3,5)$, $r(3,5,2)$ 和 $r(4,4,2)$.

14. 设 $\underbrace{r(3,3,\cdots,3)}_{n\text{个}} = r_n$.

(1) 证明 $r_n \leqslant n(r_{n-1}-1)+2$;

(2) 利用 $r_2 = 6$, 证明 $r_n \leqslant 3n!$;

(3) 证明 $r_3 \leqslant 17$. (实际上 $r_3 = 17$.)

15. 不包含 K_4 的 8 阶简单图最多能有多少条边?

16. (1) 设 G 为简单图, 且 $\varepsilon > \dfrac{\nu^2}{4}$, 证明 G 中必包含三角形;

(2) 试构造一个简单图 G 满足 $\varepsilon = \dfrac{\nu^2}{4}$, 且不含三角形;

(3) 设 G 为简单图, 但不是二部图, 且 $\varepsilon > \dfrac{(\nu-1)^2}{4}+1$, 证明 G 中必含三角形;

(4) 试构造一个不是二部图的简单图 G 满足 $\varepsilon = \dfrac{(\nu-1)^2}{4}+1$, 且不含三角形.

17. 证明不包含长为 k 的链的 ν 阶简单图的边数不超过 $\dfrac{k-1}{2}\nu$.

18. 在 9 个人的人群中, 有一个人认识另外 2 个人, 有两个人每人认识另外 4 个人, 有 4 个人每人认识另外 5 个人, 余下的两个人每人认识另外 6 个人. 证明: 有三个人, 他们全都相互认识.

19. 某甲参加一种由多次小组会议组成的大型交易会, 他有六位朋友也来参会, 其间甲和他的朋友多次相遇, 其中和每一位朋友在会上各相遇 12 次, 每二位朋友各相遇 6 次, 每三位朋友各相遇 4 次, 每四位朋友各相遇 3 次, 每五位朋友各相遇 2 次, 每六位朋友各相遇 1 次, 一位朋友也没遇见的有 5 次, 问甲共参加了几次小组会议?

20. 证明 $r(K_{1,m}, K_{1,n}) = \begin{cases} m+n, & \text{若 } m \text{ 或 } n \text{ 为奇数}, \\ m+n-1, & \text{若 } m \text{ 和 } n \text{ 均为偶数}. \end{cases}$

21. 证明:

(1) $r(P_3, C_n) > n$, $r(P_3, C_4) = 5$;

(2) $r(C_4, C_4) = 6$;

(3) 用归纳法证明 $r(P_3, P_n) = n+2$ $(n \geqslant 3)$.

22. 设 G 和 H 均为简单图, 它们的合成图记作 $G[H]$, 其顶点集为 $V(G) \times V(H)$, 顶点 (u,v) 和 (u',v') 相邻, 当且仅当 $uu' \in E(G)$ 或 $u = u'$, $vv' \in E(H)$.

(1) 证明 $\alpha(G[H]) = \alpha(G)\alpha(H)$;

(2) 证明

$$r\left(kl+1, kl+1\right) - 1 \geqslant \left(r\left(k+1, k+1\right) - 1\right)\left(r\left(l+1, l+1\right) - 1\right);$$

(3) 证明: 对任意正整数 n, $r\left(2^n+1, 2^n+1\right) \geqslant 5^n + 1$;

(4) 证明: 对任意正整数 n, $r\left(k^n+1, k^n+1\right) \geqslant \left(r\left(k+1, k+1\right) - 1\right)^n + 1$.

23. 证明: 对一切正整数 $n(n \geqslant 3)$, 有 $r(3, n) \leqslant \dfrac{n^2+3}{2}$.

24. 证明 Schur 数 $s_3 = 13$.

25. 设 s_n 为第 n 个 Schur 数.

(1) 证明 $s_{n+1} \geqslant 3s_n - 1 (\forall n \in \mathbb{N})$.

(2) 证明 $s_n \geqslant \dfrac{1}{2}(3^n + 1)(\forall n \in \mathbb{N})$.

26. 求 Petersen 图的色数 χ (Petersen), 其中 Petersen 图如题图 6.2 所示.

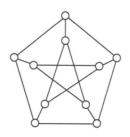

题图 6.2   Petersen 图

27. 求 $\chi(K_{2n})$ 和 $\chi(K_{2n+1})$.

28. 证明: 对任何图 G 均有

$$\chi\left(G\right) \leqslant 1 + l\left(G\right),$$

其中 $l(G)$ 表示 G 中最长链的长度.

29. 设 $(d_1, d_2, \cdots, d_\nu)$ 是图 G 的度序列且满足 $d_1 \geqslant d_2 \geqslant \cdots \geqslant d_\nu$, 设 k 是满足

$$k \leqslant d_k + 1$$

的最大自然数, 证明: $\chi(G) \leqslant k$.

30. 设 $\chi(G)$ 为图 G 的色数, $\alpha(G)$ 为图 G 的独立数, $\nu(G)$ 为图 G 的顶点个数.

(1) 证明: $\chi(G) \leqslant \nu(G) - \alpha(G) + 1$.

(2) 证明: $\nu(G) \leqslant \alpha(G)\chi(G)$.

31. 若对简单图 G 的任一顶点 v 都有 $\chi(G-v) < \chi(G)$, 则称 G 是关于点着色的点临界图; 若对于任一条边 e 都有 $\chi(G-e) < \chi(G)$, 则称 G 是关于点着色的边临界图. 若此时 $\chi(G) = k$, 相应地称 G 叫做 k 色点临界图或 k 色边临界图. 显然, 无孤立点的边临界图必是点临界图. 验证题图 6.3 是点临界图但不是边临界图.

32. 设 G 是简单图, 证明:

(1) G 是 1 色点临界图 $\Leftrightarrow G = K_1$;

(2) G 是 2 色点临界图 $\Leftrightarrow G = K_2$;

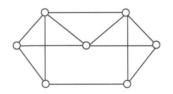

题图 6.3　点临界图但不是边临界图

(3) G 是 3 色点临界图 $\Leftrightarrow$ G 为奇圈.

33. 设图 G 如题图 6.4 所示, 计算图 G 的色多项式 $\pi(G, k)$.

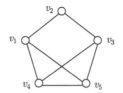

题图 6.4　图 G

34. 设图 G 如题图 6.5 所示, 计算图 G 的色多项式 $\pi(G, k)$.

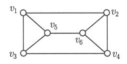

题图 6.5　图 G

35. 证明 $k^4 - 3k^3 + 3k^2$ 不是色多项式.

36. 若 $G_1, G_2, \cdots, G_\omega$ 是 G 的各连通分支, 证明:

$$\pi(G, k) = \pi(G_1, k) \pi(G_2, k) \cdots \pi(G_\omega, k).$$

37. 求轮图 W_n 的色多项式 $\pi(W_n, k)$.

38. 求 $2m$ 阶梯子图 (见 2.1.4 节) 的色多项式.

39. 记 $K(m, n, k)$ 为完全二部图 $K_{m,n}$ 的色多项式 $\pi(K_{m,n}, k)$, 证明 $K(m, n, k)$ 满足递推关系式

$$K(m, n, k) = k \sum_{i=0}^{m-1} \binom{m-1}{i} K(m-i-1, n, k-1) + k(k-1)^n, \quad m \geqslant 2, k \geqslant 2.$$

40. (多选题) 设图 G 如题图 6.6 所示, 下列选项中是支配集的是 (　　)

A. $S = \{v_3, v_5, v_8, v_{10}\}$ 　　　　　　B. $\{v_1, v_4, v_7, v_{10}\}$

C. $\{v_4, v_6, v_9\}$ 　　　　　　　　　　　D. $\{v_3, v_6, v_9, v_{11}\}$

41. 设顶点集 $S \subset V(G)$, 证明: S 是一个独立支配集当且仅当 S 是一个极大独立集.

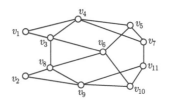

题图 6.6 图 G

42. (单选题) 下列说法正确的是 (   )

A. 图 G 的每个极大独立集都是一个极小支配集

B. 图 G 的每个支配集都是独立集

C. 图 G 的每个最小支配集都是独立集

D. 图 G 的每个独立集都是支配集

43. 设图 G 如题图 6.7 所示, 求图 G 的所有极小支配集、最小支配集及支配数 $\gamma(G)$.

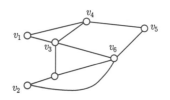

题图 6.7 图 G

44. 求控制 $n \times n$ 棋盘的最少皇后数, 其中

(1) $n = 3$;   (2) $n = 4$;   (3) $n = 5$;   (4) $n = 6$.

第 7 章 匹配及其算法

第 6 章中介绍了独立集, 本章将介绍边独立集 (匹配) 的相关概念、理论和算法. 二部图的最大匹配有重要的应用, 本章重点介绍求二部图最大匹配相关理论和算法.

7.1 边独立集和边覆盖

边独立集有一个更形象、更常用的名称叫做匹配 (matching). 在以后各章中, 我们使用匹配, 而在本章, 为了与独立集相对应, 我们仍用边独立集这一名称.

7.1.1 边独立数和边覆盖数

在一个图中, 与独立集相类似的是边独立集.

定义 7.1 (边独立集) 两两不相邻的边的集合, 称为**边独立集** (edge-independent set). 边数最多的边独立集称为**最大边独立集** (maximum edge-independent set). G 的最大边独立集中的边数, 称为 G 的**边独立数**, 记作 $\alpha'(G)$.

边独立集也称为匹配, 最大边独立集也称为最大匹配.

如图 7.1 所示, 红色的四条边中任何两条边都没有公共端点, 即它们两两不相邻, 边集 $\{v_1v_2, v_3v_5, v_4v_6, v_7v_8\}$ 是图 G 的边独立集且是最大边独立集.

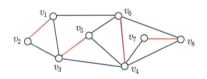

图 7.1　图 G 及其边独立集

由定义, 显然边独立数 $\alpha'(G)$ 与覆盖数 $\beta(G)$ 满足关系式 $\beta(G) \geqslant \alpha'(G)$. 不仅如此, 还有下面定理成立.

定理 7.1 设 K, M 分别为图 G 的覆盖和边独立集, 若 $|K| = |M|$, 则 K, M 分别是图 G 的最小覆盖和最大边独立集.

证 因为 K 包含 M 中每条边的至少一个端点, 而且 M 中任何两条边都没有公共端点, 故必有 $|M| \leqslant |K|$. 特别地, 对于图 G 的最大边独立集 M^* 和最小

覆盖 $\tilde{K}$, 亦有 $|M^*| \leqslant |\tilde{K}|$. 于是

$$|M| \leqslant |M^*| \leqslant |\tilde{K}| \leqslant |K|.$$

由于已知 $|M| = |K|$, 因此必有 $|M| = |M^*| = |\tilde{K}| = |K|$, 从而 M 为最大边独立集, K 为最小覆盖. □

与边独立集对应的是边覆盖.

定义 7.2 (边覆盖) 设 L 是图 G 的边集 $E(G)$ 的一个子集, 若 G 中的每个顶点都是 L 中某条边的端点, 则称 L 是 G 的边覆盖 (edge-covering). 边数最少的边覆盖, 称为最小边覆盖 (minimum edge-covering). 最小边覆盖中所包含的边数, 称为 G 的边覆盖数, 记作 $\beta'(G)$.

如图 7.1 所示, 红色的四条边覆盖所有八个顶点, 因此, $\{v_1v_2, v_3v_5, v_4v_6, v_7v_8\}$ 是图 G 的边覆盖. 每条边至多覆盖两个顶点, 覆盖八个顶点至少需要四条边, 所以, 四条边的集合 $\{v_1v_2, v_3v_5, v_4v_6, v_7v_8\}$ 也是 G 的最小边覆盖, $\beta'(G) = 4$.

独立集和覆盖有很强的关系, 见定理 6.1. 但边独立集和边覆盖之间却没有类似的关系, 如图 7.2 所示图 P_3, 边集 $L = \{v_1v_2, v_3v_4\}$ 是边独立集, 但是它的补集 $\overline{L} = \{v_2v_3\}$ 却不是边覆盖.

图 7.2 长为 3 的链 P_3

尽管边独立集与边覆盖之间没有类似定理 6.1 的互补关系, 但是, 边独立数和边覆盖数之间却有同定理 6.2 一样的等式关系. 这就是 1959 年, Gallai 给出的如下定理.

定理 7.2 若简单图 G 中没有孤立顶点, 即 $\delta(G) > 0$, 则

$$\alpha'(G) + \beta'(G) = \nu(G).$$

证 设 M 是 G 的最大边独立集, U 是不与 M 中边关联的顶点集合, 则

$$|M| = \alpha(G), \quad |U| = \nu - 2\alpha'(G).$$

因为 $\delta(G) > 0$, 且 M 是最大边独立集, 所以 U 中任何两个相异顶点不相邻, 且 U 的每个顶点都有 $E(G)\backslash M$ 的边与之关联, 从而存在 $E' \subseteq E(G)\backslash M$, $|E'| = |U|$, 且 E' 中每条边恰好与 U 中一个顶点关联, 显然 $M \cup E'$ 是 G 的边覆盖, 因此

$$\beta'(G) \leqslant |M \cup E'| = |M| + |E'| = |M| + |U|$$

$$= \alpha'(G) + (\nu - 2\alpha'(G)) = \nu - \alpha'(G).$$

于是有 $\alpha'(G) + \beta'(G) \leqslant \nu(G)$.

另一方面, 再取 G 的最小边覆盖 L, 令 $H = G[L]$, 则 $\nu(H) = \nu(G) = \nu$. 设 M 是 H 的最大边独立集, 用 U 表示 H 中不与 M 中的边关联的顶点集合, 故

$$|U| = \nu - 2|M|.$$

因为 $\delta(H) > 0$, M 是 H 的最大边独立集, 所以由前面的证明中类似的讨论知, 存在

$$E' \subseteq E(H)\backslash M = L\backslash M, \quad |E'| = |U|,$$

从而有 $|L\backslash M| \geqslant |U|$, 即

$$|L| - |M| = |L\backslash M| \geqslant |U| = \nu - 2|M|,$$

故 $|L| + |M| \geqslant \nu$. 注意到 H 是 G 的子图, 所以 M 是 G 的边独立集, 于是 $\alpha'(G) \geqslant |M|$, 即

$$\alpha'(G) + \beta'(G) \geqslant \nu(G).$$

综上所述, $\alpha'(G) + \beta'(G) = \nu(G)$. □

边独立集概念与独立集相类似, 但它们在理论研究上却有很大不同. 关于边独立集 (即匹配) 的有关结论, 我们将在下一节介绍.

7.1.2 完美匹配

定义 7.3 (完美匹配) 若边集 M 既是匹配 (边独立集), 又是边覆盖, 则称 M 为**完美匹配** (perfect matching).

完美匹配一定是最大匹配, 但最大匹配不一定是完美匹配. 如图 7.1 所示, 红色边集 $\{v_1v_2, v_3v_5, v_4v_6, v_7v_8\}$ 是图 G 的完美匹配.

显然偶数阶完全图 K_{2n} 中有完美匹配, 而奇数阶完全图 K_{2n+1} 中则没有完美匹配.

例 7.1 证明 K_{2n} 的完美匹配的个数为 $(2n-1)!!$.

证 (用数学归纳法) 当 $n = 1$ 时, 易知 K_2 只有一个完美匹配, 而 $1!! = 1$, 故结论成立. 下设当 $n = k$ 时结论成立, 即 K_{2k} 有 $(2k-1)!!$ 个完美匹配, 则当 $n = k+1$ 时, 考虑 K_{2k+2} 的完美匹配的个数. 任取一个顶点 $v \in V(K_{2k+2})$, 注意到在完全图 K_{2k+2} 中, v 与其他 $2k+1$ 个顶点都相邻, 于是再任取顶点 $u \in V(K_{2k+2})\backslash\{v\}$, 由归纳假设知在 $2k$ 阶完全图 $K_{2k+2} - \{v, u\}$ 中有 $(2k-1)!!$ 个完全匹配, 因此, 在 K_{2k+2} 中含有边 vu 的完全匹配有 $(2k-1)!!$ 个. 由于 u 有

$2k+1$ 种不同取法, 所以 K_{2k+2} 中共有 $(2k+1)(2k-1)!! = (2k+1)!!$ 个完全匹配, 即当 $n = k+1$ 时, 结论也成立. □

关于完美匹配的更多理论将在 7.3.5 节进一步讨论.

7.2　边　着　色

洽谈时间安排问题　设有 5 个商人 a_1, a_2, a_3, a_4, a_5 参加交易会, 商人 a_1 与商人 a_2 之间在会期内有 2 宗生意要洽谈, 商人 a_1 与商人 a_5 之间有 1 宗生意要洽谈, 商人 a_2 与商人 a_3, a_4, a_5 之间分别有 1,2,2 宗生意要洽谈, 商人 a_3 与商人 a_4, a_5 之间分别有 1,2 宗生意要洽谈. 假定每个单位时间内一个商人只能谈一宗生意. 问至少需要多少个单位时间方能使所有商人谈完全部生意.

用顶点 v_i 表示商人 a_i, 顶点 v_i 与 v_j 之间连 k_{ij} 条边当且仅当商人 a_i 与商人 a_j 有 k_{ij} 宗生意要谈. 洽谈时间安排问题对应于一个无环图 G, 如图 7.3 所示. 所需的洽谈时间即为图 G 的边色数.

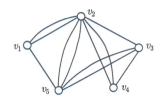

图 7.3　洽谈时间安排问题对应的图 G

7.2.1　边色数

定义 7.4 (边着色)　设 G 为无环图, 如果把 G 的每条边都染上颜色, 使得相邻的边的颜色不同, 则称这种染法为正常边着色 (proper edge coloring), 简称为**边着色**. 如果某一边着色中所有的颜色数目不超过 k, 则称该边着色为 **k 边着色**. 如果图 G 存在 k 边着色, 则称 G 是 **k 边可着色的** (k-edge colorable). 在 G 的所有边着色中, 所需最少颜色数目称为 G 的**边色数** (edge chromatic number), 记作 $\chi'(G)$. 若 $\chi'(G) = k$, 则称 G 为 **k 边色的**.

空图的边数为 0, 规定空图的边色数为 0.

在图 G 的边着色中, 颜色相同的边必不相邻, 故颜色相同的边构成边独立集, 即匹配. 实际上, 图 G 的一个边着色相当于 G 的边集的一个划分 $E_1, E_2, \cdots, E_k$, 其中 E_i 表示染有颜色 i 的边的集合, E_i 是匹配 $(i = 1, 2, \cdots, k)$.

例如, 图 7.3 所示的图 G, 由边着色的定义知, 与顶点 v_2 关联的 7 条边颜色互不相同, 图 G 的正常边着色至少需要 7 种颜色. 而图 7.4 是 G 的一个 7 边着色, 所以 $\chi'(G) = 7$. 从而, 洽谈时间安排问题的解是 7, 即至少需要 7 个单位时间, 才能使所有商人完成全部洽谈.

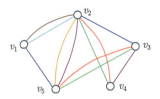

图 7.4   图 G 的正常边着色

7.2.2   Vizing 定理

1964 年, Vizing 指出简单图 G 的边色数只有两种可能取值, 要么为最大度 Δ, 要么为 $\Delta + 1$, 即 Vizing 证明了如下定理 7.3.

定理 7.3   设简单图 G 的最大度 Δ, 则有 $\Delta \leqslant \chi'(G) \leqslant \Delta + 1$.

证   对于 G 的任意一个边着色, G 中最大度的顶点关联 Δ 条边, 这 Δ 条边就要占用 Δ 种颜色, 因此, $\chi'(G) \geqslant \Delta$.

下面对边数用归纳法证明 $\chi'(G) \leqslant \Delta + 1$.

若边数 $\varepsilon(G) = 0$, 即 G 是空图, 则结论显然成立. 下设 $\varepsilon(G) \geqslant 1$, 假设对任一具有 $\varepsilon(G) - 1$ 条边的图 G_1 都有 $\chi'(G_1) \leqslant \Delta(G_1) + 1$, 现任取 G 中一条边 $xy_1 \in E(G)$, 由归纳假设, 有

$$\chi'(G - xy_1) \leqslant \Delta(G - xy_1) + 1 \leqslant \Delta + 1.$$

因此, 设 $G - xy_1$ 已经有一个 $\Delta + 1$ 边着色, 只需考虑边 xy_1 的着色方案. 下面通过调整 $G - xy_1$ 中的边的颜色, 来获得 xy_1 的正常着色.

我们约定: 如果与顶点 v 关联的某条边染有颜色 i, 则称颜色 i 在顶点 v 上出现, 否则称 v 缺少颜色 i.

考虑 $G - xy_1$ 的一个 $\Delta + 1$ 边着色, 因 G 的最大度为 Δ, 故 G 的每个顶点至少缺少 $\Delta + 1$ 种颜色中的一种. 设顶点 x 缺少颜色 s, y_1 缺少颜色 t_1, 现在令与 x 关联的颜色为 t_1 的那条边是 xy_2. 设顶点 y_2 缺少颜色 t_2, 再令与 x 相关联的颜色为 t_2 的边为 xy_3, $\cdots$, 继续上面的过程, 如图 7.5 所示. 当选好 xy_n 时, 分两种情况讨论.

情况 1   当排列到 $xy_1, xy_2, \cdots, xy_n$ 时, 在与 x 关联的边中找不到染有颜色 t_n 的边. 即顶点 x 缺少颜色 t_n, 这时只要把 xy_1 染 t_1, xy_2 染 t_2, $\cdots$, xy_n 染 t_n, 其余各边的颜色不变, 显然, 这就是 G 的 $\Delta + 1$ 边着色.

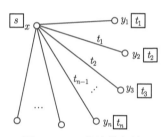

图 7.5   图 $G - xy_1$ 的边着色情况示意图

情况 2   当排列到 $xy_1, xy_2, \cdots, xy_n$ 时, 前面已有某条边 xy_j 染有颜色 t_n, 即 $t_n = t_{j-1}$, $j < n$, 这时, 我们把 xy_1 染 t_1, xy_2 染 t_2, $\cdots$, xy_{j-1} 染 t_{j-1}, 并取消 xy_j 上的颜色, 如图 7.6 所示.

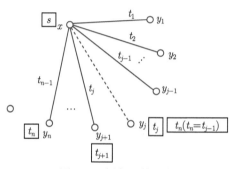

图 7.6   颜色调整方案

现在考虑 G 中染有颜色 s 或颜色 t_n 的边的边导出子图 $H = H(s, t_n)$. 显然, 在 H 中每个顶点的度都不大于 2. 由于顶点 x 缺少颜色 s, 且边 xy_{j-1} 染有颜色 t_n(注意 $t_n = t_{j-1}$), 故在 H 中顶点 x 的度为 1, 即 $d_H(x) = 1$. 顶点 y_j 和 y_n 都缺少颜色 t_n, 因此, 若顶点 y_j 和 y_n 在子图 H 中出现, 则它们的度为 1; 否则, 它们不是 H 中的顶点. 综上考察 x, y_j, y_n 这三个顶点的情况, 可以发现, 它们不可能出现在 H 的同一个连通分支中. 以下又分两情况:

(1) x, y_j 不属于 $H(s, t_n)$ 的同一连通分支. 如果 y_j 是 H 中的顶点, 只要把 y_j 所有的 H 的那个连通分支中各边颜色 s 和颜色 t_n 互换, y_j 就会缺少颜色 s, 这时, 再把 xy_j 染上颜色 s 即可; 如果 y_j 不是 H 中的顶点, 说明 y_j 缺少颜色 s, 直接把 xy_j 染上颜色 s. 因此, 无论 y_j 是否属于 H, 都可以得到 G 的 $\Delta + 1$ 边着色.

(2) x, y_j 属于 H 的同一连通分支, 则 x, y_n 不属于同一连通分支. 这时把边 xy_j 染颜色 t_j, 边 xy_{j+1} 染颜色 t_{j+1}, $\cdots$, 边 xy_{n-1} 染颜色 t_{n-1}, 取消 xy_n 的颜色. 由于上述颜色变化不影响颜色为 s 或 t_n 的边. 因此, 这时 G 中由颜色为 s 或

t_n 的边构造的边导出子图仍然是原来的子图 H, 于是, x 与 y_n 仍然不属于 H 的同一个连通分支. 若 y_n 是 H 的顶点, 把 y_n 所在的连通分支中的颜色 s 和 t_n 对调, 则 y_n 缺少颜色 s, 这时, 把边 xy_n 染成颜色 s; 若 y_n 不是 H 中的顶点, 说明 y_n 缺少颜色 s, 直接把 xy_n 染成 s 颜色即可. $\qquad\square$

实际上, Vizing 证明了更一般的结论: 设 G 是无环图, μ 为连接 G 中两个顶点的边的最大数目, 则

$$\Delta \leqslant \chi'(G) \leqslant \Delta + \mu.$$

7.2.3 第一类图和第二类图

根据 Vizing 定理, 可把简单图分成两类: 满足 $\chi'(G) = \Delta$ 的图称为第一类图; 满足 $\chi'(G) = \Delta + 1$ 的图称为第二类图.

一个简单图满足什么条件才是第一类图或第二类图, 这是一尚未解决的难题. 下面介绍几种已知分类的图.

定理 7.4 设 G 是二部图, 则 $\chi'(G) = \Delta(G)$.

证 设 G 是二部图, 对 G 的边数用数学归纳法.

若 $\varepsilon(G) = 0$, $\chi'(G) = 0 = \Delta$, 结论成立.

设 $\varepsilon(G) \geqslant 1$, 假设对任何边数少于 $\varepsilon(G)$ 的二部图, 结论都成立, 即 $\chi'(G) = \Delta(G)$. 现任取 $uv \in E(G)$, 则 $G - uv$ 中有 $\Delta(G)$ 边着色. 若要获得 G 的边着色, 只需要考虑边 uv 的染色案.

由于 $d_{G-uv}(u) < \Delta$ 且 $d_{G-uv}(v) < \Delta$, 因此, $G - uv$ 的 Δ 边着色中, u 必缺少某种颜色 i, v 必缺少某颜色 j. 如果顶点 v 也缺少颜色 i, 则把边 uv 染成颜色 i 即可. 若顶点 u 处缺少颜色 j, 则可以把边 uv 染成颜色 j. 所以, 下面假设颜色 i 在顶点 v 上出现, 且颜色 j 也在顶点 u 上出现. 考虑 $G - uv$ 中颜色为 i 和颜色为 j 的边构成的边导出子图 $H = H(i, j)$. 显然, H 的连通分支要么为链, 要么为偶圈. 而 u, v 在 H 中的度均为 1, 故它们必为各自所在分支的链的端点.

断言: u 和 v 不属于 H 的同一个连通分支. 事实上, 若 u, v 在 H 的同一个连通分支中, 即 H 中存在 (u, v) 链 P, 因为 $uv \in E(G)$ 且 G 中无奇圈, 链 P 的长必为奇数. 从与 u 关联的第 1 条边开始, P 上边的颜色交替地为颜色 j 和 i, 于是, P 上的最后一条边的颜色也是 j, 此与顶点 v 缺少颜色 j 矛盾.

顶点 u 和顶点 v 属于 H 的不同连通分支, 于是, 只要把顶点 u 所在的连通分支中各边颜色 i 和颜色 j 对调, u 就会缺少颜色 j, 然后, 将边 uv 染成颜色 j, 即可得到 G 的 Δ 边着色. $\qquad\square$

定理 7.4 说明, 简单二部图是第一类图.

定理 7.5 设 G 是简单图, 且 $\varepsilon(G) > \Delta \left\lfloor \dfrac{\nu}{2} \right\rfloor$, 则 G 是第二类图.

证　假设 $\chi'(G) = \Delta$, 由于在 G 的任何一个 Δ 边着色中, 同一种颜色的边数最多为 $\left\lfloor \dfrac{\nu}{2} \right\rfloor$, 因此把各种颜色的边数相加, 得

$$\varepsilon \leqslant \chi'(G) \left\lfloor \frac{\nu}{2} \right\rfloor = \Delta \left\lfloor \frac{\nu}{2} \right\rfloor,$$

此与条件矛盾.　　　　　　　　　　　　　　　　　　　　　　　　　　　□

由定理 7.5 立即得到下列推论.

推论 7.1　设 H 是奇阶 k 正则简单图, $k \geqslant 2$, 而 G 是由 H 删去 m 条边后得到的图, $0 \leqslant m < \dfrac{k}{2}$, 则 G 是第二类图.

证　因为 $\varepsilon(H) = \dfrac{1}{2}\nu(H)k$, $\nu(H)$ 为奇数, 所以

$$\begin{aligned}
\varepsilon(G) = \varepsilon(H) - m &> \frac{1}{2}\nu(H)k - \frac{1}{2}k \\
&= k \left\lfloor \frac{\nu(H)}{2} \right\rfloor \geqslant \Delta(G) \left\lfloor \frac{\nu(G)}{2} \right\rfloor,
\end{aligned}$$

所以由定理 7.5 知 G 是第二类图.　　　　　　　　　　　　　　　　□

推论 7.1 说明奇阶正则图一定是第二类图. 偶阶正则图可能是第一类图, 也可能是第二类图.

推论 7.2　设 H 是偶阶 k 正则的简单图, $k \geqslant 2$, 而 G 是由剖分 H 的一条边得到的图, 则 G 是第二类图.

证　因为 $\varepsilon(H) = \dfrac{1}{2}\nu(H)k$, 而 $\nu(H)$ 是偶数, 所以

$$\begin{aligned}
\varepsilon(G) = \varepsilon(H) + 1 &= \frac{1}{2}\nu(H)k + 1 \\
&= k \left\lfloor \frac{\nu(H)}{2} \right\rfloor + 1 > \Delta(G) \left\lfloor \frac{\nu(G)}{2} \right\rfloor,
\end{aligned}$$

于是由定理 7.5 知 G 是第二类图.　　　　　　　　　　　　　　　□

推论 7.3　含有割点的正则简单图是第二类图.

证　设 G 是含有割点 v 的 k 正则简单图, 则 $k \geqslant 2$, 若 $\nu(G)$ 是奇数, 则由推论 7.1 知 $\chi'(G) = k + 1$. 若 $\nu(G)$ 是偶数, 则 $G - v$ 必有奇分支 G_1, 且由 G 是 k 正则简单图知 $\Delta(G_1) = k$ (若不然, v 必与 G_1 的每个顶点在 G 中相邻, 从而 $k > \nu(G_1)$, 而 G_1 中顶点在 G 中的度必不大于 $\nu(G_1)$, 矛盾). 设 v 与 G_1 之间的边数为 m, 则 $m < k$, 从而

$$\varepsilon(G_1) = \frac{1}{2}(k\nu(G_1) - m) > \frac{1}{2}(k\nu(G_1) - k) = k\left\lfloor \frac{\nu(G_1)}{2} \right\rfloor,$$

由定理 7.5 知 $\chi'(G_1) = \Delta(G_1) + 1 = k + 1$, 从而 $\chi'(G) \geqslant k + 1$, 根据 Vizing 定理, 有

$$\chi'(G) = k + 1.　　　　　　　□$$

完全图是正则图, 下面介绍完全图的分类.

定理 7.6　偶数阶的完全图 K_{2n} 是第一类图; 奇数阶的完全图 K_{2n+1} 是第二类图.

证　设 $V(K_{2n}) = \{v_1, v_2, \cdots, v_{2n}\}$, 定义

$$M_i = \{v_i v_{2n}\} \cup \{v_{i-j} v_{i+j} \mid 1 \leqslant j \leqslant n - 1\}\ (i = 1, 2, \cdots, 2n - 1),$$

其中顶点的下标 $i - j$ 和 $i + j$ 都是取模 $2n - 1$ 的同余. 易见 M_i 是 K_{2n} 的边独立集, 且

$$M_i \cap M_j = \varnothing, \quad \bigcup_{i=1}^{2n-1} M_i = E(K_{2n}),$$

从而得到 K_{2n} 的一个 $(2n-1)$ 边着色 $(M_1, M_2, \cdots, M_{2n-1})$, 即 $\chi'(K_{2n}) \leqslant 2n - 1$. 再由 Vizing 定理知 $\chi'(K_{2n}) = \Delta(K_{2n})$.

下面证明 $\chi'(K_{2n+1}) = \Delta(K_{2n+1}) + 1$.

由于边独立集中任何两条边不相邻, 故 K_{2n+1} 的每个匹配中最多有 n 条边, 因此, $2n$ 个两两不交的边独立集最多包含 $2n \cdot n$ 条边, 而 $\varepsilon(K_{2n+1}) = (2n + 1)n > 2n \cdot n$, 故 $\chi'(K_{2n+1}) > 2n = \Delta(K_{2n+1})$. 进而, 由 Vizing 定理知 $\chi'(K_{2n+1}) = \Delta(K_{2n+1}) + 1$.　　　　　　　□

例 7.2 (单循环赛赛程安排问题)　参加比赛的各队之间均相互比赛一次, 即为单循环赛. 可以采用 "轮转法" 进行赛程安排. 先以阿拉伯数字作为各队代号, 代替队名进行编排. 从数字 1 开始, 把队数按 U 型走向分成均等两边, 如遇参赛总队数为单数, 则最后一位数字补为 0. 第一轮只要在 U 形相对队数之间画横线, 即为第一轮比赛秩序. 第二轮开始固定右上角数字, 将其余数字从数字 2 开始按 U 型走向继续, 到最大队数时, 继续从 1 依次补足, 实现把所有队分成均等两边, 即为第二轮比赛秩序, 以后各轮比赛秩序以此类推. 遇 0 队即轮空队. 请采用 "轮转法", 分别给出有 8 和 9 个参赛队的赛程安排.

解　对于有 8 个参赛队的比赛, 轮转法给出的赛程安排如下:

第 1 轮	第 2 轮	第 3 轮	第 4 轮	第 5 轮	第 6 轮	第 7 轮
1—8	2—8	3—8	4—8	5—8	6—8	7—8
2—7	3—1	4—2	5—3	6—4	7—5	1—6
3—6	4—7	5—1	6—2	7—3	1—4	2—5
4—5	5—6	6—7	7—1	1—2	2—3	3—4

同样地, 对于有 9 个参赛队的比赛, 轮转法给出的赛程安排如下:

第 1 轮	第 2 轮	第 3 轮	第 4 轮	第 5 轮	第 6 轮	第 7 轮	第 8 轮	第 9 轮
1—0	2—0	3—0	4—0	5—0	6—0	7—0	8—0	9—0
2—9	3—1	4—2	5—3	6—4	7—5	8—6	9—7	1—8
3—8	4—9	5—1	6—2	7—3	8—4	9—5	1—6	2—7
4—7	5—8	6—9	7—1	8—2	9—3	1—4	2—5	3—6
5—6	6—7	7—8	8—9	9—1	1—2	2—3	3—4	4—5

□

　　这种轮转法给出的赛程安排, 对于有奇数个参赛队时, 由于有轮空队出现, 会造成不同队有不同的比赛节奏. 比如, 如果第 1 队在第一天比赛即被轮空, 意味着该队推迟一天开赛, 从第 2 天以后每天都有比赛, 也就是在比赛过程中没有休息时间; 同样, 第 9 队也是从开赛后就一直没有休息, 最后提前一天结束比赛; 而第 2 至 8 队, 则在比赛进行过程中都获得了休息时间, 这样更有利于恢复体力获得更好成绩. 特别是第 5 队, 恰在赛程一半时获得轮空机会, 这时可以及时总结战略战术并休整, 有利于后半程比赛发挥. 由此可见, 出场次序十分重要, 许多大赛都会在赛前通过抽签等方式决定各队出场次序.

7.3　二部图的最大匹配

　　指派问题　设某单位有 m 名工作人员 $x_1, x_2, \cdots, x_m$ 和 n 项工作 $y_1, y_2, \cdots, y_n$. 如何分配工作才使尽可能多的人员有工作, 且每项工作至多分配给一名胜任该项工作人员.

　　指派问题可以用图论的语言予以表达, $X = \{x_1, x_2, \cdots, x_m\}$, $Y = \{y_1, y_2, \cdots, y_n\}$, 构造二部图 $G = (X, Y, E)$ 如下: $\forall 1 \leqslant i \leqslant m, 1 \leqslant j \leqslant n, x_i y_j \in E(G)$ 当且仅当工作人员 x_i 胜任工作 y_j. 于是, 指派问题就等价于求 G 中最大匹配. 如图 7.7, 就是一个具体的指派问题图示.

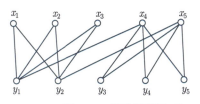

图 7.7 指派问题图 G

7.3.1 M 饱和顶点

定义 7.5 (M 饱和点) 设 M 是图 G 的一个匹配, v 是 G 的一个顶点. 若 v 与 M 中边关联, 则称 v 是 M **饱和顶点** (M-saturated vertex), 或称 M 饱和 v, 否则, 称 v 是 M 非饱和点或 M 不饱和 v; 若 G 中两个顶点 u 和 v 与 M 中同一条边关联, 则称 u 和 v 在匹配 M 中**配对**.

例如, 图 7.8 所示二部图 G, 其中红色的边集 $M = \{x_1y_1, x_2y_2, x_4y_3\}$ 是图 G 的一个匹配, x_1 是 M 饱和顶点, x_3 是 M 非饱和顶点, x_2 和 y_2 在匹配 M 中配对.

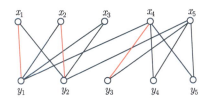

图 7.8 指派问题图 G 的一个匹配 (红色边)

定义 7.6 (最大匹配) 最大边独立集又称为**最大匹配** (maximum matching). 显然, G 的最大匹配满足 $|M| \leqslant \dfrac{\nu}{2}$. 若 G 中存在边数为 $\dfrac{\nu}{2}$ 的匹配 M, 即 G 中每个顶点都是 M 饱和顶点, 则 M 为 G 的**完美匹配**.

匹配 M 是图 G 的完美匹配当且仅当 M 是 G 的边覆盖.

7.3.2 M 增广链

如图 7.8 所示二部图 G, 红色的边集 $M = \{x_1y_1, x_2y_2, x_4y_3\}$ 是图 G 的一个匹配, 但 M 不是最大匹配. 这是因为, 两个顶点 x_5 和 y_5 都是 M 非饱和顶点且 $x_5y_5 \in E(G)$, 因此, $M \cup \{x_5y_5\}$ 就是一个边数比匹配 M 多的匹配. 非饱和点在增加匹配边数中起着重要作用.

定义 7.7 (M 交错链) 设 M 是图 G 的一个匹配, G 中一条 **M 交错链** (M-alternating chain) 是指其边交替地属于 $\overline{M}$ (即 $E(G)\backslash M$) 和 M 的一条链.

M 交错链的起点和终点都不一定是 M 非饱和点.

如图 7.8 所示, 取匹配 $M = \{x_1y_1, x_2y_2, x_4y_3\}$ 是红色边集, 则 $P = x_5y_3x_4y_5$ 是一条 M 交错链, 且它的起点和终点都是 M 非饱和点.

定义 7.8 (M 增广链)　一条连接两个不同的 M 非饱和点的 M 交错链, 称为 **M 增广链** (M-augment chain).

M 增广链的两个端点必是 M 非饱和顶点.

显然, 若 G 中存在一条 M 增广链, 则 M 必然不是最大匹配. 这是因为, 设

$$P = v_0e_1v_1e_2v_2 \cdots v_{2m}e_{2m+1}v_{2m+1}$$

是 G 中一条 M 增广链, 则

$$M' = M \oplus E(P) = (M\{e_2, e_4, \cdots, e_{2m+1}\}) \cup \{e_1, e_3, \cdots, e_{2m+1}\}$$

是 G 的匹配, 且 $|M'| = |M| + 1$. 此处 $\oplus$ 表示集合的对称差运算, 与第 2 章中的矩阵克罗内克和不同.

如图 7.8 所示, 取匹配 $M = \{x_1y_1, x_2y_2, x_4y_3\}$ 是红色边集, 则 $P = x_5y_3x_4y_5$ 是一条 M 增广链, 删去 P 上属于 M 的边 x_4y_3, 添加 P 上不属于 M 中的边 x_5y_3, x_4y_5, 即取

$$M' = (M\backslash\{x_4y_3\}) \cup \{x_5y_3, x_4y_5\},$$

则 M' 也是 G 的一个匹配, 且边数比 M 的边数多 1. 如图 7.9 所示.

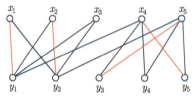

图 7.9　沿增广链 $P = x_5y_3x_4y_5$ 得到的更大匹配 M'

M 增广链与最大匹配之间有密切关系. 这就是下面的定理.

定理 7.7 (Berge, 1957)　图 G 中匹配 M 是最大匹配当且仅当 G 中不存在 M 增广链.

证　只需证明充分性.

设 G 中不存在 M 增广链, 往证 M 是最大匹配. (反证法) 假设 M 不是最大匹配, 设 M' 是 G 的一个最大匹配, 则 $|M| < |M'|$. 令 $H = G[M \oplus M']$, 对任意 $v \in V(H)$, v 要么与 M 中的一条边相关联, 要么与 M' 中的一条边关联, 要么与 M 和 M' 中各一条边相关联, 即 $d_H(v) \leqslant 2$, 从而, H 的每一个连通分支或者是其边交错地属于 M 和 M' 的一个偶圈, 或者是其边交错地属于 M 和 M' 的

一条链. 由于 $|M'| > |M|$, 因此, H 中至少有一个连通分支 P, 它所包含的属于 M' 的边比属于 M 的边要多. 显然在, 这个连通分支 P 只能是一条链, 且起点和终点都是 M' 饱和顶点, 即 M 非饱和顶点, 故 P 是一条 M 增广链, 这与已知矛盾. $\qquad\square$

定理 7.7 启发我们可以通过寻找 M 增广链的方法来找出图的最大匹配.

7.3.3 Hall 定理

如果要求人人都有工作, 那么指派问题就等价于问 G 中是否存在一个饱和 X 中所有顶点的匹配. 下面的 Hall 定理给出了这种分工方案是否存在的一个充要条件.

为了方便叙述, 先引进一个记号. 设 S 是图 G 的顶点集 $V(G)$ 的一个子集, 称

$$N_G(S) = \bigcup_{v \in S} N_G(v)$$

为 S 在 G 中的邻域. 在不致混淆的情况下, $N_G(S)$ 简记为 $N(S)$.

定理 7.8 (Hall, 1935)　设 $G = (X, Y, E)$ 是二部图, 则 G 中存在饱和 X 的每个顶点的匹配, 当且仅当

$$|N(S)| \geqslant |S|, \quad \forall S \subseteq X.$$

证　(必要性) 设 M 是饱和 X 中所有顶点的匹配, 且 $S \subseteq X$. 因为 S 的每个顶点都是 M 的饱和顶点, 所以 S 的每个顶点必与 $N(S)$ 中某个顶点在 M 中配对, 而且由匹配的定义, 与 S 中不同的顶点配对的顶点是不同的, 所以 $|N(S)| \geqslant |S|$.

(充分性)(反证法) 设 M^* 是 G 的一个最大匹配, M^* 不饱和 X 的所有顶点. 设 u 是 X 中一个 M^* 非饱和顶点, Z 是 G 中所有通过 M^* 交错链与 u 相连接的顶点的集合, 故 $u \in Z$, 令

$$S = X \cap Z, \quad T = Y \cap Z,$$

因为 M^* 是最大匹配, 由定理 7.7 知, G 中不存在 M^* 增广链, 因此, 除 u 外, Z 中每个顶点都是 M^* 饱和顶点, 而且 $Z \setminus \{u\}$ 中顶点在 M^* 中两两配对. 于是

$$|T| = |S \setminus \{u\}| = |S| - 1.$$

现在证明 $N(S) = T$. 由于对任意 $y \in T$, G 中有一条由 u 到 y 的 M^* 的交错链 Q, 因此, 由 G 是二部图知, 在 Q 上与 y 相邻的顶点必属于 X, 即属于 S, 从而 $y \in N(S)$. 另一方面, 对任意的 $y \in N(S)$, 记 S 中与 y 相邻的顶点为 x, 令 P 是从 u 至 x 的 M^* 交错链. 若 y 在 P 上, 则 P 的 (u, y) 节是一条从 u 到 y

的 M^* 交错链, 即 $y \in T$; 否则, 因 $u \in X$, $x \in X$, 故 P 的长度为偶数, 其最后一条边是 M^* 中的边, 从而 $xy \notin M^*$, 于是 $P + xy$ 是从 u 至 y 的 M^* 交错链, 即 $y \in T$, 这就证明了 $N(S) = T$, 从而

$$|N(S)| = |T| < |S|,$$

此与充分性的假设相矛盾.   □

将 Hall 定理应用到正则二部图, 可得下面推论.

推论 7.4　设 G 是 k 正则二部图, $k > 0$, 则 G 有完美匹配.

证　设 $G = (X, Y, E)$ 是 k 正则二部图, 从而有 $k|X| = |E| = k|Y|$, 而 $k > 0$, 故

$$|X| = |Y|.$$

$\forall S \subseteq X$, 设 E_1 是与 S 中顶点相关联的边的集合, E_2 是与 $N(S)$ 中顶点关联的边的集合, 由此有 $E_1 \subseteq E_2$, 于是

$$k\,|N(S)| = |E_2| \geqslant |E_1| = k|S|,$$

从而 $|N(S)| \geqslant |S|$. 由 Hall 定理知, G 中存在饱和 X 的所有顶点的匹配, 设为 M, 因 $|X| = |Y|$, 故 M 是 G 的一个完美匹配.   □

推论 7.4 中条件 "G 是二部图" 是必不可少的. 如图 7.10 就是一个 3 正则图, 但它没有完美匹配. 实际上, 对任何 $k \geqslant 2$, 存在 k 正则简单图使其不含完美匹配.

图 7.10　正则图且无完美匹配

由边独立数和覆盖数的定义可知, 对任何图 G 均有 $\alpha'(G) \leqslant \beta(G)$. 一般来说, 这个不等式中等号不一定成立, 例如对于长为 $2n + 1$ 的圈 C_{2n+1}, 有 $\alpha'(C_{2n+1}) = n$, $\beta(C_{2n+1}) = n + 1$. 但是对任何不含奇圈的图 G, 确实有 $\alpha'(G) = \beta(G)$. 这就是下面的 König 定理.

定理 7.9 (König, 1931)　二部图 G 的最大匹配的边数等于最小覆盖的顶点数, 即 $\alpha'(G) = \beta(G)$.

证　设二部图 $G = (X, Y, E)$, M^* 是 G 的最大匹配, U 是 X 中 M^* 的非饱和顶点集合. 若 $U = \varnothing$, 则 $|M^*| = |X|$. 注意到 X 是 G 的一个覆盖, 由定理 7.1 知 X 是最小覆盖, 从而定理成立. 若 $U \neq \varnothing$, 用 Z 表示 G 中与 U 中顶点有 M^*

交错链相连的顶点的集合, 则 $U \subseteq Z$. 令 $S = X \cap Z, T = Y \cap Z$, 与 Hall 定理的证明中有关论证相似, 可得

$$T = N(S), \quad |S \backslash U| = |T|.$$

因为 $T = N(S)$, 即 G 中不存在一端点属于 S 而另一端点属于 $Y \backslash T$ 的边, 亦即 G 中任意一条边至少有一个端点属于 T 或 $X \backslash S$, 见图 7.11, 所以 $T \cup (X \backslash S)$ 是 G 的一个覆盖, 记为 $\tilde{K}$. 显然有

$$|M^*| = |X \backslash U| = |S \backslash U| + |X \backslash S|,$$

从而有

$$|M^*| = |T| + |X \backslash S| = |\tilde{K}|,$$

由定理 7.1 知 $\tilde{K}$ 是最小覆盖, 从而定理成立. □

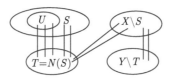

图 7.11   定理 7.9 证明示意图

推论 7.5 设 G 是无孤立点的二部图, 则 G 的独立数等于边覆盖数, 即

$$\alpha(G) = \beta'(G).$$

证 由定理 7.9 知 $\alpha'(G) = \beta(G)$, 而由定理 6.2 和定理 7.2 知

$$\alpha(G) + \beta(G) = \alpha'(G) + \beta'(G) = \nu(G),$$

从而有 $\alpha(G) = \beta'(G)$. □

推论 7.6 设简单二部图 $G = (X, Y, E)$, $k \geqslant 1$, $n = \max\{|X|, |Y|\}$, 且 $\varepsilon > (k-1)n$, 则

$$\alpha'(G) \geqslant k.$$

证 因 G 是简单二部图, 且 $n = \max\{|X|, |Y|\}$, 故 $\Delta(G) \leqslant n$, 即 G 中每个顶点至多覆盖 n 条边. 设 $\tilde{K}$ 为 G 的一个最小覆盖, 则 $\tilde{K}$ 至多覆盖 $|\tilde{K}| \cdot n$ 条不同的边, 于是 $|\tilde{K}| \cdot n \geqslant \varepsilon > (k-1)n$, 从而有 $|\tilde{K}| > k-1$, 即 $\beta(G) \geqslant k$, 再由 König 定理立即得到 $\alpha'(G) \geqslant k$. □

7.3.4 匈牙利算法

根据 König 定理和 Berge 定理可以求出二部图 $G = (X, Y, E)$ 中最大匹配, 这个算法通常称为匈牙利算法, 因为这里介绍的寻找增广链的标号法是由匈牙利的学者 Egerváry 最早提出来的. 它的基本思想是: 对于已知的匹配 M, 从 X 中的任一选定的 M 非饱和点出发, 用标号的方法寻找 M 增广链, 如果找到 M 增广链, 则 M 就可以得到增广; 否则, 从 X 的另一个 M 非饱和顶点出发, 继续寻找 M 增广链. 重复这个过程, 直到 G 中不存在 M 增广链时, 算法结束. 由 Berger 定理, 此时的匹配就是 G 的最大匹配.

设 $G = (X, Y, E)$ 是一个二部图, 求最大匹配的匈牙利算法步骤如下:

Step 0   任给初始匹配 M (可取 $M = \varnothing$), 所有顶点都没有标号.

Step 1   若 M 饱和 X 中所有顶点, 算法结束; 否则, 转 Step 2.

Step 2   在 X 中找一个 M 非饱和顶点 x, 置 $S = \{x\}, T = \varnothing$.

Step 3   若 $N(S) = T$ 且 $X \backslash S$ 中所有顶点都是 M 饱和顶点, 算法结束; 若 $N(S) = T$ 且 $X \backslash S$ 中存在 M 非饱和顶点, 则在 $X \backslash S$ 中找一个 M 非饱和点 x, 置 $S = S \cup \{x\}, N(S) = N(S) \cup N(x)$, 转 Step 4.

Step 4   若 $N(S) \neq T$, 则任选一个顶点 $y \in N(S) \backslash T$; 否则, 转 Step 3.

Step 5   若 y 为 M 饱和顶点, 转 Step 6; 否则, 求一条从 x 到 y 的 M 增广链, 置 $M = M \oplus E(P)$, 转 Step 1.

Step 6   由于 y 是 M 饱和顶点, 故 M 中有一边 yu, 置 $S = S \cup \{u\}, T = T \cup \{y\}$, 转 Step 3.

例 7.3 用匈牙利算法求图 7.7 所示二部图 G 的最大匹配.

解   任取初始 $M = \{x_1y_1, x_2y_2, x_4y_3\}$, 见图 7.8 中红色边. 解题过程如表 7.1 所示.

由表 7.1 知, 匈牙利算法求得的最大匹配为 $\{x_1y_1, x_2y_2, x_5y_3, x_4y_4\}$.   □

下面我们来证明匈牙利算法的正确性, 为此只需证明算法在结束时得到的 M 是最大匹配. 根据算法的步骤, 算法可能在 Step 1 结束, 也可能在 Step 3 结束. 若算法在 Step 1 结束, 则 M 饱和 X 中所有顶点, 显然 M 是最大匹配. 若算法在 Step 3 结束, 则有 $N(S) = T$ 且 $X \backslash S$ 中所有顶点都是 M 饱和顶点, 由算法过程知 T 中顶点也是 M 饱和顶点且与 S 中的 M 饱和顶点两两配对, 于是有 $|M| = |T| + |X \backslash S|$. 另一方面, 由 König 定理的证明过程可知, 因 $T = N(S)$, 所以 $T \cup (X \backslash S)$ 是 G 的一个覆盖. 由定理 7.1 知 M 是最大匹配.

7.3.5 Tutte 定理

完美匹配一定是最大匹配, 接下来, 我们给出一个图存在完美匹配的充要条件. 为方便起见, 称有奇 (偶) 数个顶点的连通分支为奇 (偶) 分支, 并用 $o(G)$ 表

示图 G 的奇分支个数.

表 7.1   匈牙利算法求二部图最大匹配的过程

M	x	S	T	$N(S)$	$y \in N(S) \backslash T$	$yu \in M$	P
$\{x_1y_1,$ $x_2y_2,$ $x_4y_3\}$	x_3	$\{x_3\}$	$\varnothing$	$\{y_1, y_2\}$	y_1 饱和	$y_1 x_1$	
		$\{x_3, x_1\}$	$\{y_1\}$	$\{y_1, y_2\}$	y_2 饱和	$y_2 x_2$	
		$\{x_3, x_1, x_2\}$	$\{y_1, y_2\}$	$\{y_1, y_2\}$	$N(S) = T$, 取 $X \backslash S$ 中其他非饱和点		
	x_5	$\{x_3, x_1,$ $x_2, x_5\}$	$\{y_1, y_2\}$	$\{y_1, y_2, y_3,$ $y_4, y_5\}$	y_3 饱和	$y_3 x_4$	
		$\{x_3, x_1, x_2,$ $x_5, x_4\}$	$\{y_1, y_2, y_3\}$	$\{y_1, y_2, y_3,$ $y_4, y_5\}$	y_4 非饱和		$x_5y_3x_4y_4$
$\{x_1y_1,$ $x_2y_2,$ $x_5y_3,$ $x_4y_4\}$	x_3	$\{x_3\}$	$\varnothing$	$\{y_1, y_2\}$	y_1 饱和	$y_1 x_1$	
		$\{x_3, x_1\}$	$\{y_1\}$	$\{y_1, y_2\}$	y_2 饱和	$y_2 x_2$	
		$\{x_3, x_1, x_2\}$	$\{y_1, y_2\}$	$\{y_1, y_2\}$	$N(S) = T$ 且 $X \backslash S$ 中无 M 非饱和点, 算法结束		

定理 7.10 (Tutte, 1947) 图 G 有完美匹配, 当且仅当

$$o(G - S) \leqslant |S| \quad (\forall S \subset V(G)). \tag{1}$$

证 (必要性) 设 G 有完美匹配 M, $S \subset V(G)$, $G_1, G_2, \cdots, G_n$ 是 $G - S$ 的所有奇分支. 因为 G_i 是奇分支, 且 G_i 的每个顶点都与 M 中某一条边关联, 所以 G_i 中必有一个顶点 u_i 与一个属于 S 的顶点 v_i 在 M 中相邻, $i = 1, 2, \cdots, k$. 而 M 中的边互不相邻, 即顶点 $v_1, v_2, \cdots, v_n$ 互不相同, 因此有 $o(G - S) \leqslant |S|$.

(充分性) 设 G 满足式 (1). 对 $\nu(G)$ 用归纳法证明 G 有完美匹配. 首先注意到取 $S = \varnothing$ 时有 $o(G) = 0$, 即 $\nu(G)$ 为偶数. 显然, 当 $\nu(G) = 2$ 时, 由式 (1) 可推出 G 有完美匹配. 现在假设 $\nu(G) = n \geqslant 2$, 并假设一切阶小于 n 且满足式 (1) 的图均有完美匹配.

首先证明: 存在非空 $S \subset V(G)$ 使式 (1) 中等号成立. 事实上, $\forall v \in V(G)$, 取 $S = \{v\}$, 于是 $G - S$ 是奇阶的, 因而 $o(G - S) \geqslant 1 = |S|$, 故由式 (1) 知 $o(G - S) = |S|$.

其次, 设 S_0 是使式 (1) 中等号成立的顶点数最多的 S, 设 $G_1, G_2, \cdots, G_l$ 是 $G - S_0$ 的所有奇分支, $1 \leqslant l = |S_0|$. 而且当 $G - S_0$ 存在偶分支时, 设 $H_1, H_2, \cdots, H_m$ 是 $G - S_0$ 的全部偶分支.

接下来, 证明三个结论.

(1) $\forall 1 \leqslant j \leqslant m$, H_j 有完美匹配. 这是因为 $\forall S \subset V(H_j)$, 有

$$o\,(G - S_0) + o\,(H_j - S) = o(G - (S_0 \cup S))$$

$$\leqslant |S_0 \cup S| = |S_0| + |S|.$$

故由 $o(G - S_0) = |S_0|$ 知 $o(H_j - S) \leqslant |S|$, 由归纳假设 H_j 有完美匹配.

(2) $\forall 1 \leqslant i \leqslant l$ 和 $v \in V(G_i)$, $G_i - v$ 有完美匹配. 假若不然, 由归纳假设知必有 $S \subset V(G_i - v)$ 使

$$o\,(G_i - v - S) > |S|. \tag{2}$$

因为 $|V(G_i - v)|$ 为偶数, 所以 $|V(G_i - v - S)|$ 与 $|S|$ 有相同的奇偶性, 而 $o(G_i - v - S)$ 与 $|V(G_i - v - S)|$ 也具有相同的奇偶性, 由式 (2) 知 $o\,(G_i - v - S) \geqslant |S| + 2$. 于是有

$$|S_0| + 1 + |S| = |S_0 \cup \{v\} \cup S|$$

$$\geqslant o(G - (S_0 \cup \{v\} \cup S))$$

$$= o\,(G - S_0) - 1 + o(G_i - v - S)$$

$$\geqslant |S_0| + |S| + 1.$$

这表明集合 $S_0 \cup \{v\} \cup S$ 也使式 (1) 成立等号, 此与 S_0 的最大性矛盾.

(3) G 中包含 l 条形如 $u_i v_i$ 的互不相邻的边, 其中 $u_i \in S_0, v_i \in V(G_i), i = 1, 2, \cdots, l$. 为了证明这个断言, 我们构造一个二部图 $H = (X, Y, E), X = \{x_1, x_2, \cdots, x_l\}, Y = S_0$, 并且 $\forall x_i \in X, u \in S_0$, 当且仅当 G 中有一条连接 u 与 G_i 中某顶点的边时, $x_i u \in E(H)$. 于是, 上述断言等价于 H 中存在饱和 X 中所有顶点的匹配, 而对后者应用 Hall 定理. $\forall S \subseteq X$, 令 $S' = N_H(S)$, 根据 H 与 G 的关系, S 对应的那些 G_j 必定是 $G - S'$ 的奇分支, 故

$$|S| \leqslant o(G - S'). \tag{3}$$

又由条件式 (1) 知

$$o\,(G - S') \leqslant |S'| = |N_H(S)|, \tag{4}$$

综合式 (3) 和 (4), $|S| \leqslant |N_H(S)|$, 因此图 H 满足 Hall 定理的条件, 从而 H 中存在饱和 X 中所有顶点的匹配.

由上述 (1), (2) 和 (3) 知 G 有完全匹配. 这是因为, 设 M_1 是 (3) 中形如 $u_i v_i$ 的 l 条互不相邻的边的集合, 其中 $u_i \in S_0, v_i \in V(G_i)(1 \leqslant i \leqslant l)$. 由 (2) 知,

$G_i - v_i$ 有完美匹配 $M_{2i}(1 \leqslant i \leqslant l)$, 记 $M_2 = \bigcup\limits_{i=1}^{l} M_{2i}$. 由 (1) 知, H_j 有完美匹配

$M_{3j}(1 \leqslant j \leqslant m)$, 记 $M_3 = \bigcup\limits_{j=1}^{m} M_{3j}$. 如图 7.12 所示, 显然 $M = M_1 \cup M_2 \cup M_3$ 是

G 的完美匹配.   □

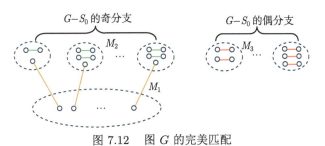

图 7.12   图 G 的完美匹配

推论 7.7   每个 $k-1$ 边连通的偶阶 k 正则图 G 都有完美匹配.

证   当 $k=1$ 时, 推论显然成立. 下设 $k \geqslant 2$. 令 $S \subset V(G)$. 当 $S = \varnothing$ 时, 因 G 连通, 且 $\nu(G)$ 为偶数, 故有 $o(G-S) = o(G) = 0 = |S|$. 当 $S \neq \varnothing$ 时, 设 $G_1, G_2, \cdots, G_n$ 是 $G - S$ 的所有奇分支, 即 $o(G-S) = n$, 并假定 G_i 与 S 之间恰有 m_i 条边 $(1 \leqslant i \leqslant m)$. 因为 G 是 $k-1$ 边连通的, 所以 $m_i \geqslant k-1$. 另一方面, 由于 G 是 k 正则的, 因此, $\forall 1 \leqslant i \leqslant n$, 有

$$m_i = \sum_{v \in V(G_i)} d_G(v) - 2\varepsilon(G_i) = k \cdot \nu(G_i) - 2\varepsilon(G_i).$$

因为 $\nu(G_i)$ 是奇数, $2\varepsilon(G_i)$ 是偶数, 所以 m_i 与 k 有相同的奇偶性, 从而由 $m_i \geqslant k-1(1 \leqslant i \leqslant n)$ 知 $m_i \geqslant k(1 \leqslant i \leqslant n)$, 而

$$\sum_{v \in S} d_G(v) \geqslant \sum_{i=1}^{n} m_i,$$

于是有

$$|S| = \frac{1}{k} \sum_{v \in S} d_G(v) \geqslant \frac{1}{k} \sum_{i=1}^{n} m_i = \sum_{i=1}^{n} \frac{m_i}{k} \geqslant n = o(G-S),$$

由 Tutte 定理知 G 有完美匹配.   □

7.4 最优匹配

最优指派问题: 设某公司有 n 个工作人员 $x_1, x_2, \cdots, x_n$, 他们从事 n 项工作 $y_1, y_2, \cdots, y_n$. 考虑到各个工作人员做各项工作的熟练程度不同, 工作效率不同等

因素, 问如何合理指派工作任务, 才能使人尽其才, 公司的效益最大.

考虑到各个工作人员对各项工作任务的胜任程度不同, 我们构造一个加权完全二部图 $(K_{n,n}, \boldsymbol{w})$, 其中 $X = \{x_1, x_2, \cdots, x_n\}$, $Y = \{y_1, y_2, \cdots, y_n\}$, $x_i y_j \in E(K_{n,n})$ ($\forall i, j \in \{1, 2, \cdots, n\}$), 边 $x_i y_j$ 的权 w_{ij} 表示工作人员 x_i 做工作 y_j 的胜任程度. 于是, 最优指派问题等价于在这个加权树图 $(K_{n,n}, \boldsymbol{w})$ 中求一个总权最大的完美匹配.

7.4.1　最优匹配的概念

定义 7.9 (最优匹配)　设 M 为图 G 的最大匹配, 若 M 中所有边权和达最大, 则称 M 为**最优匹配** (optimal matching).

为了叙述简便, 我们把最优匹配问题用一个 $n \times n$ 矩阵表示, 如用矩阵

$$
\boldsymbol{w} =
\begin{array}{c}
\begin{array}{ccccc}
y_1 & y_2 & y_3 & y_4 & y_5
\end{array} \\
\begin{bmatrix}
5 & 5 & 4 & 4 & 3 \\
2 & 5 & 5 & 2 & 2 \\
2 & 4 & 5 & 1 & 0 \\
0 & 1 & 1 & 4 & 2 \\
1 & 2 & 1 & 3 & 3
\end{bmatrix}
\begin{array}{l}
x_1 \\
x_2 \\
x_3 \\
x_4 \\
x_5
\end{array}
\end{array}
$$

表示 $(K_{5,5}, \boldsymbol{w})$, 其中矩阵中元素 w_{ij} 表示工作人员 x_i 胜任工作 y_j 的程度. 矩阵右侧标记的 x_i 表示矩阵 $\boldsymbol{w}$ 每一行对应于 $K_{n,n}$ 的 X 中顶点, 上方标记的 y_j 表示每一列对应于 $K_{n,n}$ 的 Y 中顶点.

完全二部图 $K_{n,n}$ 中有 $n!$ 个互不相同的完美匹配, 若枚举所有这些完美匹配, 然后一一比较它们的权, 这种方法无疑是可以的. 但是, 当 n 很大时, 这种方法会因为计算量过大而难以实现.

7.4.2　可行顶标

下面介绍一个求最优匹配的有效算法.

定义 7.10 (可行顶标)　设完全二部图 $K_{n,n} = (X, Y, E)$, $X = \{x_1, x_2, \cdots, x_n\}$, $Y = \{y_1, y_2, \cdots, y_n\}$. w_{ij} 是边 $x_i y_j$ 上的权. 映射 $l : V(K_{n,n}) \to \mathbb{R}$, 满足

$$
l(x_i) + l(y_j) \geqslant w_{ij} \quad (\forall i, j \in \{1, 2, \cdots, n\}),
$$

则称 l 为 $K_{n,n}$ 的**可行顶标** (feasible vertex labelling), $l(v)$ 称为顶点 v 的标号. 令

$$
E_l = \{x_i y_j \mid l(x_i) + l(y_j) = \omega_{ij}\},
$$

则称以 E_l 为边集的 $K_{n,n}$ 的边导出子图 $K[E_l]$ 为 **l 等子图** (equality subgraph).

为了简便直观, 我们直接把顶点的标号写在矩阵的上方和右侧. 如图 7.13, 每个 x_i 右侧的数字表示 $l(x_i)$, 每个 y_j 上方的数字表示 $l(y_j)$, 即

$$l(x_1) = 5, \quad l(x_2) = 5, \quad l(x_3) = 5, \quad l(x_4) = 4, \quad l(x_5) = 3,$$

$$l(y_1) = 0, \quad l(y_2) = 0, \quad l(y_3) = 0, \quad l(y_4) = 0, \quad l(y_5) = 0.$$

可行顶标总是存在的, 例如, 可以定义各顶点的标号为

$$\begin{cases} l(x_i) = \max\limits_{j \in \{1,2,\cdots,n\}} w_{ij}, & i \in \{1,2,\cdots,n\}, \\ l(y_j) = 0, & j \in \{1,2,\cdots,n\}. \end{cases} \tag{5}$$

易见, 公式 (5) 中的标号 l 满足 $l(x_i) + l(y_j) \geqslant w_{ij}\, (i,j) \in \{1,2,\cdots,n\}$, 所以它是可行顶标, 这种可行顶标称为平凡顶标 (trivial vertex labelling).

图 7.13 中的标号就是一个平凡顶标. 在该平凡顶标下, l 等子图中的边集

$$E_l = \{x_1y_1, x_1y_2, x_2y_2, x_2y_3, x_3y_3, x_4y_4, x_5y_4, x_5y_5\}.$$

注意到边集 E_l 的子集 $M = \{x_1y_1, x_2y_2, x_3y_3, x_4y_4, x_5y_5\}$ 是 $K_{n,n}$ 的一个完美匹配. 下面的定理 7.11 告诉我们, l 等子图中的完美匹配必是最优匹配.

$$w = \begin{array}{cccccc} & \overset{0}{y_1} & \overset{0}{y_2} & \overset{0}{y_3} & \overset{0}{y_4} & \overset{0}{y_5} \\ \begin{bmatrix} 5 & 5 & 4 & 4 & 3 \\ 2 & 5 & 5 & 2 & 2 \\ 2 & 4 & 5 & 1 & 0 \\ 0 & 1 & 1 & 4 & 2 \\ 1 & 2 & 1 & 3 & 3 \end{bmatrix} & \begin{array}{l} x_1\ 5 \\ x_2\ 5 \\ x_3\ 5 \\ x_4\ 4 \\ x_5\ 3 \end{array} \end{array}$$

图 7.13 $K_{n,n}$ 中顶点的标号

定理 7.11 设 l 是 $K_{n,n}$ 的可行顶标, 若 l 等子图有完美匹配 M, 则 M 是 $K_{n,n}$ 的最优匹配.

证 由于完美匹配 M 的每条边都是 l 等子图中的边, 所以有

$$w_{ij} = l(x_i) + l(y_j) \quad (\forall x_i y_j \in M).$$

而且 M 是完美匹配, 所以, M 中每条边覆盖每个顶点恰好一次, 于是

$$w(M) = \sum_{x_i y_j \in M} w_{ij} = \sum_{x_i y_j \in M} (l(x_i) + l(y_j)) = \sum_{v \in V(K_{n,n})} l(v).$$

另一方面, 对于 $K_{n,n}$ 的任何完美匹配 M' 有

$$w\left(M'\right) = \sum_{x_i y_j \in M'} w_{ij} \leqslant \sum_{x_i y_j \in M'} \left(l\left(x_i\right) + l\left(y_j\right)\right) = \sum_{v \in V(K_{n,n})} l\left(v\right).$$

综上两个方面, 可知 $w\left(M'\right) \leqslant w(M)$, 此即 M 是最优匹配.   □

7.4.3   Kuhn-Munkres 算法

定理 7.11 给出的最优匹配的一个充要条件. Kuhn (1955 年) 和 Munkres (1957 年) 提出一个求 $(K_{n,n}, \boldsymbol{w})$ 中最优匹配的算法, 称为 Kuhn-Munkres 算法, 简称为 KM 算法.

KM 算法的步骤是:

Step 1   给出 $K_{n,n}$ 的一个可行顶标, 如平凡顶标.

Step 2   找出 l 等子图 $K[E_l]$, 在 $K[E_l]$ 中执行匈牙利算法.

Step 3   若在 $K[E_l]$ 中找到完美匹配, 则由定理 7.11 知, 这个完美匹配就是最优匹配. 算法结束. 否则, 修改可行顶标. 具体的修改方案为: 设匈牙利算法终止于 $S \subset X, T \subset Y$, 且 $N_{K[E_l]}\left(S\right) = T$. 令

$$a_l = \min \left\{ l\left(x_i\right) + l\left(y_j\right) - w_{ij} \mid x_i \in S, y_j \in Y \backslash T \right\}. \tag{6}$$

则定义新可行顶标 l' 为

$$l'\left(u\right) = \begin{cases} l\left(u\right) - a_l, & u \in S, \\ l\left(u\right) + a_l, & u \in T, \\ l\left(u\right), & \text{其他.} \end{cases} \tag{7}$$

以 l' 代替 l, 转 Step 2, 继续找新的 l 等子图.

由于最优匹配必存在, 所以这种修改可行顶标的 KM 算法必在有限步内结束.

例 7.4   已知完全二部图 $K_{5,5} = (X, Y, E)$, 其中 $X = \{x_1, x_2, x_3, x_4, x_5\}$, $Y = \{y_1, y_2, y_3, y_4, y_5\}$, 且 $K_{5,5}$ 的权矩阵为 $\boldsymbol{w} = (w_{ij})$, 求 $(K_{5,5}, \boldsymbol{w})$ 的最优匹配.

$$\boldsymbol{w} = \begin{bmatrix} 1 & 2 & 4 & 3 & 3 \\ 2 & 5 & 5 & 2 & 2 \\ 3 & 4 & 2 & 1 & 4 \\ 0 & 2 & 1 & 4 & 2 \\ 3 & 2 & 4 & 0 & 3 \end{bmatrix}.$$

解 先取初始可行顶标 l_0 为平凡顶标,

$$\boldsymbol{w} = \begin{matrix} 0 & 0 & 0 & 0 & 0 & \\ \begin{bmatrix} 1 & 2 & 4 & 3 & 3 \\ 2 & 5 & 5 & 2 & 2 \\ 3 & 4 & 2 & 1 & 4 \\ 0 & 2 & 1 & 4 & 2 \\ 3 & 2 & 4 & 0 & 3 \end{bmatrix} & \begin{matrix} 4 \\ 5 \\ 4 \\ 4 \\ 4 \end{matrix} \end{matrix} \cdot$$

找出 l 等子图中的边集 $E_l = \{x_1y_3, x_2y_2, x_2y_3, x_3y_2, x_3y_5, x_4y_4, x_5y_3\}$, 得到 E_l 边导出子图 $K[E_l]$, 记作 G_1, G_1 如图 7.14 所示.

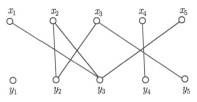

图 7.14 l 等子图的边导出子图 G_1

用匈牙利算法得到 G_1 的最大匹配 $M_1 = \{x_1y_3, x_2y_2, x_3y_5, x_4y_4\}$, 显然 M_1 不是完美匹配, 需要修改可行顶标. 此时, 匈牙利算法终止时, 有 $S = \{x_5, x_1\}$, $T = \{y_3\}$, $N(S) = T$. 由 (6) 式知

$$a_l = \min\{l(x_i) + l(y_j) - w_{ij}|x_i \in S, y_j \in Y\backslash T\}$$

$$= \min\{3, 2, 1, 1, 3, 2, 4, 1\} = 1 \quad (S \text{ 和 } Y\backslash T \text{ 见图 7.15 中虚线}).$$

于是按公式 (7) 修改可行顶标, 得 l_1 为

$$\boldsymbol{w} = \begin{matrix} 0 & 0 & 1 & 0 & 0 & \\ \begin{bmatrix} 1 & 2 & 4 & 3 & 3 \\ 2 & 5 & 5 & 2 & 2 \\ 3 & 4 & 2 & 1 & 4 \\ 0 & 2 & 1 & 4 & 2 \\ 3 & 2 & 4 & 0 & 3 \end{bmatrix} & \begin{matrix} 3 \\ 5 \\ 4 \\ 4 \\ 3 \end{matrix} \end{matrix} \cdot$$

$$
\begin{array}{ccccc} 0 & 0 & 0 & 0 & 0 \end{array}
$$

$$
\boldsymbol{w}=\begin{bmatrix} 1 & 2 & 4 & 3 & 3 \\ 2 & 5 & 5 & 2 & 2 \\ 3 & 4 & 2 & 1 & 4 \\ 0 & 2 & 1 & 4 & 2 \\ 3 & 2 & 4 & 0 & 3 \end{bmatrix}\begin{array}{c} 4 \\ 5 \\ 4 \\ 4 \\ 4 \end{array}
$$

图 7.15　G_1 中匈牙利算法结束时的 S 和 $Y\backslash T$

再从可行顶标 l_1 出发, 重复上述步骤, 构造 l 等子图 G_2, G_2 如图 7.16 所示.

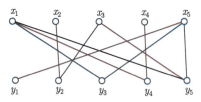

图 7.16　l 等子图的边导出子图 G_2

用匈牙利算法得到 G_2 的最大匹配 $M_2=\{x_1y_3,x_2y_2,x_3y_5,x_4y_4,x_5y_1\}$. 此时, M_2 是完美匹配, 算法结束, 得到最优匹配为 M_2, 且最优匹配的权为

$$
w\left(M_2\right)=w_{13}+w_{22}+w_{35}+w_{44}+w_{51}=4+5+4+4+3=20. \qquad \square
$$

当然, 最优匹配不一定唯一, 但最优匹配的权值是唯一确定的.

例 7.5　求例 7.4 中赋权完全二部图 $(K_{5,5},\boldsymbol{w})$ 的最小权完美匹配.

解　(方法一) 设 $a=\max\{w_{ij}\}$, 则 $a=5$. 令 $\boldsymbol{w}'=(w'_{ij})$, 其中 $w'_{ij}=a-w_{ij}(i,j\in\{1,2,3,4,5\})$, 于是, 求 $(K_{5,5},\boldsymbol{w})$ 的最小权完美匹配等价于求 $(K_{5,5},\boldsymbol{w}')$ 的最优匹配. 用 KM 算法可求得最小权完美匹配为 $\{x_1y_2,x_2y_5,x_3y_3,x_4y_1,x_5y_4\}$, 其权值为 6.

(方法二) 仍然用 KM 算法直接求 $(K_{5,5},\boldsymbol{w})$ 的最小权完美匹配, 只要稍加改变顶点标号及其更新策略即可.

先取初始可行顶标 l_0 为 $l_0\left(y_i\right)=0,l_0\left(x_i\right)=\min\{w_{ij}:1\leqslant j\leqslant 5\}$,

$$
\begin{array}{ccccc} 0 & 0 & 0 & 0 & 0 \end{array}
$$

$$
\boldsymbol{w}=\begin{bmatrix} 1 & 2 & 4 & 3 & 3 \\ 2 & 5 & 5 & 2 & 2 \\ 3 & 4 & 2 & 1 & 4 \\ 0 & 2 & 1 & 4 & 2 \\ 3 & 2 & 4 & 0 & 3 \end{bmatrix}\begin{array}{c} 1 \\ 2 \\ 1 \\ 0 \\ 0 \end{array}.
$$

找出 l 等子图中的边集 $E_l = \{x_1y_1, x_2y_1, x_2y_4, x_2y_5, x_3y_4, x_4y_1, x_5y_4\}$, 得到 E_l 边导出子图 $K[E_l]$, 记作 G_1, G_1 如图 7.17 所示.

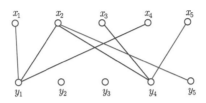

图 7.17 l 等子图的边导出子图 G_1

用匈牙利算法得到 G_1 的最大匹配 $M_1 = \{x_1y_1, x_2y_5, x_5y_4\}$, 显然 M_1 不是完美匹配, 需要修改可行顶标. 此时, 匈牙利算法终止时, 有 $S = \{x_1, x_3, x_4, x_5\}$, $T = \{y_1, y_4\}$, $N(S) = T$. 由 (6) 式知

$$a_l = \min\{w_{ij} - l(x_i) - l(y_j) \mid x_i \in S, y_j \in Y \backslash T\}$$

$$= \min\{1, 3, 2, 3, 1, 3, 2, 1, 2, 2, 4, 3\} = 1 \quad (S \text{ 和 } Y \backslash T \text{ 见图 7.18 中虚线}).$$

$$
w = \begin{array}{cccccc}
0 & 0 & 0 & 0 & 0 & \\
\hline
1 & 2 & 4 & 3 & 3 & 1 \\
2 & 5 & 5 & 2 & 2 & 2 \\
3 & 4 & 2 & 1 & 4 & 1 \\
0 & 2 & 1 & 4 & 2 & 0 \\
3 & 2 & 4 & 0 & 3 & 0 \\
\end{array}
$$

图 7.18 G_1 中匈牙利算法结束时的 S 和 $Y \backslash T$

于是修改可行顶标

$$l'(u) = \begin{cases} l(u) + a_l, & u \in S, \\ l(u) - a_l, & u \in T, \\ l(u), & \text{其他}. \end{cases}$$

得 l_1 为

$$
w = \begin{array}{ccccc}
-1 & 0 & 0 & -1 & 0 \\
\left[\begin{array}{ccccc}
1 & 2 & 4 & 3 & 3 \\
2 & 5 & 5 & 2 & 2 \\
3 & 4 & 2 & 1 & 4 \\
0 & 2 & 1 & 4 & 2 \\
3 & 2 & 4 & 0 & 3 \\
\end{array}\right] & \begin{array}{c} 2 \\ 2 \\ 2 \\ 1 \\ 1 \end{array}
\end{array} \cdot
$$

再从可行顶标 l_1 出发, 重复上述步骤, 构造 l 等子图 G_2, G_2 如图 7.19 所示.

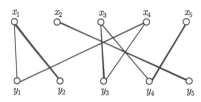

图 7.19　l 等子图的边导出子图 G_2

用匈牙利算法得到 G_2 的最大匹配 $M_2 = \{x_1y_2, x_2y_5, x_3y_3, x_4y_1, x_5y_4\}$. 此时, M_2 是完美匹配, 算法结束, 得到最小权完美匹配为 M_2, 且最小权完美匹配的权为

$$w(M_2) = w_{12} + w_{25} + w_{33} + w_{41} + w_{54} = 2 + 2 + 2 + 0 + 0 = 6. \qquad \square$$

习　题　七

1. 在某次国际联合演习中, 某飞行大队由来自不同地区的 n 名飞行员组成, 飞行大队的每架飞机必须由两名飞行员驾驶. 但由于语言和训练方式等诸种原因, 某些飞行员适合同机飞行, 另一些飞行员则不能同机飞行. 问应该怎样搭配飞行员, 才能使尽可能多的飞机同时飞行? 这一问题可转化为求图的 (　　)

　　A. 独立数　　　　　　B. 覆盖数　　　　　　C. 边独立数　　　　　　D. 边覆盖数

2. 求 Petersen 图 (见图 2.7) 的一个最大边独立集 (最大匹配) 及其边独立数 α'.

3. 求 Petersen 图 (见图 2.7) 的一个最小边覆盖及其边覆盖数 β'.

4. 求 $\alpha'(\overline{K_n}), \alpha'(K_n), \alpha'(K_{n,m}), \alpha'(C_n), \alpha'(P_n)$.

5. 求 $\beta'(\overline{K_n}), \beta'(K_n), \beta'(K_{n,m}), \beta'(C_n), \beta'(P_n)$.

6. 证明: (1) 对于任何图 G, 都有 $\beta(G) \geqslant \alpha'(G)$;

(2) 对于任何无孤立点的图 G, 都有

$$\alpha'(G) \leqslant \left\lfloor \frac{\nu}{2} \right\rfloor \leqslant \left\lfloor \frac{\nu+1}{2} \right\rfloor \leqslant \beta'(G).$$

(3) 对于任何简单图 G, 有 $\beta(G) \geqslant \delta(G)$, 且当 G 或为空图, 或为完全图, 或为完全二部图时, 有 $\beta(G) = \delta(G)$.

7. 借助于边独立集的概念, 解决问题: 现有信息组 {ace, bc, abd, bd, be}, 是否可以用每个字中的一个字母来表示该字, 从而使信息简化? 为什么?

8. 现有 a, b, c, d, e, f 六个人组成检查团, 检查五个单位的工作. 若某单位和检查团中某一个成员有过工作关系, 则不允许他到该单位去检查. 已知第一个单位与 b, c, d 有过联系, 第二个单位与 a, e, f 有过联系, 第三个单位与 a, b, e, f 有过联系, 第四个单位与 a, b, d, f 有过联系, 第五个单位与 a, b, c 有过联系, 请列出到各个单位检查的人员名单.

9. 证明: 对于无孤立点的图 G 的任一最大边独立集 L, 总可以再添加 G 中的一些边, 使之成为 G 的最小边覆盖.

10. (1) 证明: 完全二部图 $K_{3,3}$ 的边集可以划分为三个两两边不交的最大边独立集;

(2) 证明: 可以把 3 个黑子、3 个白子和 3 个红子放在 3×3 棋盘的格子上, 使每行每列恰好有一个黑子、一个白子和一个红子.

11. 证明对任意图 G, $G \times K_2$ 都有完美匹配.

12. 求 $\chi'\left(\overline{K_n}\right), \chi'(K_{2n}), \chi'(K_{2n+1}), \chi'(K_{n,m}), \chi'(C_n), \chi'(P_n), \chi'(W_n), \chi'(F_n), \chi'$(Petersen).

13. 设图 G 如题图 7.1 所示, 用数字 $1, 2, 3, 4$ 表示四种颜色, 每条边上的数字表示该边的颜色. 边 $v_1 v_2$ 没有获得正常着色, 请从顶点 v_1 缺少颜色 3、v_2 缺少颜色 1 出发, 经过颜色调整给出 $v_1 v_2$ 的正常边着色.

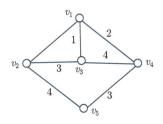

题图 7.1 图 G 及其边着色

14. 设图 G 如题图 7.1 所示. 证明: $\chi'(G) = 4$.

15. 有 7 个变量出现在计算机程序的循环里, 这些变量和必须保存它们的计算步骤如题表 7.1 所示. 求在程序执行期间至少需要多少个不同的变址寄存器来保存这些变量.

题表 7.1 变量及其保存步骤

变量	保存步骤
t	步骤 1 到步骤 6
u	步骤 2
v	步骤 2 到步骤 4
w	步骤 1、3、5
x	步骤 1、6
y	步骤 3 到步骤 6
z	步骤 4、5

16. 假设当两家电视台相距在 150 千米以内时, 它们就不能使用相同的频道, 那么对于如题表 7.2 所示距离的 6 家电视台, 求至少需要多少个不同的频道.

题表 7.2 电视台及其间距离

距离	1	2	3	4	5	6
1	—	85	175	200	50	100
2		—	125	175	100	160
3			—	100	200	250
4				—	210	220
5					—	100
6						—

17. 为了充分发挥参赛队的水平, 要求每天每个参赛队至多安排一场比赛. 比赛场地十分充裕, 每天可以同时安排多场比赛.

(1) 请为有 4 参赛队的单循环赛安排比赛方案, 使赛程 (比赛天数) 最短, 并求出最小赛程天数.

(2) 请为有 5 个参赛队的单循环赛安排比赛方案, 使赛程 (比赛天数) 最短, 并求出最小赛程天数.

(3) 设有 n 个参赛队, 求最小赛程天数.

18. 如果连通图 G 是第二类图, 而对 G 的每一条边 e 都有 $\chi'(G-e) < \chi'(G)$, 则称 G 是 (关于边着色) 临界图. 若 G 是临界图, 且 $\Delta(G) = \Delta$, 则称 G 是 Δ 临界图.

(1) 试各举一个 3 临界图、4 临界图的例子 (提示: 或从某一个第二类图出发, 逐个去掉非临界边).

(2) 证明: G 是 2 临界图的充要条件条件是 G 为奇圈;

(3) 检验下面不包含三角形的题图 7.2 是 3 临界图.

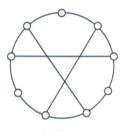

题图 7.2

19. 设二部图 G 如题图 7.3 所示, $M = \{x_1y_1, x_2y_3\}$, 则 M 非饱和点为 (　　)

A. x_1　　　　　　B. x_2　　　　　　C. y_1　　　　　　D. y_2

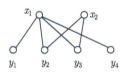

题图 7.3　二部图 G

20. 设二部图 G 如题图 7.3 所示, $M = \{x_1y_1, x_2y_3\}$, 则下列说法正确的是 (　　)

A. M 是最大匹配, 也是完美匹配

B. M 是最大匹配, 但不是完美匹配

C. M 不是最大匹配, 是完美匹配

D. M 不是最大匹配, 也不是完美匹配

21. (多选题) 设二部图 G 如题图 7.4 所示, $M = \{x_1y_1, x_2y_3\}$, 则 M 增广链为 (　　)

A. x_1y_2　　　　　B. x_2y_2　　　　　C. $x_3y_1x_1$　　　　　D. $x_4y_3x_2y_2x_1$

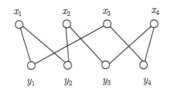

题图 7.4 二部图 G

22. (多选题) 设二部图 $G = (X, Y; E)$, M 是二部图 G 的匹配, P 是一条增广链, 下列说法正确的是 (   )

A. P 必有奇数条边

B. P 的起点、终点必一个属于 X, 另一个属于 Y

C. P 上除起点和终点外, 其他顶点必都是 M 饱和顶点

D. 若从某个顶点 v 出发, 没有找到增广链, 则在后续算法执行中, 从该顶点 v 出发永远都找不到增广链

23. (填空题) 匈牙利算法结束的条件是: $N(S) = T$_____ (填 "或" 或者 "且") $X \backslash S$ 中所有顶点都是 M 饱和顶点.

24. 设二部图 G 如题图 7.5 所示, $M = \{x_1 y_1, x_2 y_2\}$ (图中粗边) 是一个最大匹配. 求匈牙利算法结束时 S, T 和 $N(S)$.

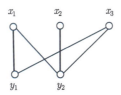

题图 7.5 二部图 G 及其匹配 M

25. 设二部图 G 如题图 7.6 所示.

(1) 从初始匹配 $M = \{x_1 y_1\}$ 出发, 用匈牙利算法求出 G 的一个最大匹配;

(2) 求 G 的一个最小覆盖.

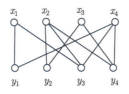

题图 7.6 二部图 G

26. 设二部图 G 如题图 7.7 所示.

(1) 从初始匹配 $M = \{x_1 y_1\}$ 出发, 用匈牙利算法求出 G 的一个最大匹配;

(2) 求 G 的一个最小覆盖.

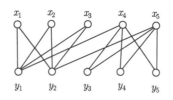

题图 7.7　二部图 G

27. 设 A 为 $m \times n$ 矩阵, A 的一行或一列称为一条线, 则 A 中两两不属于同一条线的 0 的个数的最大值等于包含 A 的所有 0 的线数的最小值.

28. 设二部图 $G = (X, Y, E)$, 证明 G 中最大匹配所含的边数为

$$|X| - \max_{S \subseteq X} \{|S| - |N(S)|\}.$$

29. 设 G 为二部图, 其顶点集的二划分为 X, Y, 证明: 若 G 中有饱和 X 的每一顶点的匹配, 则存在 $x \in X$, 使得对于任何 $y \in N(x)$, 边 xy 属于 G 中的某一个最大匹配.

30. 设 A 为 $m \times n$ 的 0-1 矩阵, $m \leqslant n$, 且矩阵 A 的每一行中都有 k 个 1, 而每一列中 1 的个数不超过 k, 则 $A = P_1 + P_2 + \cdots + P_k$, 其中 P_i 也是 $m \times n$ 的 0-1 矩阵, 每行恰有 1 个 1, 每列中 1 的个数不超过 1.

31. (1) 设 k 为大于 1 的奇数, 举出没有完美匹配的 k 正则简单图的例子;

(2) 设 k 为大于 0 的偶数, 举出没有完美匹配的 k 正则简单图的例子.

32. 图 G 的一个 k 正则支撑子图称为 G 的一个 k 因子. 若图 G 中存在两两无公共边的 k 因子 $H_1, H_2, \cdots, H_n$, 使得

$$G = H_1 \cup H_2 \cup \cdots \cup H_n,$$

则称 G 可以 k 因子分解. 显然, G 的 1 因子就是 G 的完美匹配; 若 G 可以 k 因子分解, 则 G 必为正则图. 证明: 每个 2 正则图可以 1 因子分解的充要条件是图中不包含奇圈.

33. 对任何正整数 k. 证明:

(1) 任何 k 正则二部图是可以 1 因子分解的;

(2) 任何 $2k$ 正则是可以 2 因子分解的.

34. 两人在图 G 上对弈, 双方分别执黑子与白子, 轮流向 G 的不同顶点 $v_0, v_1, \cdots$ 下子, 要求当 $i > 0$ 时, v_i 与 v_{i-1} 相邻, 并规定最后可下子的一方获胜. 若执黑子者先下, 试证明执黑子的一方有获胜策略的充要条件是 G 无完美匹配.

35. 证明可以把 8 个白子和 8 个黑子放在 64 格 (8×8) 棋盘上, 使每行每列恰好有一个白子和一个黑子.

36. 证明: 树最多有一个完美匹配.

37. 证明: 树 T 有完美匹配, 当且仅当 $\forall v \in V(T)$, 有 $o(T - v) = 1$.

38. 证明: 一个 8×8 的正方形删去两个位于对角线上的 1×1 小正方形后, 不能用 1×2 长方形恰好覆盖.

39. 求加权图 $(K_{5,5}, \boldsymbol{w})$ 中权最大的完美匹配, 其中 $\boldsymbol{w} = \begin{bmatrix} 9 & 8 & 5 & 3 & 2 \\ 6 & 7 & 8 & 6 & 9 \\ 5 & 8 & 1 & 4 & 7 \\ 7 & 7 & 0 & 3 & 6 \\ 9 & 8 & 6 & 4 & 5 \end{bmatrix}$.

40. 求加权图 $(K_{5,5}, \boldsymbol{w})$ 中权最小的完美匹配, 其中 $\boldsymbol{w} = \begin{bmatrix} 3 & 2 & 1 & 2 & 3 \\ 1 & 4 & 2 & 1 & 2 \\ 5 & 1 & 2 & 3 & 1 \\ 3 & 2 & 6 & 4 & 1 \\ 1 & 2 & 3 & 1 & 2 \end{bmatrix}$.

41. (工作排序问题) 有一台机床加工生产 6 种不同的零部件 $J_i(i = 1, 2, \cdots, 6)$, 各零部件在机床上的加工顺序可任意安排. 但是, 每加工完成一个零部件后, 需将机床加以调整才能加工另一个零部件. 设加工完 J_i 后, 在加工 J_j 之前机床调整时间为 t_{ij}, 如矩阵 $\boldsymbol{T} = (t_{ij})$ 所示, 求一个加工顺序使调整机床所消耗的总时间尽可能短.

$$\boldsymbol{T} = (t_{ij}) = \begin{bmatrix} 0 & 5 & 3 & 4 & 2 & 1 \\ 1 & 0 & 1 & 2 & 3 & 2 \\ 2 & 5 & 0 & 1 & 2 & 3 \\ 1 & 4 & 4 & 0 & 1 & 2 \\ 1 & 3 & 4 & 5 & 0 & 5 \\ 4 & 4 & 2 & 3 & 1 & 0 \end{bmatrix}.$$

42. (工作效率问题) 现有五位工人 x_1, x_2, x_3, x_4, x_5 和五项工作 y_1, y_2, y_3, y_4, y_5, 设工人 x_i 完成工作 y_j 的效率为 w_{ij}, 矩阵 $\boldsymbol{w} = (w_{ij})$ 为下列矩阵所示.

$$\boldsymbol{w} = (w_{ij}) = \begin{bmatrix} 1 & 3 & 2 & 6 & 0 \\ 4 & 2 & 3 & 8 & 3 \\ 8 & 4 & 1 & 5 & 0 \\ 3 & 5 & 4 & 8 & 8 \\ 2 & 6 & 9 & 5 & 2 \end{bmatrix}.$$

(1) 求工作效率最大的分配方案及最大工作效率.

(2) 求工作效率最小的分配方案及最小工作效率.

43. 现有五位工人 x_1, x_2, x_3, x_4, x_5 和六台机器 $y_1, y_2, y_3, y_4, y_5, y_6$, 设工人 x_i 在机器 y_j 上工作的效率为 ω_{ij}, 矩阵 $\boldsymbol{w} = (w_{ij})$ 为下列矩阵所示. 要求给每个工人分配一台机器, 但不要求每个机器都有人用.

$$\boldsymbol{w} = (w_{ij}) = \begin{bmatrix} 3 & 2 & 9 & 5 & 6 & 0 \\ 5 & 6 & 2 & 1 & 0 & 8 \\ 2 & 1 & 3 & 2 & 7 & 4 \\ 0 & 1 & 2 & 3 & 5 & 6 \\ 2 & 3 & 7 & 4 & 5 & 2 \end{bmatrix}.$$

(1) 求工作效率最大的分配方案及最大工作效率.

(2) 求工作效率最小的分配方案及最小工作效率.

44. n 阶方阵中两两不同行不同列的 n 个元素的集合称为方阵的一条对角线, 对角线的权是它的 n 个元素的和.

(1) 求下面五阶方阵中权最大的对角线.

(2) 求下面五阶方阵中权最小的对角线.

$$\boldsymbol{A} = (a_{ij}) = \begin{bmatrix} 3 & 5 & 5 & 4 & 1 \\ 2 & 2 & 0 & 2 & 2 \\ 0 & 4 & 4 & 1 & 0 \\ 0 & 1 & 1 & 0 & 0 \\ 1 & 2 & 1 & 3 & 3 \end{bmatrix}.$$

45. 设 $G = (X, Y, E, \boldsymbol{w})$ 是赋权完全二部图, $X = \{x_1, x_2, \cdots, x_n\}$, $Y = \{y_1, y_2, \cdots, y_n\}$, 且边 $x_i y_j$ 的权 ω_{ij} 满足下述条件: 存在实数 $\alpha_1 \geqslant \alpha_2 \geqslant \cdots \geqslant \alpha_n$ 和 $\beta_1 \geqslant \beta_2 \geqslant \cdots \geqslant \beta_n$, 使得

$$w_{ij} = \max\{0, \alpha_i - \beta_j\},$$

证明: $M = \{x_i y_i | 1 \leqslant i \leqslant n\}$ 是 G 中最小权完美匹配.

第 8 章 平面性及其算法

在第 1 章中给出图的抽象定义, 该定义并不涉及图中顶点和边的具体位置, 而只关心两个顶点间是否有边相连. 本章研究将与边的画法有关, 即介绍能够 "边不交" 地画在平面上的图类, 如 Euler 公式、Kuratowski 定理、四色问题以及平面性检测算法等.

8.1 平 面 图

在现实生活中, 有大量的实际问题会涉及图的平面性. 例如, 电路板的印刷、集成电路板的布线, 以及工程计划网络的布局等问题.

8.1.1 平面图和平图

定义 8.1 (平面图, 平图) 如果一个图能画在平面上, 使得它的边仅仅只在端点处相交, 则称这个图**可嵌入平面** (embeddable on a plane), 或称它为**平面图** (planar graph). 平面图 G 的这样一种画法称为 G 的一个**平面嵌入** (planar embedding). 已经嵌入平面内的一个图称为**平图** (plane graph).

例如, 四阶完全图 K_4 就是平面图, 图 8.1 所示为 K_4 的一个平面嵌入, 它是平图. 但是五阶完全图 K_5 则不是平面图, 也就是说, 无法将 K_5 边不交地画在平面上 (见推论 8.4).

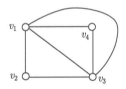

图 8.1　四阶完全图 K_4 的平面嵌入

平图 G 的边和顶点将平面分成若干个连通区域, 每个区域的边界都是由平图 G 的顶点和边组成的.

定义 8.2 (面) 平图 G 的每个区域连同它的边界就构成了 G 的一个面 (face). 每个平图恰有一个面是无界的, 这个面称为**外部面** (exterior face). 其他的面都称为**内部面** (interior face). 平图 G 的所有面的集合, 记作 $F(G)$. 平图 G 的面的个数, 记作 $\phi(G)$.

例如, 图 8.1 中所示的平图有四个面, $\phi(G) = 4$.

用 $b(f)$ 表示平图 G 的面 f 的边界. 若 G 连通, 则 $b(f)$ 可以视作一条闭途径; G 的每条割边会被它所在面的边界 $b(f)$ 通过两次; 当 $b(f)$ 不含割边和环时, 则 $b(f)$ 是 G 的圈. 例如, 图 8.2 中外部面 f_1 的边界 $b(f_1) = v_1v_2v_3v_5v_3v_1v_1$, 其中割边 v_3v_5 被 $b(f_1)$ 通过两次; 内部面 f_4 的边界 $b(f_4) = v_1v_3v_4v_1$ 是 G 的一个圈.

称面 f 与其边界 $b(f)$ 上的顶点和边是关联的 (incident). 若边 e 是平图的割边, 则只有一个面与 e 关联, 否则, 有两个面与 e 关联.

定义 8.3 (面 f 的度)　图 G 中, 面 f 的边界 $b(f)$ 所含的边数称为**面 f 的度** (degree), 记作 $d_G(f)$.

$d_G(f)$ 是面 f 在平图 G 中关联的边的数目, 其中 f 关联的每条割边被计算两次.

例如, 图 8.2 中, 外部面 f_1 的度为 6. f_2 的度为 1.

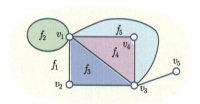

图 8.2　平图 G 及其五个面

定义 8.4 (面相邻)　如果平图 G 中的两个不同的面的边界有公共边, 则称这两个**面是相邻的** (adjacent).

例如, 图 8.2 中, 外部面 f_1 与其他的内部面都是相邻的, 面 f_3 与 f_5 的边界没有公共边, 所以 f_3 与 f_5 不相邻.

平面嵌入的概念可推广到曲面上和空间中去. 若图 G 能画到曲面 S 上 (或三维空间 $\mathbb{R}^3$ 中), 使 G 的边仅仅只在端点处相交, 则称 G 可嵌入曲面 S(或三维空间 $\mathbb{R}^3$).

定理 8.1　任何图 G 都可以嵌入三维空间 $\mathbb{R}^3$.

证　只需构造出图 G 的一个 $\mathbb{R}^3$ 嵌入. 首先, 在 $\mathbb{R}^3$ 中任取一条直线 l, 再取 $\varepsilon(G)$ 个半平面与 G 的边一一对应, 并使这些半平面都以直线 l 为界, 且互不重合, 然后在 l 上取 $\nu(G)$ 个顶点与 G 的顶点一一对应. 若 G 中顶点 w 上有环 e_1, 就在与 e_1 对应的半平面上画一个圆相切于 w 的对应点; 若 $e_2 = uv$ 是 G 的一条连杆, 则在 e_2 对应的半平面上画一个半圆, 使半圆的两个端点分别是 l 上与 u, v 对应的两个点. 显然, G 的这种画法是一个 $\mathbb{R}^3$ 嵌入. □

定理 8.2 图 G 可嵌入平面, 当且仅当 G 可嵌入球面.

证 令 zz' 是球面 S 的一条直径. 取平面 P 与球面 S 在 z' 处相切, 则 $\forall x \in S\backslash\{z\}$, 直径 zx 必与 P 相交于一点 x'; 反之, 对 $\forall y' \in P$, 直线 zy' 必与 S 有一交点 $y \neq z$, 用这种方法建立了点集 $S\backslash\{z\}$ 与点集 P 之间的一一对应. 平面 P 上的一段连续曲线对应于 S 上仍为一段连续曲线; 反之, S 上的一段不经过 z 的连续曲线对应到 P 上也是一段连续曲线. 注意到图 G 中的每条边都是连续曲线段, 所以结论得证. □

定理 8.3 设 v 是平面图 G 的一个顶点, 则存在 G 的一个平面嵌入 $\tilde{G}$, 使得 v 是在 $\tilde{G}$ 的外部面边界上的顶点.

证 因 G 是平面图, 故由定理 8.1 知 G 有一个球面嵌入 G', z 是 G' 中顶点 v 所在的面的内点. 取球面的直径 zz', 过 z' 作一个与球面相切的平面 P, 按照定理 8.1 证明中的方法可以得到 G 在 P 上的一平面嵌入 $\tilde{G}$, 此时 v 必在 $\tilde{G}$ 的外部面上. □

8.1.2 对偶图

定义 8.5 (对偶图) 给定一个平图 G, 定义另一个图 G^*: 对应于 G 的每个面 f 有 G^* 的唯一顶点 f^*, 对应于 G 的每条边 e 有 G^* 的唯一边 e^*. G^* 中两个顶点 f^* 和 g^* 由边 e^* 连接当且仅当它们对应的 G 中的两个面 f 和 g 同时与 e 关联. 这样得到的图 G^* 称为 G 的**对偶图** (dual graph).

图 8.3 中红色图为图 8.2 中图 G 的对偶图 G^*. 从图 8.3 可以看出, G^* 中的每条边都与 G 的对应边相交一次且仅一次. G^* 中的环与 G 的割边一一对应, 反过来, G 中的环也与 G^* 中的割边一一对应.

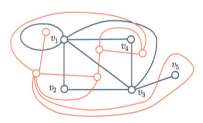

图 8.3　平面 G 和它的对偶图 G^*

显然, 任何一个平图的对偶图都是连通平面图.

不难知道, 平图 G 与它的对偶 G^* 有下列性质.

(1) $\nu(G^*) = \phi(G), \varepsilon(G^*) = \varepsilon(G)$.

(2) $\forall f \in F(G), d_{G^*}(f^*) = d_G(f)$.

由性质 (1) 和性质 (2), 以及握手引理, 容易知道

$$\sum_{f \in F(G)} d_G(f) = \sum_{f^* \in V(G^*)} d_{G^*}(f^*) = 2\varepsilon(G^*) = 2\varepsilon(G),$$

此即平图 G 中所有面的度数和为 $2\varepsilon(G)$, 于是, 有如下定理 8.4.

定理 8.4　对于任何平图 G 都有 $\sum\limits_{f \in F(G)} d_G(f) = 2\varepsilon(G)$.　　　　□

推论 8.1　任何平图中度为奇数的面的个数为偶数.　　　　　　　　□

8.2　Euler 公式和平面图必要条件

下面介绍平面图的必要条件, 给出平面图边数的上界.

8.2.1　Euler 公式

在连通平面图中, 有一个涉及顶点数、边数和面数三者关系的重要公式——Euler 公式.

定理 8.5 (Euler, 1736)　设 G 是连通平面图, 则

$$\nu(G) - \varepsilon(G) + \phi(G) = 2. \tag{1}$$

证　对 G 的面数 ϕ 用数学归纳法.

当 $\phi = 1$ 时, G 只有一个外部面, 从而 G 中无圈. 又因 G 连通, 故 G 是树, 于是 $\varepsilon = \nu - 1$, 式 (1) 成立.

设连通平图 G 的面数 $\phi \geqslant 2$, 且对于面数小于 ϕ 的任一连通平面图, 式 (1) 成立. 显然, G 含有圈, 设 e 是 G 中某个圈上的一条边, 则 $G - e$ 仍是连通平面图, 而 G 中与 e 关联的两个面结合成 $G - e$ 中的一个面, 即

$$\nu(G - e) - \varepsilon(G - e) + \phi(G - e) = 2.$$

再 $\nu(G - e) = \nu(G), \varepsilon(G - e) = \varepsilon(G) - 1$, 得

$$\nu(G) - \varepsilon(G) + \phi(G) = 2. \qquad\qquad \square$$

若平面图 G 不连通, 则对它的每个连通分支 G_i 应用 Euler 公式, $i = 1, 2, \cdots, \omega$, 然后再相加, 得

$$\sum_{i=1}^{\omega} \nu(G_i) - \sum_{i=1}^{\omega} \varepsilon(G_i) + \sum_{i=1}^{\omega} \phi(G_i) = 2\omega. \tag{2}$$

再注意到 $\sum\limits_{i=1}^{\omega} \nu(G_i) = \nu(G)$, $\sum\limits_{i=1}^{\omega} \varepsilon(G_i) = \varepsilon(G)$. 而在计算 G_i 的面数时都用过一次外部面, 因此 $\sum\limits_{i=1}^{\omega} \phi(G_i) = \phi(G) + \omega - 1$, 代入公式 (2), 即可得到下面的推论 8.5.

推论 8.2 设平面图 G 有 ω 个连通分支, 则 $\nu(G) - \varepsilon(G) + \phi(G) = \omega + 1$. □

不难知道, 一个给定的平面图的平面嵌入不一定唯一, 但是, 由 Euler 公式可知, 一个平面图的平面嵌入的面数只与顶点数和边数有关, 因此, 它的所有平面嵌入都有具有相同的面数.

Euler 公式与凸多面体的研究密切相关. 将凸多面体表面想象是橡皮做的, 可以把它压缩投影成平面图形, 使其中一个面为最大, 投影为外部面, 其他各面都投影到它的内部, 如图 8.4 所示为五个正多面体及其对应的平面图.

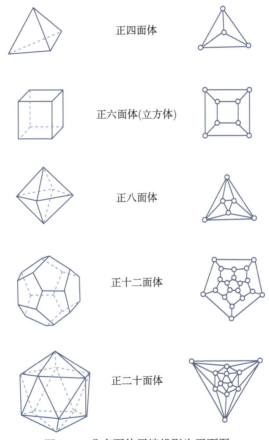

正四面体

正六面体(立方体)

正八面体

正十二面体

正二十面体

图 8.4　凸多面体压缩投影为平面图

在凸多面体上述变形过程中, 顶点数 ν、棱数 ε 和面数 ϕ 都没有变化, 每个面虽然形状变了但其边界上的边数没有变化. 假设凸多面体每个面都是 n 边形, 则投影为外部面多边形上的顶点数为 n, 那么被包围在它内部的顶点数为个 $\nu - n$, 可见被包围的多边形所有内角和为 $(\nu - n) \cdot 2\pi + (n-2) \cdot \pi$. 另一方面, 所有内部面的内角和为 $(\phi - 1) \cdot (n - 2)\pi$, 比较两式得 $(\nu - n) \cdot 2\pi + (n - 2) \cdot \pi = (\phi - 1) \cdot (n - 2)\pi$, 即

$$2\nu - n\phi + 2\phi = 4.$$

注意到 $\phi n = 2\varepsilon$, 从而也可以得到 Euler 公式 $\nu - \varepsilon + \phi = 2$.

下面介绍 Euler 公式的应用.

例 8.1　已知一个简单凸多面体的各个顶点都关联 3 条棱, 求 $2\phi - \nu$.

解　由已知每个顶点都关联 3 条棱知 $3\nu = 2\varepsilon$, 即 $\varepsilon = \dfrac{3\nu}{2}$, 将其代入 Euler 公式 $\nu - \varepsilon + \phi = 2$ 得, $\nu - \dfrac{3\nu}{2} + \phi = 2$, 于是知 $2\phi - \nu = 4$.　□

例 8.2　用 Euler 公式证明: 只有五个正多面体, 如图 8.4 所示.

解　设正多面体的每个面是正 n 边形, 每个顶点关联 m 条棱. 设正多面体对应的平面图 G 有 ν 个顶点、ε 条边和 ϕ 个面, 则有下列各式成立

$$\begin{cases} \nu - \varepsilon + \phi = 2, & ① \\ n\phi = 2\varepsilon, & ② \\ m\nu = 2\varepsilon, & ③ \\ 3 \leqslant m \leqslant 5, & ④ \\ 3 \leqslant n. & ⑤ \end{cases}$$

由 ②③ 两式可得 $\phi = \dfrac{m}{n}\nu$, 代入①式得

$$(2n - mn + 2m)\nu = 4n. ⑥$$

下面分 m 的三种不同取值分别讨论.

当 $m = 3$ 时, 由 ⑥ 式知 $(6 - n)\nu = 4n$. 此时, 若 $n = 3$, 则 $\nu = 4, \phi = 4$, 得到正四面体; 若 $n = 4$, 则 $\nu = 8, \phi = 6$, 得到正六面体; 若 $n = 5$, 则 $\nu = 20, \phi = 12$, 得到正十二面体.

当 $m = 4$ 时, 由 ⑥ 式知 $(4 - n)\nu = 2n$. 此时, 只有当 $n = 3$ 时, 才能获得整数解 $\nu = 6, \phi = 8$, 得到正八面体.

当 $m = 5$ 时, 由 ⑥ 式知 $(10 - 3n)\nu = 4n$. 此时, 只有当 $n = 3$ 时, 才能获得整数解 $\nu = 12, \phi = 20$, 得到正二十面体.

综上以上三种情况, 得到正多面体只有五种, 同时, 也得到每个正多面体的面是几边形、每个顶点关联几条棱、共有多少个顶点等参数信息.　□

8.2.2　平面图的必要条件

图中边数越多, 越难以成为平面图. 平面图边数上界与它的围长有关.

定义 8.6 (围长) 图 G 中最短圈的长称为 G 的**围长** (girth). 若 G 中无圈, 则规定 G 的围长为 ∞.

利用围长的概念, 可以给出平面图的边数的一个上界.

定理 8.6 设平面图 G 的围长为 $g, 3 \leqslant g < \infty$, 则

$$\varepsilon \leqslant \frac{g}{g-2}(\nu - 2). \tag{3}$$

证 因为一个平面图与它的任意平面嵌入有相同的顶点数、边数和围长, 所以不妨设 G 是平图. 由于 G 的每个面 f 均有 $d_G(f) \geqslant g$, 因此

$$2\varepsilon = \sum_{f \in F(G)} d_G(f) \geqslant \phi \cdot g,$$

即

$$\phi \leqslant \frac{2\varepsilon}{g}. \tag{4}$$

由推论 8.2 及式 (4), 得

$$\nu - \varepsilon + \frac{2\varepsilon}{g} \geqslant \omega + 1 \geqslant 2,$$

从而由 $g \geqslant 3$ 知结论成立. $\qquad\square$

推论 8.3 设 G 是简单平面图, $\nu \geqslant 3$, 则 $\varepsilon \leqslant 3\nu - 6$.

证 由于 G 是简单图, 因此 G 的围长 $g \geqslant 3$. 若 G 含有圈, 则 $g < \infty$, 由定理 8.5 知

$$\varepsilon \leqslant \frac{g}{g-2}(\nu - 2) \leqslant 3(\nu - 2) = 3\nu - 6.$$

若 G 不含有圈, 则 G 为森林, 从而由 $\nu \geqslant 3$ 知 $\varepsilon \leqslant \nu - 1 \leqslant 3\nu - 6$. $\qquad\square$

推论 8.4 设 G 是简单平面图, 则 $\delta \leqslant 5$.

证 对于 $\nu = 1, 2$, 推论显然成立.

若 $\nu \geqslant 3$, 则由推论 8.3 知

$$\delta \cdot \nu \leqslant \sum_{v \in V(G)} d(v) = 2\varepsilon \leqslant 6\nu - 12,$$

此即 $(6 - \delta)\nu \geqslant 12$, 故 $6 - \delta > 0$, 从而 $\delta \leqslant 5$. $\qquad\square$

推论 8.5 K_5 和 $K_{3,3}$ 都不是平面图.

证 因为 $10 = \varepsilon(K_5) > 3(\nu - 6) = 9$, 所以由推论 8.3 知 K_5 不是平面图.

由于 $K_{3,3}$ 的围长 $g = 4$, 因此, $\varepsilon(K_{3,3}) = 9 > \frac{g}{g-2}(\nu - 2) = 8$. 由定理 8.5 知 $K_{3,3}$ 不是平面图. $\qquad\square$

8.3　极大平面图和极大外平面图

本节研究在顶点个数给定的条件下, 边数最多的平面图的特征.

8.3.1　极大平面图

定义 8.7 (极大平面图, 极大平图)　设 G 是简单平面图, 若对于 G 中任何不相邻的相异顶点 u 和 v, $G + uv$ 不是平面图, 则称 G 为**极大平面图** (maximal planar graph). 极大平面图的平面嵌入称为**极大平图**.

例如, $K_5 - e$ 就是极大平面图.

定理 8.7　G 是 $\nu \geqslant 3$ 的极大平面图, 当且仅当 G 的任何平面嵌入中每个面的边界都是 3 圈.

证　充分性显然.

下面证明必要性. 若 G 的平面嵌入 $\tilde{G}$ 中有一个面 f 的边界 $b(f)$ 不是 3 圈, 则由 G 是 $\nu \geqslant 3$ 的简单图知, $b(f)$ 中必有两个顶点 u 和 v 在 $\tilde{G}$ 中不相邻, 从而 $\tilde{G} + uv$ 仍为平图, 它是 $H + uv$ 的一个平嵌入, 此与 G 是极大平面图相矛盾.　□

推论 8.6　设 G 是 $\nu \geqslant 3$ 的简单平面图, 则 G 是极大平面图, 当且仅当 $\varepsilon = 3\nu - 6$.

证　(必要性) 设 G 为极大平面图, 则 G 连通, 且 G 的任何平面嵌入 $\tilde{G}$ 中每个面的度均为 3, 从而

$$3\phi(\tilde{G}) = \sum_{f \in F(\tilde{G})} d_{\tilde{G}}(f) = 2\varepsilon(\tilde{G}),$$

于是由 Euler 公式有

$$2 = \nu(\tilde{G}) - \varepsilon(\tilde{G}) + \phi(\tilde{G}) = \nu(\tilde{G}) - \frac{1}{3}\varepsilon(\tilde{G}),$$

因此

$$\varepsilon(G) = \varepsilon(\tilde{G}) = 3\nu(\tilde{G}) - 6 = 3\nu(G) - 6.$$

(充分性) 设 G 是 $\nu \geqslant 3$ 的简单平面图, 且 $\varepsilon = 3\nu - 6$, 则由推论 8.3 知 G 是极大平面图.　□

8.3.2　极大外平面图

定义 8.8 (外平面图, 极大外平面图)　如果图 G 有一个平面嵌入 $\tilde{G}$, 使 G 的所有顶点均在 $\tilde{G}$ 的外部面的边界上, 则称 G 为**外平面图** (outerplanar graph). 外平面图 G 的这样一个平面嵌入 $\tilde{G}$ 称为**外平图** (outerplane graph). 若 G 是简单

外平面图, 且对于 G 中任何不相邻的相异顶点 u 和 v, $G+uv$ 不是外平面图, 则称 G 是**极大外平面图** (maximal outerplanar graph). 极大外平面图的一个使其所有顶点均在外部面边界上的平面嵌入称为**极大外平图** (maximal outerplane graph).

类似定理 8.7 的证明, 可以证明下面的定理.

定理 8.8 G 是 $\nu \geqslant 3$ 的极大外平图, 当且仅当 G 的外部面的边界是 Hamilton 圈, 且每个内部面的边界是 3 圈.

定理 8.9 设 G 是 $\nu \geqslant 3$ 的极大外平图, 则 G 有 $\nu - 2$ 个内部面.

证 对 ν 进行归纳. 当 $\nu = 3$ 时, 结论显然成立. 设 G 是 $\nu(G) \geqslant 4$ 的极大外平面图, 记 $\nu = \nu(G)$. 假设对于所有顶点数小于 ν 的极大外平图 G_1 都有 $\nu(G_1) - 2$ 个内部面, 根据定理 8.8 知 G 的外部面的边界上有一个顶点 v 的度为 2, 因此, $G-v$ 仍是极大外平图. 由归纳假设知, $G-v$ 有 $\nu(G-v) - 2$ 个内部面, 从而

$$\phi(G) - 1 = \phi(G-v) = \nu(G-v) - 1 = \nu(G) - 2,$$

即 $\phi(G) = \nu(G) - 1$, 故 G 有 $\nu(G) - 2$ 个内部面. □

推论 8.7 (1) 若 G 为极大外平面图, $\nu \geqslant 3$, 则 $\varepsilon = 2\nu - 3$.

(2) 若 G 为简单外平面图, $\nu \geqslant 3$, 则 $\varepsilon \leqslant 2\nu - 3$.

(3) 设 G 是 $\nu \geqslant 3$ 的简单外平面图, 则 G 是极大外平面图, 当且仅当 $\varepsilon = 2\nu - 3$.

证 (1) 由定理 8.9, G 有一个平面嵌入 $\tilde{G}$ 为极大外平图, 且 $\tilde{G}$ 有 $\nu - 2$ 个内部面. 再由定理 8.8 得

$$\varepsilon(G) = \varepsilon(\tilde{G}) = \frac{1}{2}\sum_{f\in F(\tilde{G})} d_{\tilde{G}}(f) = \frac{1}{2}\left[\nu(\tilde{G}) + 3(\nu(\tilde{G}) - 2)\right]$$

$$= 2\nu(\tilde{G}) - 3 = 2\nu(G) - 3.$$

(2) 因为一个简单外平面图总可以通过添加新边得到极大外平面图, 所以由 (1) 知, $\varepsilon \leqslant 2\nu - 3$.

(3) 由 (1) 和 (2) 即得. □

最后, 我们指出: K_4 和 $K_{2,3}$ 都不是外平面图. 这是因为 K_4 和 $K_{2,3}$ 的所有平面嵌入均具如图 8.5 所示的形式, 它总有一个顶点不在外部面的边界上.

K_4 $\qquad K_{2,3}$

图 8.5 K_4 和 $K_{2,3}$ 都不是外平面图

8.4   Kuratowski 定理

本节给出平面图的充要条件.

8.4.1   剖分图和 H 分枝

为了给出平面图的充要条件, 先给出剖分图的概念.

定义 8.9 (剖分图)   把图 G 进行一系列边的剖分而得到的图称为 G 的**剖分图** (subdivision).

例如, 如图 8.6 所示图 G, 它是由连续剖分 K_5 中边 $v_1 v_2$ 三次而得到的图, 其中 u_1, u_2, u_3 是由剖分运算新产生的顶点.

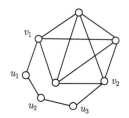

图 8.6 K_5 的剖分图

由于边的剖分运算相当于在该边上添加一个顶点, 因此剖分运算不改变图的平面性. 所以下面两个引理成立.

引理 8.1   若 G 不是 (外) 平面图, 则 G 的任何剖分图也都不是 (外) 平面图.   □

引理 8.2   若 G 是 (外) 平面图, 则 G 的任何子图也是 (外) 平面图.   □

由于 K_5 和 $K_{3,3}$ 不是平面图, 故平面图必不含有 K_5 或 $K_{3,3}$ 的剖分图. 1930 年, 波兰数学家 Kuratowski 指出: 若 G 不含有 K_5 或 $K_{3,3}$ 的剖分图, 则 G 是平面图. 这就是本节将要证明的重要结论.

我们先给出 C 分枝的概念.

定义 8.10 (H 分枝)   设 H 是图 G 的一个图. 图 G 的一个 **H 分枝** (branch) B 是指, 或者 B 是端点在 H 上的一条边, 或者 B 是由 $G-V(H)$ 的一个连通分支的所有边连同这个连通分支与 H 之间的所有边导出的子图. 我们把 $V(B) \cap V(H)$ 中的顶点称为 H 分支 B 的**接触点** (attachable vertex), H 分支 B 的接触点集合记作 $V_G(B, H)$.

特别地, 若 H 是圈, 则通常把 H 分枝称为 **C 分枝**.

设 B 和 B' 是 G 的两个 C 分枝. 若图 C 上存在两个顶点 x 和 y, 使 B 的接触点在 C 的 (x, y) 节 P_1 上, 而 B' 的接触点在 C 的另一个 (x, y) 节 P_2 上,

则称 B 与 B' 是**回避的** (avoiding). 若 B 与 B' 不是回避的, 则称它们的**重叠的** (overlapping). 若 $V(B) \cap V(C) = V(B') \cap V(C)$, 且 $|V(B) \cap V(C)| = 3$, 则称 B 与 B' 是 **3 等价的** (3-equivalent). 若存在 C 的四个不同的顶点 x_1, x_2, x_3, x_4, 并且这四个顶点在 C 上的顺序为 x_1, x_2, x_3, x_4, 使得 $x_1, x_3 \in V(B)$, $x_2, x_4 \in V(B')$, 则称 B 与 B' 是**偏斜的** (skew).

如图 8.7 所示, 有四个 C 分枝, 其中 B_2 与 B_3 是回避的; B_1 与 B_2 是 3 等价的; B_3 与 B_4 是偏斜的.

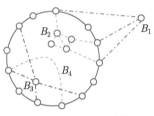

图 8.7　图的 C 分枝

引理 8.3　设 B 与 B' 是重叠的两个 C 分枝, 则它们或者是 3 等价的或者是偏斜的.

证　因为 B 与 B' 是重叠的, 所以 B 和 B' 各有至少两个接触点. 若

$$|V(B) \cap V(C)| = 2 \quad \text{或} \quad |V(B') \cap V(C)| = 2,$$

则 B 与 B' 显然是偏斜的, 故设 B 和 B' 都至少有 3 个接触点. 分两种情况讨论.

(1) 若 $V(B) \cap V(C) \subseteq V(B') \cap V(C)$, 设 $|V(B') \cap V(C)| = k$. 当 $k = 3$ 时, 则 B 与 B' 是 3 等价的; 当 $k \geqslant 4$ 时, B 与 B' 是偏斜的.

(2) 若 $V(B) \cap V(C)$ 不是 $V(B') \cap V(C)$ 的子集, 则 B 有一个接触点 $u \notin V(B')$, 设 u 在 B' 的两相继的接触点 u', v' 之间, 即 u 在 C 上 (u', v') 节 P_1 上. 因 B 与 B' 重叠, 故 B 有一个接触点 v 不在 P_1 上, 于是 B 与 B' 偏斜.　□

设 $\kappa(G) = 2$, $\{u, v\}$ 是 G 的 2 顶点割. 设 G' 是 $G - \{u, v\}$ 的一个连通分支, 令

$$G_1 = G[V(G') \cup \{u, v\}], \quad G_2 = G - V(G'),$$

并记

$$H_i = \begin{cases} G_i + uv, & uv \notin E(G), \\ G_i, & uv \in E(G). \end{cases}$$

即 H_i 中总是含有边 uv, 并且有:

引理 8.4　若 G 不是平面图, 则 H_1 和 H_2 中至少有一个不是平面图.

证 (反证法) 若 H_1 和 H_2 都是平面图, 则由定理 8.3 可得 H_i 的平面嵌入 $\tilde{H}_i$ 使 u, v 均在 $\tilde{H}_i$ 的外部面边界上, $i = 1, 2$, 从而得到 G 的平面嵌入, 矛盾.　□

引理 8.5　设 G 不是平面图, 且不含 K_5 或 $K_{3,3}$ 的剖分图, 并且有尽可能少的边数, 则 G 是 3 连通简单图.

证　设 G 满足引理的条件, 则由极小性知 G 是简单连通图. 先证 $\kappa(G) \geqslant 2$. 若不然, 设 $\{v\}$ 是 G 的 1 顶点割, G' 是 $G - v$ 的一个连通分支, 令 $G_1 = G[V(G') \cup \{v\}]$, $G_2 = G - V(G_1)$. 于是 G_1 和 G_2 都不含 K_5 或 $K_{3,3}$ 的剖分图, 且它们之中至少有一个不是平面图 (同引理 8.4 的证明), 此与 G 的极小性矛盾. 再证 $\kappa(G) \geqslant 3$. 事实上, 若 $\kappa(G) = 2$, 设 $\{u, v\}$ 是 G 的 2 顶点割, 由引理 8.4 知, 相应的 H_1, H_2 中必有一个不是平面图. 设 H_1 不是平面图, 因 $\varepsilon(H_1) < \varepsilon(G)$, 故由 G 的极小性知, H_1 必含有一个子图 K, 它是 K_5 或 $K_{3,3}$ 的剖分图. 由于 G 不含 K_5 或 $K_{3,3}$ 的剖分图, 因此 $e = uv \in E(K)$. 设 P 是 $H_2 - e$ 中的一条 (u, v) 链, 则 G 含有子图 $(K \cup P) - e$, 它是 K 的一个剖分图, 从而是 K_5 或 $K_{3,3}$ 的剖分图, 但这与假设矛盾.　□

8.4.2　Kuratowski 定理

下面给出 Kuratowski 定理的证明.

定理 8.10 (Kuratowski, 1930)　一个图是平面图当且仅当它不含有 K_5 或 $K_{3,3}$ 的剖分图.

证　只需证明充分性. 由引理 8.5 知, 使充分性不成立的边数最少的反例必是 3 连通简单图. 因此只需证明: 若 G 是 3 连通简单图, 且 G 不含 K_5 或 $K_{3,3}$ 的剖分图, 则 G 有一个平面嵌入.

对 ν 进行归纳. 当 $\nu \leqslant 4$ 时显然成立. 假设所有顶点数小于 ν 的 3 连通简单图, 若不含 K_5 或 $K_{3,3}$ 的剖分图, 则它是平面图. 设 G 是 ν 阶 3 连通简单图, $\nu \geqslant 5$. 根据知定理 5.17 知 G 中存在边 $e = xy$ 使 $G \cdot e$ 是 3 连通无环图. 若 $G \cdot e$ 有 K_5 或 $K_{3,3}$ 的剖分图, 则不难验证 G 也有. 因此, $G \cdot e$ 不含 K_5 或 $K_{3,3}$ 的剖分图. 设 G' 是 $G \cdot e$ 的基础简单图, 则 G' 是 3 连通简单图, 且不含 K_5 或 $K_{3,3}$ 的剖分图. 因 $\nu(G') = \nu(G \cdot e) < \nu(G)$, 故由归纳假设知, G' 是平面图, 从而 $G \cdot e$ 是平面图. 设 H 是 $G \cdot e$ 的一个平面嵌入, 令 z 是收缩边 e 得到的新顶点, 则 $H - z$ 是 2 连通无环图, 于是, 它的每个面的边界都是圈.

容易知道, $H - z$ 中存在一个面 f, 使得 H 中顶点 z 在 f 的内部. 设圈 C 是面 f 的边界, 则 $N_H(z) \subseteq V(C)$, 从而 $N_{C-e}(x) \subseteq V(C)$, $N_{C-e}(y) \subseteq V(C)$. 在 $G - e$ 中, 存在唯一的 C 分枝 B_x 包含 x, 存在唯一的 C 分枝 B_y 包含 y. 若 B_x 与 B_y 回避, 则在 $H - z$ 中添加顶点 x, y 及其关联的边 e, 就可得到 G 的一个平面嵌入 (见图 8.8(a)). 若 B_x 与 B_y 重叠, 由引理 8.3 知 B_x 与 B_y 或者是 3 等

价的, 或者是偏斜的. 易知, 当 B_x 与 B_y 是 3 等价的, G 含有 K_5 的剖分图 (见图 8.8(b)); 当 B_x 与 B_y 是偏斜的, G 含有 $K_{3,3}$ 的剖分图 (见图 8.8(c)), 这都与假设条件相矛盾. □

(a) B_x 与 B_y 回避　　　(b) B_x 与 B_y 等价　　　(c) B_x 与 B_y 偏斜

图 8.8　B_x 与 B_y 的关系

定义 8.11 (Kuratowski 子图)　若 G' 是 G 的一个子图, 且 G' 是 K_5 或 $K_{3,3}$ 的剖分图, 则称 G' 是 G 的 **Kuratowski 子图**.

例 8.3　设图 G 如图 8.8(b) 所示, 证明它不是平面图.

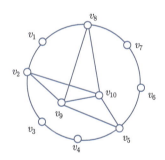

图 8.9　Kuratowski 子图

证　该图含有 K_5 的剖分图, 因而 G 不是平面图. 这是因为, 如图 8.9 所示, 链 $v_2v_1v_8$ 可以看成是剖分边 v_2v_8、链 $v_8v_7v_6v_5$ 可以看成是剖分边 v_5v_8、链 $v_2v_3v_4v_5$ 可以看成是剖分边 v_2v_5, 于是图 G 含有 Kuratowski 子图, 即 K_5 的剖分图. 由 Kuratowski 定理, G 不是平面图. □

例 8.4　判断图 G 是否为平面图 (图 8.10).

解　该图 G 不是平面图. 首先取图 G 中的一个圈 $C = v_1v_2v_3v_4v_8v_7v_6v_5v_1$, 将圈 C 边不交地画在平面内, 如图 8.11(a) 所示. 然后依次将其他边画在平面内, 如可依次将与 v_1 关联的两条边 v_1v_3, v_1v_4, 全部画在内部面内, 这时, 与 v_2 关联的两条边 v_2v_6, v_2v_7 只能边平交画在外部面内. 接下来发现, 边 v_3v_6 已经无法边不交画进图 8.11(b). 不难发现, 在图 8.11(b) 中添加边 v_3v_6 后有 G 的一个 Kuratowski 子图. 因此, 图 G 不是平面图. □

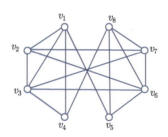

图 8.10　例 8.4 的图 G

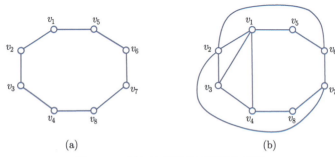

(a)   (b)

图 8.11　添加边得到的平面嵌入子图

下面再研究外平面图的充要条件.

由引理 8.1 和引理 8.2 可知, 外平面图必不含有 K_4 或 $K_{2,3}$ 的剖分图. 下面定理说明它的逆命题也成立.

定理 8.11　图 G 是外平面图, 当且仅当 G 不含 K_4 或 $K_{2,3}$ 的剖分图.

证　只需证明充分性. 用反证法. 设 G 不是外平面图, 且不含 K_4 或 $K_{2,3}$ 的剖分图, 并且有尽可能少的边数, 则 G 是简单连通图. 用引理 8.5 中类似的方法可以证明 $\kappa(G) \geqslant 2$. 从而 G 中任何两个顶点都在一个圈上. 设 C 为 G 的最长圈, 则 C 的长至少为 4, 否则 $G = K_3$, 此与 G 不是外平面图矛盾.

我们断言: C 是 G 的 Hamilton 圈, 若不然, 取 $v_1 \notin V(C)$, 使 v_1 与 C 上一点 u_1 相邻. 因 G 是 2 连通的, 故 $G - u_1$ 中存在 (u_1, u_2) 链 P, 使 $u_2 \in V(C)$, 且 $V(C) \cap V(P) = \{u_2\}$. 因为 C 的长至少为 4, 所以存在相异顶点 v_2, v_3, 使 $v_2 u_1, u_1 v_3 \in E(C)$. 而 C 是最长圈, 故 $u_2 \neq v_2, v_3$. 于是 G 含有 $K_{2,3}$ 的剖分图, 矛盾.

由于 G 不是外平面图, C 是 G 的 Hamilton 圈, 因此, 当把 G 的其他边画在 C 的内部时, 至少有两条这 uv, xy 使其四个端点在 C 上出现的次序为 u, x, v, y, 于是 G 含有 K_4 的剖分图, 矛盾.　　　　　　　　　　　　　　　　　　　　　　$\square$

8.5 四色问题

四色问题是 Francis Guthrie 于 1852 年在和他弟弟 Fredrick Guthrie 的通信中提出的. 当然, 也有报告说 Möbius 在 1840 年就已熟悉这个问题. 但肯定是由 Fredrick 转告他的老师 De Morgan 的. De Morgan 与朋友通信中讨论过这个问题, 但不能证明也无法否定. 引起数学界广泛关注是在 1878 年 Cayley 发表一篇《论地图着色》的文章之后. Kempe 和 Tait 分别在 1879 年和 1880 年著文声称证明了四色问题. 但在 1890 年, Heawood 指出了 Kempe 证明中的错误, 并且利用 Kempe 的方法证明了五色定理. Tait 证明中的错误是 Petersen 于 1891 年指出的, 不过他应用 Tait 的思想证明四色问题等价于: 任何简单 2 边连通 3 正则平面图的边色数为 3. 直到 1976 年, 美国人 Apple 和 Haken 在 Koch 的协助下, 借助于计算机对这个百年来悬而未决的数学难题给出的一个异常繁冗的证明, 他们进行了百亿次逻辑判断, 耗费一千多个机时, 证明了每个简单平面图都是 4 可着色的. 人们把这个结果称为四色定理. 但是, 给出四色定理的一个无需借助计算机的证明, 仍然是一个没有解决的问题.

8.5.1 四色问题的三种数学描述

四色问题 (four-color problem) 一般叙述为: 在任何一张地图上, 是否能够只用四种颜色给各个国家染色, 就能保证任意两个相邻国家都可以染上不同的颜色? 四色问题作为一个数学问题应当是严谨的, 因此需要给出 "国家" 和 "相邻国家" 的准确说法.

"国家" 是指由一条或几条自身不相交的连续闭曲线围成的连通区域, 即一个国家不允许有两块或两块以上互不毗邻的领土. 如图 8.12 所示, 如果允许 A 国家有两块互不毗邻的领土, 则该地图需要 5 种颜色.

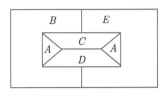

图 8.12   有两块互不毗邻领土的国家

"两国相邻" 是指它们的公共边界上至少包含一段连续曲线, 所以, 两个只在有限个点接壤的国家不算相邻. 如图 8.13 所示, 如果把只在有唯一一个点接壤的八个国家算作相邻, 则该地图需要 8 种颜色. 因此, 只在有限个点接壤的两个国家算作相邻, 也不能保证只用四种颜色对地图染色使得相邻国家的颜色不同.

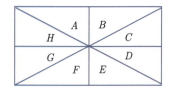

图 8.13   只在有限个点接壤的国家

最后, 还要约定地图上的国家的数目是有限的.

如果把至少属于三个国家的边界上的点看作图的顶点, 把连接两个顶点的两国的公共边界看成图的边, 并且当一个国家被另一个国家完全包围时, 就在其公共边界闭曲线上任取一点作为顶点, 这样, 地图就成为一个嵌入平面或球面的图, 根据定理 8.2, 不妨设地图是一个平图. 此时, 国家对应着平图的一个面; 两个国家相邻, 当且仅当平图上对应的两个面相邻. 图 8.14 中地图有 8 个顶点; 12 条边, 其中有一条边是环, 还有一对重边; 有 7 个面.

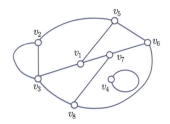

图 8.14   地图对应的平图

值得注意的是, 因为地图上一条边界的两侧总是不同的国家, 所以地图对应的平图没有割边. 于是可得

四色问题 (表述一): 是否能用四种颜色给任意一个无割边的平图的面染色, 使得任何相邻的面的颜色不同.

定义 8.12 (面着色, 面色数)   对于一个平图 G, 如果能够把每个面染以给定的 k 种不同颜色中的一种, 使得任意相邻的两个面的颜色不同, 则称这种染法为正常的 k 面着色 (proper k-face coloring), 简称为 **k 面着色**, 称 G 是 k 面可着色的 (k-face colorable). 使得 G 是 k 面可着色的最小 k 值称为 G 的**面色数** (face chromatic number), 记作 $\chi^*(G)$.

借助于面色数, 四色问题又可以陈述为:

四色问题 (表述二): 对于任何无割边的平图 G, 是否总有 $\chi^*(G) \leqslant 4$?

因为无割边的平图 G 的对偶图 G^* 是无环平面图, 并且 G 的面与 G^* 的顶点一一对应, G 中两个不同的面是否相邻, 对应于 G^* 中两个不同的顶点是否相邻, 所以 $\chi^*(G) = \chi(G^*)$. 显然, G^* 的基础简单图 G' 满足 $\chi(G') = \chi(G^*)$, 从而有

四色问题 (表述三): 对于简单平面图 G, 是否总有 $\chi(G) \leqslant 4$?

8.5.2 五色定理

尽管四色问题证明十分困难, 但五色定理却早在 1890 年就得到了证明.

定理 8.12 (Heawood,1890) 每个简单平面图都是 5 可着色的.

证 因为任何平面图都有平面嵌入, 所以只需证明: 任何简单平图都是 5 可着色的. 对顶点数 ν 进行归纳. $\nu \leqslant 5$ 时定理成立. 设 G 是 ν 阶简单平图, $\nu \geqslant 6$. 假设任何阶数小于 ν 的简单平图都是 5 可着色的. 令 $d_G(v) = \delta(G)$. 由归纳假设知 $\nu - 1$ 阶简单平图 $H = G - v$ 是 5 可着色的. 若 $d_G(v) \leqslant 4$, 则对 H 的任何 5 着色, $N_G(v)$ 中顶点最多使用 5 种颜色中的 4 种, 用余下的一种颜色染 v 即可. 下设 $d_G(v) \geqslant 5$. 由推论 8.4 知 $\delta \leqslant 5$, 从而 $d_G(v) = 5$, 设 $N_G(v) = \{v_1, v_2, v_3, v_4, v_5\}$.

设 $(V_1, V_2, \cdots, V_5)$ 是 H 的一个 5 着色, 若存在某个 $1 \leqslant i \leqslant 5$, 使 $V_i \cap N_G(v) = \varnothing$, 则只要用颜色 ⑤ 染 v 就得到 G 的 5 着色, 故可设 $\forall 1 \leqslant i \leqslant 5$, 有 $V_i \cap N_G(v) \neq \varnothing$, 即 $N_G(v)$ 中五个顶点的颜色互不相同. 不妨设 $v_i \in V_i (i = 1, 2, \cdots, 5)$. 考虑

$$G_{ij} = H[V_i \cup V_j], \quad 1 \leqslant i < j \leqslant 5.$$

如果存在 $1 \leqslant p < q \leqslant 5$, 使得 v_p 与 v_q 不属于 G_{pq} 的同一个连通分支, 则把 v_p 所在的连通分支中颜色 ⑫, ⑬ 互换, 所得到的仍是 H 的一个 5 着色, 经过颜色对换后, v_p 就染成了与 v_q 相同的颜色, 从而 $N_G(v)$ 中顶点没有用到颜色 ⑫, 用 ⑫ 染顶点 v 就得到 G 的一个 5 着色. 如果 $\forall 1 \leqslant i < j \leqslant 5$, v_i 与 v_j 都属于 G_{ij} 的同一个连通分支, 则 H 中有一条 (v_i, v_j) 链 P_{ij}, 使 P_{ij} 上顶点的颜色为 ⑤ 或 ⑬. 考虑链 P_{13} 和 P_{24}(见图 8.15). 因 H 是平图, 故 P_{13} 和 P_{24} 必有公共顶点 u, 作为 P_{13} 上的顶点, u 要染 ① 或 ③; 同时, 作为 P_{24} 上的顶点, u 要染 ② 或 ④, 这是一对矛盾. $\qquad \square$

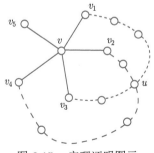

图 8.15 定理证明图示

8.6 平面性检测算法

Kuratowski 定理给出了平面图的等价刻画, 但它不能直接用来判断图的平面性. 本节将介绍检测平面性的 DMP 算法, 该算法可以给平面图的一个平面嵌入, 同时, 也能给非平面图的一个 Kuratowski 子图.

8.6.1 DMP 算法

下面我们来介绍检测图的平面性的 DMP 算法, 它是由 Demoucron, Malgrange 和 Pertuiset 于 1964 年提出的. 在发现 DMP 算法之后, Hopcroft 和 Tarjan 又给出了复杂性为 $O(n)$ 的更快算法, 感兴趣的读者可参阅相关参考资料, 本节仅介绍 DMP 算法. DMP 算法是借助于 8.4.1 节中介绍的 H 分枝和接触点的概念, 以逐步扩张的方式给出平面性检测方案. 算法的思想是: 从 G 的一个可平面子图 H 出发, 先将 H 嵌入平面, 然后边不交地添加 H 分枝中的边, 这样逐步建立越来越大的 G 的可平面子图, 最后扩张成 G 的平面嵌入或得到 Kuratowski 子图.

定义 8.13 (容许的) 设 H 是平面图 G 的一个子图, $\tilde{H}$ 是 H 的平图. 若存在 G 的平图 $\tilde{G}$ 使 $\tilde{H} \subseteq \tilde{G}$, 则称 $\tilde{H}$ 是 G **容许的**.

如图 8.16 所示, G 是平面图, H_1 和 H_2 都是它的可平面子图, 但是 H_2 不是容许子图. 在 H_2 中无法边不交地添加 $v_1 v_4$, 而 H_1 则是容许子图.

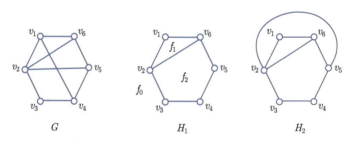

图 8.16 容许子图 H_1 和非容许子图 H_2

定义 8.14 (面 f 内可画出) 设 B 是 G 的 H 分枝, f 是平图 $\tilde{H}$ 的面, 若 B 的所有接触点 $V_G(B, H)$ 都在面 f 的边界上, 则称 B 在**面 f 内可画出**. 能使 B 可画出的 $\tilde{H}$ 的面的集合记作 $F_G(B, \tilde{H})$.

例如, 在图 8.16 中, $B_1 = \{v_1 v_4\}$ 和 $B_2 = \{v_2 v_5\}$ 是两个 H_1 分枝, 设 f_0 为 H_1 的外部面, f_1, f_2 为 H_1 的内部面, 则 $F_G(B_1, H_1) = \{f_0\}$, $F_G(B_2, H_1) = \{f_0, f_2\}$, 而 $F_G(B_1, H_2) = \varnothing$.

在对图 G 进行平面性检测之前, 为简化运算, 我们先对图 G 进行如下预处理:

(1) 若 G 不连通, 分别检测每一个连通分支. G 是平面图, 当且仅当它的所有连通分支都是平面图.

(2) 若 G 有割点, 分别检测每一块. G 是平面图, 当且仅当它的所有块都是平面图.

(3) 删去 G 中的环.

(4) 有一条边代替 G 中度为 2 的顶点和与之相关联的两条边. 这是因为, 度为 2 的顶点可以看成由剖分运算产生, 而剖分运算不改变图的平面性.

(5) 一对顶点之间若有多条重边, 则删去其余的边而只保留一条.

反复交错使用 (4) 和 (5), 直到不能使用为止. 在做了上述简化之后, 在简单图 G 中再利用平面图的充分条件或必要条件加以判别:

(a) 若 $\nu < 5$, 则 G 是平面图;

(b) 若 $\varepsilon < 9$, 则 G 是平面图;

(c) 若无圈, 则 G 是平面图;

(d) 若 $\varepsilon > 3\nu - 6$, 则 G 不是平面图;

(e) 若 $\delta(G) > 5$, 则 G 不是平面图.

如果不满足上述 (a)~(e), 则用 DMP 算法检测 G 的平面性. DMP 算法的关键是, 在不断从当前 H 分枝中选出链进行添加时, 若碰到某个 H 分枝 B 使得 $|F_G(B, \tilde{H})| = 1$, 则必须优先添加该分枝 B.

DMP 算法:

Step 1 设 H_1 是 G 的一个圈, 求出 H_1 的平图 $\tilde{H}_1$, 令 $i = 1$.

Step 2 若 $E(G) - E(H_i) = \varnothing$, 则算法结束; 若 $E(G) - E(H_i) \neq \varnothing$, 则确定 G 的所有 H_i 分枝, 并对每个 H_i 分枝 B, 确定可画出面集合 $F_G(B, \tilde{H}_i)$.

Step 3 若存在 H_i 分枝 B 使 $F_G(B, \tilde{H}_i) = \varnothing$, 则停止, 此时 G 是非平面图; 若存在 H_i 分枝 B 使 $|F_G(B, \tilde{H}_i)| = 1$, 则取 $f \in F_G(B, \tilde{H}_i)$; 若不存在这样的分枝, 则取 B 是任何一个 H_i 分枝, 并任取 $f \in F_G(B, \tilde{H}_i)$.

Step 4 选取 B 的两个接触点 $x, y \in V_G(B, H_i)$, 以及分枝 B 中一条 (x, y) 链 P_i, 令

$$H_{i+1} = H_i \cup P_i,$$

并把 P_i 画在 $\tilde{H}_i$ 的面 f 内, 得到 H_{i+1} 的平面嵌入 $\tilde{H}_{i+1}$, 令 $i := i + 1$, 转 Step 2.

例 8.5 判断如图 8.17 所示的 Petersen 图是否为平面图.

解 用 DMP 算法, 从圈 $H_1 = v_1 v_2 v_3 v_4 v_5 v_1$ 开始, 只有一个 H_1 分枝, 如图 8.18 所示; 取 H_1 分枝中的一条链 $P_1 = v_2 v_7 v_9 v_6 v_8 v_{10} v_5$, 将 P_1 在 $\tilde{H}_1$ 的内部面中画出, 得 $\tilde{H}_2$; H_2 有四个 H_2 分枝, 分别为 $v_1 v_6, v_7 v_{10}, v_3 v_8, v_4 v_9$ 且

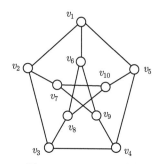

图 8.17　Petersen 图

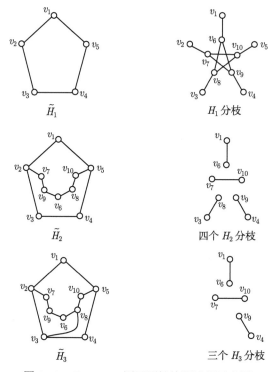

图 8.18　Petersen 图平面性检测过程示意图

$$\left| F_G\left(v_1 v_6, \tilde{H}_2\right) \right| = 1,$$

$$\left| F_G\left(v_7 v_{10}, \tilde{H}_2\right) \right| = 2,$$

$$\left| F_G\left(v_3 v_8, \tilde{H}_2\right) \right| = 1,$$

$$\left| F_G\left(v_4 v_9, \tilde{H}_2\right) \right| = 1.$$

取 H_2 分枝中的一条链 $P_2 = v_3v_8$, 将 P_2 在 $\tilde{H}_2$ 内画出, 得 $\tilde{H}_3$; 此时发现

$$F_G(v_4v_9, \tilde{H}_3) = \varnothing,$$

故由 DMP 算法知 Petersen 图不是平面图. □

由 Kuratowski 定理, 既然 Petersen 图不是平面图, 那么它必含有 K_5 或 $K_{3,3}$ 的剖分图. 从 Petersen 图中至少删除 2 条边才能得到平面图.

8.6.2 DMP 算法的证明

借助 H 分枝概念, 下面证明 DMP 算法的正确性.

定理 8.13 如果图 G 是可平面图, 则 DMP 算法必产生 G 的一个平面嵌入.

证 不妨设 G 是 2 连通图. 圈可以以闭合曲线的形式嵌入平面, 因此如果 G 是平面图, 则 H_1 可以扩张成 G 的一个平面嵌入. 只需证明: 如果平面图 H_i 可以扩张成 G 的一个平面嵌入, 且算法从 H_i 构造得到 H_{i+1}, 那么 H_{i+1} 也可以扩张成 G 的一个平面嵌入.

如果某个 H_i 分枝 B 使得 $|F_G(B, H_i)| = 1$, 则将 H_i 扩张成 G 的一个平面嵌入时只有一个面可以包含链 P_i, 算法将 P_i 放在这个面中得到了 H_{i+1}, 因此, 这种情况下 H_{i+1} 可被扩张成 G 的平面嵌入.

问题只会出现在以下情况中: $|F_G(B, H_i)| > 1$ 对所有 B 都成立并且在将所选分枝中的链 P_i 进行平面嵌入时选错了面.

我们假定: (1) 将 P_i 嵌入到面 $f \in F_G(B, H_i)$; (2) H_i 可以扩张成 G 的平面嵌入 $\tilde{G}$, 但是在 $\tilde{G}$ 中 P_i 位于另外一个面 $f' \in F_G(B, H_i)$. 我们修改 $\tilde{G}$, 并证明 H_i 可以被扩张成 G 的另一个面嵌入 G', 并且在平图 G' 中 P_i 位于 f 内. 这说明我们选择将 P_i 画在面 f 内得到的 H_{i+1} 也可以被扩张成 G 的一个平面嵌入.

设在 f 和 f' 的边界上的公共顶点构成集合 V_0, 因为 $f \in F_G(B, H_i)$, $f' \in F_G(B, H_i)$, 所以 V_0 必包含了 B 的所有接触点. 按如下方式画出 G': 在 $\tilde{G}$ 中的面 f 和 f' 内找出接触点含于 V_0 的所有 H_i 分枝, 绘制 G' 时将这些 H_i 分枝在 f 和 f' 内的位置相互调换, 使得在 G' 中 B 位于 f 内. 如图 8.19 所示, 其中实线表示 H_i, 虚线表示位于面 f 和 f' 中的 H_i 分枝, 其他分枝未画出.

这种调换能够得到 G 的平面嵌入 G', 除非某个未调换的 H_i 分枝 B' 与某个调换后的分枝 B'' 发生冲突, 即 B' 与 B'' 不能边不交地画在 f 或 f' 面内, 不妨设它们不能边不交地画在 f 内, 如图 8.20 所示.

由于 B' 和 B'' 冲突, 故它们不是回避的. 由引理 8.3 知, B' 和 B'' 要么是 3 等价的, 要么是偏斜的. 注意到 $V'' \subseteq V_0$ 且 $V' \not\subseteq V_0$, 这意味着 B' 和 B'' 是偏斜的. 设 u, x, v, y 是交替出现的 4 个点, 其中 $x, y \in V'' \subseteq V_0$, 而 $u, v \in V'$, 其中 $v \notin V_0$, 如图 8.20 所示.

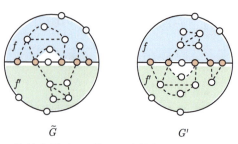

图 8.19　接触点属于 V_0 的 H_i 分枝在 f, f' 位置互换示意图

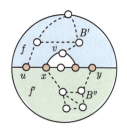

图 8.20　B' 与 B'' 冲突示意图

由于 $v \notin V_0$, 并且在 f 的边界上 x 介于 u 和 v 之间, 故没有其他面可以同时包含 u 和 v, 从而 B' 的接触点就不是至少含于两个面中, 这与 $|F_G(B', H_i)| > 1$ 矛盾. □

对于平面图 G, DMP 算法可给出其平图; 对于非平面图, DMP 算法则会给出一个 Kuratowski 子图, 即 K_5 或 $K_{3,3}$ 的剖分图. 例如, 在例 8.5 中, 其解题过程中得到了 $\tilde{H}_3$ 且

$$F_G(v_4 v_9, \tilde{H}_3) = \varnothing,$$

即在 $\tilde{H}_3 + v_4 v_9$ 中必含有 K_5 或 $K_{3,3}$ 的剖分图. 在 $\tilde{H}_3 + v_4 v_9$ 中将度为 2 的顶点 v_1, v_7, v_{10}, v_6 看成剖分运算新产生的顶点, 由此可见 $\tilde{H}_3 + v_4 v_9$ 是 $K_{3,3}$ 剖分图. 如图 8.21 所示.

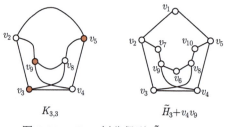

图 8.21　$K_{3,3}$ 剖分得到 $\tilde{H}_3 + v_4 v_9$

习　题　八

1. (多选题) 下列选项中是平面图的有 (　　　)

A. 圈图 C_n　　　　　B. 轮图 W_n　　　　　C. 完全图 K_n　　　　D. 扇图 F_n

2. 已知题图 8.1 中两个图均为平面图, 请给出它们的平面嵌入.

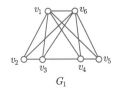

题图 8.1　图 G_1 和 G_2

3. (多选题) 关于对偶图, 下列说法正确的有 (　　　)

A. 轮图的对偶图还是轮图

B. 树的对偶图是平凡图

C. 星图的对偶图还是星图

D. 圈图的对偶图是 K_2

E. 一个平面图的对偶图是 Euler 图当且仅当它的每个面均由偶数条边围成

F. 一个平面图是二部图当且仅当它的对偶图是 Euler 图

4. 画出如题图 8.2 所示图 G 的对偶图.

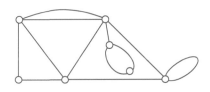

题图 8.2　图 G

5. 对于题图 8.3 中的两个图 G_1 和 G_2, 各自能否找到一条闭折线, 使其穿过图中每边一次并且仅一次? 为什么?

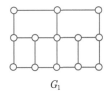

题图 8.3　图 G_1 和 G_2

6. (多选题) 已知 G 为平面图, 下列说法正确的有 (　　　)

A. G 的平图唯一

B. G 的平图不唯一

C. G 的平图的面数唯一

D. G 的平图的面数不唯一

7. (单选题) 已知正多面体的每个面都是正 n 边形, 顶点数是 ν, 棱数为 ε, 面数是 ϕ, 每个顶点关联的棱数是 m, 则它们之间关系不正确的是 (　　)

A. $m\phi = 2\varepsilon$　　　　B. $m\nu = 2\varepsilon$　　　　C. $n\phi = 2\varepsilon$　　　　D. $\nu + \phi = 2 + \varepsilon$

8. 试证不存在 7 条棱的多面体.

9. 已知凸多面体的各面都是四边形, 求 $\nu - \phi$.

10. 设简单连通平图 G 有 6 个顶点, 每个顶点的度都为 4, 求 G 的面数.

11. 设简单连通平图 G 有 30 条边和 20 个面, 求这个图有多少个顶点?

12. 判断题图 8.4 所示的图 G_1, G_2, G_3 是否同胚于 $K_{3,3}$, 并简单说明理由.

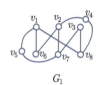

G_1　　　　　　　　　　G_2　　　　　　　　　　G_3

题图 8.4　图 G_1, G_2 和 G_3

13. 判断题图 8.5 中各图是否为平面图, 并说明理由. 若是平面图, 请给出平面嵌入; 若不是平面图, 请给出 Kuratowski 子图.

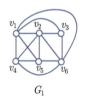 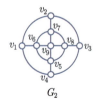 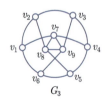

G_1　　　　　　　　　　G_2　　　　　　　　　　G_3

题图 8.5

14. (多选题) 题图 8.6 中是平面图的有 (　　)

A　　　　　　　　B　　　　　　　　C　　　　　　　　D

题图 8.6　平面图或非平面图

15. 设简单平面图 G 中顶点数 $\nu = 7$, 边数 $\varepsilon = 15$, 证明: G 是连通图.

16. 若平面图 G 的对偶图与 G 同构, 则称 G 为自对偶图. 证明: 若 G 为自对偶图, 且有 ν 个顶点和 ε 条边, 则 $\varepsilon = 2\nu - 2$.

17. 设 $S = \{v_1, v_2, \cdots, v_n\}$ 是平面上 n 个点的集合 $(n \geqslant 3)$, 其中任何两个顶点之间的距离至少是 1, 证明: 最多有 $3n - 6$ 个点对, 其距离恰好是 1.

18. 构造一个 8 阶简单图, 使它和它的补图都是平面图.

19. 证明: 若 G 是阶大于 10 的简单图, 则它和它的补图不可能都是平面图 (实际上, 可以证明大于 8 阶的简单图就有类似结论).

20. 证明: 当 $\nu(G) \geqslant 7$ 时, 简单图 G 及其补图 $\overline{G}$ 不可能都是外平面图.

21. (1) 是否存在这样的简单图: 它的某个顶点的度大于其余顶点度的和?

(2) 是否存在这样的简单平图: 它的某个面的度大于其余面的度的和?

(3) 试对简单平图加以适当条件, 使得它任意一个面的度不超过其余面的度的和.

22. (1) 证明一个图是平面图, 当且仅当它的每一个块是平面图.

(2) 若去掉一个非平面图的任一条边就变成了平面图, 则称这个非平面图为极小非平面图. 证明极小非平面图都是简单块.

23. 设 G 是 ν 阶简单图 $(\nu \geqslant 4)$, x_i 表示 G 中度为 i 的顶点数目, 证明:

(1) 若 G 是极大平面图, 则

$$3x_3 + 2x_4 + x_5 = x_7 + 2x_8 + \cdots + (\Delta - 6) x_\Delta + 12;$$

(2) 若 G 是树, 则 $x_1 = x_3 + 2x_4 + 3x_5 + (\Delta - 2) x_\Delta + 2$.

24. 设 G 是奇阶平图, 证明: 若 G 中有 Hamilton 圈, 则 G 有偶数个奇度面.

25. 证明:

(1) 设 G 是无割边的连通平图, 则 G 是 2 面可着色的, 当且仅当 G 是 Euler 图.

(2) 设 G 是 $\nu \geqslant 3$ 的极大平面图, 则 G 是 3 可着色的, 当且仅当 G 是 Euler 图.

26. 如果图 G 可以表示为 k 个平面图的并, 但不能表示为 $k-1$ 个平面图的并, 则称 G 的厚度是 k, 记为 $\theta(G) = k$. 易见 $\theta(G) = 1$ 当且仅当 G 是平面图. 证明:

(1) $\theta(G) \geqslant \left\lceil \dfrac{\varepsilon}{3\nu - 6} \right\rceil$;

(2) $\theta(K_\nu) \geqslant \left\lceil \dfrac{\nu + 7}{6} \right\rceil$ (事实上, 除了 $\nu = 9, 10$ 外, 对于任意 ν 均成立等式).

27. 一个图的叉数 $C(G)$ 是把 G 画在平面时相交的边最少的对数. 易见 $C(G) = 0$ 当且仅当 G 是平面图. 求 $K_5, K_{3,3}, K_6$ 及 Petersen 图的叉数.

28. 证明: 每个 Hamilton 平图都是 4 面可着色的.

第 9 章　应用案例拓展

图论具有广泛的应用, 在前八章基本概念和理论基础上, 本章我们探讨近年来图论的典型应用, 包括在电网络、图像分割、智能集群控制等.

9.1　图上随机游走

随机游走 (random walks) 是指在某个空间中, 按照一定的概率规则, 以随机的方式在不同的位置或状态之间移动的过程. 随机游走的概念在数学、物理、经济学等领域都有广泛的应用和研究, 例如在金融领域用于模拟股票价格的变化、在生物学中用于描述分子在细胞内的随机扩散等.

9.1.1　随机游走概念

设 $G = (V, E, \boldsymbol{w})$ 为 n 阶连通赋权无向简单图, 图上随机游走是指从给定初始顶点 v 开始, 每一步随机地以一定概率移动到其他顶点的过程. 一般地, 从一个顶点移动到另一个顶点的概率与相应边的权重成正比. 若图 G 为无权图, 移动概率则是在当前顶点的邻域中以均匀分布随机选择.

为简洁起见, 我们将图上随机游走简称为随机游走.

设顶点集 $V = \{v_1, v_2, \cdots, v_n\}$, 令 $\boldsymbol{p}_t = (p_t(v_1), \cdots, p_t(v_n))^{\mathrm{T}} \in \mathbb{R}^n$ 表示 t 时刻图 G 上随机游走的概率分布, $p_t(v)$ 表示 t 时刻访问到顶点 v 的概率. 概率向量 $\boldsymbol{p}_t$ 满足 $\boldsymbol{p}_t \geqslant \boldsymbol{O}$ 且 $\sum\limits_{i=1}^{n} p_t(v_i) = 1$. 设随机游走的初始顶点为 v_i, 则 $\boldsymbol{p}_0 = \boldsymbol{e}_i$, 其中 $\boldsymbol{e}_i$ 表示第 i 个分量为 1 的单位列向量. 从顶点 v_i 转移到顶点 v_j 的一步转移概率

$$\frac{w_{ij}}{\omega_i},$$

其中 w_{ij} 表示边 $v_i v_j$ 上的权 $(w_{ij} = w_{ji})$, $w_i = \sum\limits_{v_i v_k \in E} w_{ik}$ 为顶点 v_i 的加权度. 从而 $t + 1$ 时刻访问顶点 v_j 的概率为

$$p_{t+1}(v_j) = \sum_{v_i v_j \in E} \frac{w_{ij}}{w_i} p_t(v_i). \tag{1}$$

例如, 设 G 如图 9.1 所示, 从顶点 v_1 转移到 v_2 的概率为 $\dfrac{1}{3}$, 从顶点 v_2 转移到 v_1 的概率为 $\dfrac{1}{12}$. 设从初始顶点 v_1 开始随机游走, 则初始时刻概率分布向量 $\boldsymbol{p}_0 = (1, 0, 0, \cdots, 0)^{\mathrm{T}}$. 当 $t = 1$ 时, 访问到顶点 v_2 的概率

$$p_1(v_2) = \frac{w_{12}}{w_1}p_0(v_1) + \frac{w_{62}}{w_6}p_0(v_6) + \frac{w_{32}}{w_3}p_0(v_3) = \frac{1}{3}.$$

同理可求 $\boldsymbol{p}_1$ 的其他分量, 得 $\boldsymbol{p}_1 = \left(0, \dfrac{1}{3}, 0, 0, \dfrac{2}{3}, 0, 0\right)^{\mathrm{T}}$.

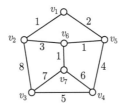

图 9.1 图 G 及边权 w

对于图 G, 其加权邻接矩阵为

$$\boldsymbol{A}(G) = \begin{bmatrix} 0 & w_{12} & \cdots & w_{1n} \\ w_{21} & 0 & \cdots & w_{2n} \\ \vdots & \vdots & \ddots & \vdots \\ w_{n1} & w_{n2} & \cdots & 0 \end{bmatrix},$$

其中 $w(v_i, v_j) = 0$ 当且仅当 $v_i v_j \notin E, 1 \leqslant i, j \leqslant n$. 用 $\boldsymbol{D}(G)$ 表示图 G 的加权度对角矩阵, 即

$$\boldsymbol{D}(G) = \begin{bmatrix} w_1 & 0 & \cdots & 0 \\ 0 & w_2 & \cdots & 0 \\ \vdots & \vdots & \ddots & \vdots \\ 0 & 0 & \cdots & w_n \end{bmatrix}.$$

称

$$\boldsymbol{W}(G) = \boldsymbol{A}(G)\left(\boldsymbol{D}(G)\right)^{-1}$$

为图 G 游走矩阵 (walk matrix). 游走矩阵的第 i 行第 j 列元素是从顶点 v_j 转移到 v_i 的一步转移概率, 每列的和为 1, 是列随机矩阵. 于是 (1) 式可以表示成矩阵

形式:

$$\boldsymbol{p}_{t+1} = \boldsymbol{W}(G)\,\boldsymbol{p}_t.$$

例如, 设 G 如图 9.1 所示, 它的游走矩阵

$$\boldsymbol{W}(G) = \begin{bmatrix} 0 & \dfrac{1}{12} & 0 & 0 & \dfrac{2}{7} & 0 & 0 \\ \dfrac{1}{3} & 0 & \dfrac{2}{5} & 0 & 0 & \dfrac{3}{5} & 0 \\ 0 & \dfrac{2}{3} & 0 & \dfrac{1}{3} & 0 & 0 & \dfrac{1}{2} \\ 0 & 0 & \dfrac{1}{4} & 0 & \dfrac{4}{7} & 0 & \dfrac{3}{7} \\ \dfrac{2}{3} & 0 & 0 & \dfrac{4}{15} & 0 & \dfrac{1}{5} & 0 \\ 0 & \dfrac{1}{4} & 0 & 0 & \dfrac{1}{7} & 0 & \dfrac{1}{14} \\ 0 & 0 & \dfrac{7}{20} & \dfrac{2}{5} & 0 & \dfrac{1}{5} & 0 \end{bmatrix}.$$

若从初始顶点 v_1 开始随机游走, 则初始时刻概率分布向量 $\boldsymbol{p}_0 = (1, 0, 0, \cdots, 0)^{\mathrm{T}}$. 当 $t = 1$ 时, 概率分布向量为

$$\boldsymbol{p}_1 = \boldsymbol{W}(G)\boldsymbol{p}_0 = \left(0, \frac{1}{3}, 0, 0, \frac{2}{3}, 0, 0\right)^{\mathrm{T}}.$$

9.1.2   游走矩阵的性质

游走矩阵通常不是对称的, 但与一个对称矩阵相似, 我们通过以下方式构造这个对称矩阵 $\boldsymbol{M}(G)$:

$$\boldsymbol{M}(G) = (\boldsymbol{D}(G))^{-\frac{1}{2}}\,\boldsymbol{W}(G)\,(\boldsymbol{D}(G))^{\frac{1}{2}} = (\boldsymbol{D}(G))^{-\frac{1}{2}}\,\boldsymbol{A}(G)\,(\boldsymbol{D}(G))^{-\frac{1}{2}}.$$

游走矩阵 $\boldsymbol{W}$ 与对称矩阵 $\boldsymbol{M}$ 相似, 因此, 它们具有相同特征值, 记它们为 $\lambda_1 \geqslant \lambda_2 \geqslant \cdots \geqslant \lambda_n$. 容易知道: 若向量 $\boldsymbol{x}$ 为与矩阵 $\boldsymbol{M}$ 的特征值 λ 对应的一个特征向量, 则向量 $\boldsymbol{D}^{\frac{1}{2}}\boldsymbol{x}$ 为 $\boldsymbol{W}$ 的特征值 λ 对应的特征向量.

引理 9.1   设 $G = (V, E, \boldsymbol{w})$ 为 n 阶连通赋权无向简单图, $\boldsymbol{W}(G)$ 为图 G 上的游走矩阵, $\lambda_1 \geqslant \lambda_2 \geqslant \cdots \geqslant \lambda_n$ 为 $\boldsymbol{W}(G)$ 的所有特征值, 则 $|\lambda_i| \leqslant 1$, 即 $\boldsymbol{W}(G)$ 的谱半径为 1.

证 记 $\boldsymbol{d} = (w(v_1), w(v_2), \cdots, w(v_n))^{\mathrm{T}}$ 为图 G 的加权度向量, $\boldsymbol{1}_{n \times 1}$ 表示 $n \times 1$ 维的全 1 列向量, 观察到 $\boldsymbol{W} \cdot \boldsymbol{d} = \boldsymbol{A} \cdot \boldsymbol{D}^{-1} \boldsymbol{d} = \boldsymbol{A} \cdot \boldsymbol{1}_{n \times 1} = 1 \cdot \boldsymbol{d}$, 所以加权度向量 $\boldsymbol{d}$ 是 $\boldsymbol{W}$ 相应于特征值 $\lambda = 1$ 的一个特征向量. 另一方面, 对于 $\boldsymbol{W}^{\mathrm{T}}$ 的任意特征值 λ_i 及其对应的特征向量

$$\boldsymbol{x}^{(i)} = \left(x_1^{(i)}, x_2^{(i)}, \cdots, x_n^{(i)}\right)^{\mathrm{T}},$$

其每一个分量都满足 $\lambda_i x_j^{(i)} = \left(\boldsymbol{W}^{\mathrm{T}} \cdot \boldsymbol{x}^{(i)}\right)_j$. 不妨假设 $\left|x_1^{(i)}\right| = \max\limits_{1 \leqslant j \leqslant n} \left|x_j^{(i)}\right|$, 则

$$|\lambda_i| \left|x_1^{(i)}\right| = \left|\lambda_i x_1^{(i)}\right| = \left|\left(\boldsymbol{W}^{\mathrm{T}} \cdot \boldsymbol{x}^{(i)}\right)_1\right| = \left|\sum_{j=1}^n \frac{w_{j1}}{w_1} x_j^{(i)}\right|$$

$$\leqslant \sum_{j=1}^n \frac{w_{j1}}{w_1} \left|x_j^{(i)}\right| \leqslant \frac{\left|x_1^{(i)}\right|}{w_1} \sum_{j=1}^n w_{1j} = \left|x_1^{(i)}\right|.$$

故 $|\lambda_i| \leqslant 1, 1 \leqslant i \leqslant n$, 可知 $\boldsymbol{W}$ 的所有特征值都位于区间 $[-1, 1]$ 中, 从而 $\boldsymbol{W}$ 的谱半径为 1. □

9.1.3 惰性随机游走的稳态分布

图上随机游走, 从初始顶点出发每一次都转移到其邻居顶点, 这种随机游走被称为非惰性游走. 但是, 在实际应用中, 人们通常考虑惰性随机游走 (lazy random walks), 即在每个时刻, 均以 $\dfrac{1}{2}$ 的概率停留在当前顶点, 其演化方程式为

$$p_{t+1}(v_j) = \frac{1}{2} p_t(v_j) + \frac{1}{2} \sum_{v_i v_j \in E} \frac{w_{ji}}{w_i} p_t(v_i). \tag{2}$$

惰性游走矩阵为

$$\tilde{\boldsymbol{W}}(G) = \frac{1}{2} \boldsymbol{I}_n + \frac{1}{2} \boldsymbol{W}(G) = \frac{1}{2} \boldsymbol{I}_n + \frac{1}{2} \boldsymbol{A}(G) \boldsymbol{D}^{-1}(G),$$

其中 $\boldsymbol{I}_n$ 为 n 阶单位矩阵. 式 (2) 可用矩阵表达为 $\boldsymbol{p}_{t+1} = \tilde{\boldsymbol{W}} \boldsymbol{p}_t$.

设 $\tilde{\lambda}_1 \geqslant \tilde{\lambda}_2 \geqslant \cdots \geqslant \tilde{\lambda}_n$ 为惰性随机游走矩阵 $\tilde{\boldsymbol{W}}$ 的所有特征值, $\lambda_1 \geqslant \lambda_2 \geqslant \cdots \geqslant \lambda_n$ 为 $\boldsymbol{W}$ 的所有特征值, 由 $\tilde{\boldsymbol{W}} = \dfrac{1}{2} \boldsymbol{I}_n + \dfrac{1}{2} \boldsymbol{W}$, 可知

$$\tilde{\lambda}_i = \frac{\lambda_i}{2} + \frac{1}{2} \quad (i = 1, 2, \cdots, n). \tag{3}$$

从而由引理 9.1 知惰性游走矩阵的特征值位于区间 $[0, 1]$ 之间且 $\tilde{\lambda}_1 = 1$.

接下来, 我们将研究当时间 t 足够大时, 访问各个顶点的概率分布向量 p_t 是否会趋于稳定. 对于非惰性的随机游走, 这样的稳态分布不一定存在. 例如, 在二部图中的非惰性随机游走, 每一步游走都将访问图的另一部分顶点. 因此, 当 $t \to \infty$ 时的随机游走的概率分布取决于初始点的位置与时刻 t 的奇偶性. 但是对于惰性游走, 无论选取哪个顶点作为起始点, 当时间 t 足够大时, 访问各个顶点的概率将趋于稳定, 即存在向量 $\boldsymbol{\pi} = (\pi(v_1), \pi(v_2), \cdots, \pi(v_n))^{\mathrm{T}}$ 使得

$$\lim_{t \to +\infty} p_t = \boldsymbol{\pi}.$$

称 $\boldsymbol{\pi}$ 为稳态分布, 它的分量 $\pi(v_i)$ 表示当时间 t 趋向无穷时, 访问到顶点 v_i 的概率.

下面, 我们将证明惰性随机游走一定存在稳态分布.

定理 9.1　设图 $G = (V, E, \boldsymbol{w})$ 是连通加权无向简单图, 从图中任意顶点出发开始惰性随机游走, 则多次游走后, 随机游走访问图中各顶点的概率分布将趋于稳定, 即

$$p_t \to \boldsymbol{\pi} \quad (t \to \infty),$$

且 $\boldsymbol{\pi} = \dfrac{\boldsymbol{d}}{\mathbf{1}^{\mathrm{T}} \boldsymbol{d}}$, 其中 $\boldsymbol{d}$ 为图 G 的加权度向量.

证　设 $1 = \lambda_1 \geqslant \lambda_2 \geqslant \cdots \geqslant \lambda_n$ 为矩阵 $\boldsymbol{M}$ 的特征值, 由于 $\boldsymbol{M}$ 为实对称矩阵, 我们令 $\boldsymbol{x}^{(1)}, \boldsymbol{x}^{(2)}, \cdots, \boldsymbol{x}^{(n)}$ 为 $\boldsymbol{M}$ 的特征向量空间的一组规范正交基, 设 $\boldsymbol{x}^{(i)}$ 为相应于特征值 λ_i 的特征向量 $(i = 1, 2, \cdots, n)$.

设 v_i 为初始顶点, 则初始概率向量 $p_0 = e_i$. 注意到 $\boldsymbol{x}^{(1)}, \boldsymbol{x}^{(2)}, \cdots, \boldsymbol{x}^{(n)}$ 为规范正交特征向量, 那么对于任意一个初始概率分布 p_0, 有

$$\boldsymbol{D}^{-\frac{1}{2}} p_0 = \sum_{i=1}^{n} c_i \boldsymbol{x}^{(i)},$$

其中 $c_i = \left(\boldsymbol{x}^{(i)}\right)^{\mathrm{T}} \boldsymbol{D}^{-\frac{1}{2}} p_0$. 注意到 $\boldsymbol{D}^{\frac{1}{2}} \boldsymbol{x}^{(i)}$ 为游走矩阵 $\boldsymbol{W}$ 的相应于特征值 λ_i 的特征向量 $(1 \leqslant i \leqslant n)$, 而加权度向量 $\boldsymbol{d}$ 是 $\boldsymbol{W}$ 的相应于谱半径 $\lambda_1 = 1$ 的特征向量, 于是

$$\boldsymbol{x}^{(1)} = \frac{\boldsymbol{D}^{-\frac{1}{2}} \boldsymbol{d}}{\left\|\boldsymbol{D}^{-\frac{1}{2}} \boldsymbol{d}\right\|},$$

且

$$c_1 = \left(\boldsymbol{x}^{(1)}\right)^{\mathrm{T}} \left(\boldsymbol{D}^{-\frac{1}{2}} p_0\right) = \frac{\boldsymbol{d}^{\mathrm{T}} \boldsymbol{D}^{-\frac{1}{2}}}{\left\|\boldsymbol{D}^{-\frac{1}{2}} \boldsymbol{d}\right\|} \left(\boldsymbol{D}^{-\frac{1}{2}} p_0\right) = \frac{\mathbf{1}^{\mathrm{T}} p_0}{\left\|\boldsymbol{D}^{-\frac{1}{2}} \boldsymbol{d}\right\|} = \frac{1}{\left\|\boldsymbol{D}^{-\frac{1}{2}} \boldsymbol{d}\right\|}.$$

由于 $\tilde{W} = \frac{1}{2}I_n + \frac{1}{2}W$, 故 $D^{-\frac{1}{2}}\tilde{W}D^{\frac{1}{2}} = \frac{1}{2}I_n + \frac{1}{2}D^{-\frac{1}{2}}WD^{\frac{1}{2}} = \frac{1}{2}I_n + \frac{1}{2}M$, 于是

$$
\begin{aligned}
\boldsymbol{p}_t &= \tilde{W}^t \boldsymbol{p}_0 \\
&= D^{\frac{1}{2}} D^{-\frac{1}{2}} \tilde{W}^t D^{\frac{1}{2}} D^{-\frac{1}{2}} \boldsymbol{p}_0 \\
&= D^{\frac{1}{2}} \left(D^{-\frac{1}{2}} \tilde{W} D^{\frac{1}{2}} \right)^t D^{-\frac{1}{2}} \boldsymbol{p}_0 \\
&= D^{\frac{1}{2}} \left(\frac{I}{2} + \frac{M}{2} \right)^t D^{-\frac{1}{2}} \boldsymbol{p}_0 \\
&= D^{\frac{1}{2}} \left(\frac{I}{2} + \frac{M}{2} \right)^t \sum_{i=1}^n c_i \boldsymbol{x}^{(i)} \\
&= D^{\frac{1}{2}} \sum_{i=1}^n \left(\frac{1}{2} + \frac{\lambda_i}{2} \right)^t c_i \boldsymbol{x}^{(i)} \\
&= D^{\frac{1}{2}} c_1 \boldsymbol{x}^{(1)} + D^{\frac{1}{2}} \sum_{i=2}^n \left(\frac{1}{2} + \frac{\lambda_i}{2} \right)^t c_i \boldsymbol{x}^{(i)}.
\end{aligned}
$$

由 Perron-Frobenius 定理知, 连通图的谱半径唯一, 则

$$
\lim_{t \to +\infty} \left(\frac{1}{2} + \frac{\lambda_i}{2} \right)^t = 0 \quad (i \geqslant 2).
$$

于是

$$
\lim_{t \to +\infty} \boldsymbol{p}_t = D^{\frac{1}{2}} c_1 \boldsymbol{x}^{(1)}.
$$

而

$$
D^{\frac{1}{2}} c_1 \boldsymbol{x}^{(1)} = D^{\frac{1}{2}} \cdot \frac{1}{\left\| D^{-\frac{1}{2}} \boldsymbol{d} \right\|} \cdot \frac{D^{-\frac{1}{2}} \boldsymbol{d}}{\left\| D^{-\frac{1}{2}} \boldsymbol{d} \right\|} = \frac{\boldsymbol{d}}{\left\| D^{-\frac{1}{2}} \boldsymbol{d} \right\|^2} = \frac{\boldsymbol{d}}{\boldsymbol{d}^{\mathrm{T}} D^{-1} \boldsymbol{d}} = \frac{\boldsymbol{d}}{\mathbf{1}^{\mathrm{T}} \boldsymbol{d}} = \boldsymbol{\pi}.
$$

从而知当 $t \to +\infty$ 时, $\boldsymbol{p}_t \to \boldsymbol{\pi}$, 得证. $\qquad\square$

定理 9.1 给出的惰性随机游走的稳态分布 $\boldsymbol{\pi}$, 该稳态分布与游走初始顶点无关, 只与图结构及边上权值有关, 可见图结构在随机游走中起着重要作用.

例 9.1 设赋权图 G 如图 9.1 所示, 求该图 G 上惰性随机游走的稳态分布.

解 先求加权度向量 $\boldsymbol{d} = (w_1, w_2, \cdots, w_7)^{\mathrm{T}}$, 其中

$$
w_i = \sum_{v_i v_j \in E(G)} w_{ij},
$$

容易求出

$$w_1 = 3, \quad w_2 = 12, \quad w_3 = 20, \quad w_4 = 15, \quad w_5 = 7, \quad w_6 = 5, \quad w_7 = 14.$$

从而 $\boldsymbol{d} = (3, 12, 20, 15, 7, 5, 14)^{\mathrm{T}}$.

由定理 9.1, 再将 $\boldsymbol{d}$ 归一化得稳态分布

$$\boldsymbol{\pi} = \frac{\boldsymbol{d}}{\mathbf{1}^{\mathrm{T}} \boldsymbol{d}} = \left(\frac{3}{76}, \frac{3}{19}, \frac{5}{19}, \frac{15}{76}, \frac{7}{76}, \frac{5}{76}, \frac{7}{38} \right). \qquad \square$$

例 9.2 设 n 阶 G 为 k 正则连通图, 各边权均为 1, 求其惰性随机游走的稳态分布.

解 由已知条件, 易知加权度向量 $\boldsymbol{d} = (w_1, w_2, \cdots, w_n)^{\mathrm{T}} = (k, k, \cdots, k)^{\mathrm{T}}$, 归一化得稳态分布

$$\boldsymbol{\pi} = \frac{\boldsymbol{d}}{\mathbf{1}^{\mathrm{T}} \boldsymbol{d}} = \left(\frac{1}{n}, \frac{1}{n}, \cdots, \frac{1}{n} \right). \qquad \square$$

例 9.2 说明对于正则连通图上的随机游走, 多次游走以后, 访问各个顶点的概率趋于相同, 均为 $\dfrac{1}{n}$.

9.1.4 带吸收态的随机游走

电网络中的电压问题 把若干个电阻连接起来, 形成在一个电路, 并在电路两端施加一单位电压, 问: 各个电阻两端的电压是多少?

把每个电阻看成是无向图 G 的边, 电阻与电阻的连接线看成是顶点. 设顶点集为

$$V = \{v_s, v_t, v_1, v_2, \cdots, v_n\},$$

其中 v_s, v_t 为电路的两端, 称 v_s, v_t 为边界点, 称 $\{v_1, v_2, \cdots, v_n\}$ 为内部顶点. 边 $v_i v_j$ 上赋权 w_{ij} 表示电导, 即 $w_{ij} = \dfrac{1}{R_{ij}}$, 其中 R_{ij} 为电阻. 这样就得到了电网络 $G = (V, E, \boldsymbol{w})$. 我们用 V_i 表示顶点 v_i 上的电压, 因为在电网络两端施加一个单位电压, 故可设 $V_s = 0, V_t = 1$. 从而电网络中的电压问题就是求电压 $V_i (i = 1, 2, \cdots, n)$.

考虑电网络 G 上的非惰性随机游走, 同 9.1.1 节一样, 从顶点 v_i 转移到顶点 v_j 的概率是 $\dfrac{w_{ij}}{w_i}$, 其中 $w_i = \displaystyle\sum_{v_i v_j \in E(G)} w_{ij}$. 不同的是: 一旦某时刻访问到边界点 v_s 或 v_t, 游走便立即停止, 不再转移. v_s, v_t 都被称为吸收态, 这种随机游走称为带吸收态的随机游走. 我们将证明, 电压 V_i 等于从顶点 v_i 开始的带吸收态随机游走中能够访问 v_t 的概率.

由于有两个吸收态存在, 游走矩阵 $\boldsymbol{W}(G)$ 中存在一个子矩阵是二阶单位矩阵, 例如设电网络 G 如图 9.2 所示, 按顶点顺序 $v_s, v_t, v_1, v_2, v_3, v_4$ 构造游走矩阵 $\boldsymbol{W}(G)$, 则

$$\boldsymbol{W}(G) = \left[\begin{array}{cc|cccc} 1 & 0 & \dfrac{1}{6} & \dfrac{4}{9} & 0 & 0 \\[2mm] 0 & 1 & \dfrac{1}{3} & 0 & \dfrac{3}{8} & \dfrac{1}{4} \\[2mm] \hline 0 & 0 & 0 & 0 & \dfrac{3}{8} & 0 \\[2mm] 0 & 0 & 0 & 0 & \dfrac{1}{4} & \dfrac{3}{4} \\[2mm] 0 & 0 & \dfrac{1}{2} & \dfrac{2}{9} & 0 & 0 \\[2mm] 0 & 0 & 0 & \dfrac{1}{3} & 0 & 0 \end{array}\right], \tag{4}$$

其前两行两列构成一个二阶单位矩阵.

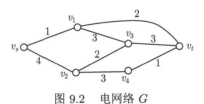

图 9.2　电网络 G

一般地, 设

$$\boldsymbol{W}(G) = \left[\begin{array}{cc} \boldsymbol{I}_2 & \boldsymbol{R} \\ \boldsymbol{O} & \boldsymbol{Q} \end{array}\right]$$

为电网络的游走矩阵. 由 $\boldsymbol{W}(G)$ 可计算出从 v_i 出发在到达 v_s 前到达 v_t 的概率, 而该概率就是 v_i 处的电压 V_i, 即有下面的定理 9.2.

定理 9.2　设连通赋权图 $G=(V,E,\boldsymbol{w})$ 为带边界点 v_s, v_t 的电网络, $\{v_1, v_2, \cdots, v_n\}$ 为内部顶点, $\boldsymbol{W}(G) = \left[\begin{array}{cc} \boldsymbol{I}_2 & \boldsymbol{R} \\ \boldsymbol{O} & \boldsymbol{Q} \end{array}\right]$ 为游走矩阵, 电压 $V_s = 0, V_t = 1$. 设 $\boldsymbol{B} = \boldsymbol{R}(\boldsymbol{I}_n - \boldsymbol{Q})^{-1}$, 则 $\boldsymbol{B}$ 的第 2 行即为内部点的电压向量 $(V_1, V_2, \cdots, V_n)$.

　　证　由于 $(\boldsymbol{I}_n - \boldsymbol{Q})^{-1} = \boldsymbol{I}_n + \boldsymbol{Q} + \boldsymbol{Q}^2 + \boldsymbol{Q}^3 + \cdots$, 故

$$\boldsymbol{R}(\boldsymbol{I}_n - \boldsymbol{Q})^{-1} = \boldsymbol{R} + \boldsymbol{R}\boldsymbol{Q} + \boldsymbol{R}\boldsymbol{Q}^2 + \boldsymbol{R}\boldsymbol{Q}^3 + \cdots,$$

而 $\boldsymbol{RQ}^k$ 中第 1 行第 i 列元素表示从 v_i 出发经过 $k+1$ 步首次到达 v_s 的概率, 第 2 行第 i 列元素则表示从 v_i 出发经过 $k+1$ 步首次到达 v_t 的概率. 设 $\boldsymbol{B} = (\boldsymbol{b}_{ij})_{2 \times n}$, 则 b_{2i} 就是从 v_i 出发首次到达 v_t 的概率. 注意到 v_s 是吸收态, 故在到达 v_t 之前必未到达 v_s, 因此, b_{2i} 也是从 v_i 出发在到达 v_s 之前到达 v_t 的概率. 记 $p(\tau_{v_i \to v_t} < \tau_{v_i \to v_s})$ 为从 v_i 出发在到达 v_s 之前先到达 v_t 的概率, 则 $b_{2i} = p(\tau_{v_i \to v_t} < \tau_{v_i \to v_s})$, 注意到从 v_i 出发必游走到它的邻居顶点, 因此

$$p\left(\tau_{v_i \to v_t} < \tau_{v_i \to v_s}\right) = \sum_{v_i v_j \in E(G)} \frac{w_{ij}}{w_i} p\left(\tau_{v_j \to v_t} < \tau_{v_j \to v_s}\right),$$

所以

$$b_{2i} = \sum_{v_i v_j \in E(G)} \frac{w_{ij}}{w_i} b_{2i}. \tag{5}$$

下面证明 $V_i = b_{2i}(i = 1, 2, \cdots, n)$, 即 b_{2i} 是顶点 v_i 处的电压值.

由基尔霍夫定律知, 在电网络中, 除两个端点 v_s, v_t 外, 其余内部顶点 v_i 处的电流和为零, 再由欧姆定律知电流为电压与电阻的比值, 因此有

$$\sum_{v_i v_j \in E(G)} \frac{V_i - V_j}{R_{ij}} = \sum_{v_i v_j \in E(G)} (V_i - V_j) w_{ij} = 0,$$

此即

$$V_i \sum_{v_i v_j \in E(G)} w_{ij} = \sum_{v_i v_j \in E(G)} w_{ij} V_j,$$

亦即

$$V_i = \sum_{v_i v_j \in E(G)} \frac{w_{ij}}{w_i} V_j. \tag{6}$$

比较上述式 (5) 和 (6) , 以及电压的唯一性, 可知 $V_i = b_{2i}$ $(i = 1, 2, \cdots, n)$.　□

定理 9.2 给出了在电网络两端施加一个单位电压, 即 $V_s = 0, V_t = 1$ 的情况. 对于施加电压是 $V_s = \alpha, V_t = \beta$ 的情况, 通过线性变换 $V_i := (\beta - \alpha) V_i + \alpha$ 转化即可.

$(\boldsymbol{I}_n - \boldsymbol{Q})^{-1}$ 中的第 i 行第 j 列元素表示从 v_j 出发在到达吸收态之前到达 v_i 的平均步数. $\boldsymbol{1}_n^{\mathrm{T}} (\boldsymbol{I}_n - \boldsymbol{Q})^{-1}$ 中的第 i 行第 j 列元素表示从 v_j 出发在所有内部点间转移的平均步数, 其中 $\boldsymbol{1}_n$ 表示分量全为 1 的 n 维列向量. 由于 v_s, v_t 都是吸收态, 所以 $b_{2i}(i = 1, 2, \cdots, n)$ 也是从 v_i 出发首次到达 v_t 的概率.

例 9.3　设电网络 $G = (V, E, \boldsymbol{w})$ 如图 9.2 所示, 在边界点 v_s, v_t 施加电压 $V_s = 0, V_t = 1$, 求内部点 v_i 的电压 $V_i(i = 1, 2, 3, 4)$.

解 由式 (4) 知

$$\boldsymbol{R} = \begin{bmatrix} \dfrac{1}{6} & \dfrac{4}{9} & 0 & 0 \\ \dfrac{1}{3} & 0 & \dfrac{3}{8} & \dfrac{1}{4} \end{bmatrix},$$

$$\boldsymbol{Q} = \begin{bmatrix} 0 & 0 & \dfrac{3}{8} & 0 \\ 0 & 0 & \dfrac{1}{4} & \dfrac{3}{4} \\ \dfrac{1}{2} & \dfrac{2}{9} & 0 & 0 \\ 0 & \dfrac{1}{3} & 0 & 0 \end{bmatrix}.$$

再由定理 9.2, 计算

$$\boldsymbol{B} = \boldsymbol{R}\left(\boldsymbol{I}_4 - \boldsymbol{Q}\right)^{-1} = \frac{1}{319} \cdot \begin{bmatrix} \dfrac{1}{6} & \dfrac{4}{9} & 0 & 0 \\ \dfrac{1}{3} & 0 & \dfrac{3}{8} & \dfrac{1}{4} \end{bmatrix} \begin{bmatrix} 400 & 48 & 162 & 36 \\ 72 & 468 & 144 & 351 \\ 216 & 128 & 432 & 96 \\ 24 & 156 & 48 & 436 \end{bmatrix}$$

$$= \begin{bmatrix} \dfrac{296}{957} & \dfrac{216}{319} & \dfrac{91}{319} & \dfrac{162}{319} \\ \dfrac{661}{957} & \dfrac{103}{319} & \dfrac{228}{319} & \dfrac{157}{319} \end{bmatrix}.$$

得到顶点 v_i 处的电压 V_i 为

$$(V_1, V_2, V_3, V_4) = \left(\frac{661}{957}, \frac{103}{319}, \frac{228}{319}, \frac{157}{319}\right) \approx (0.6907, 0.3229, 0.7147, 0.4922). \quad \square$$

9.1.5 随机游走在图像分割中的应用

本节介绍随机游走在图像分割中的应用, 图像分割的本质是对图像的像素点进行分类. 用图论方法进行图像分割, 首先需要将原始图片转换成图. 图 9.3 是一种常见的将图片转换成图的方法, 将原始图片网格划分, 网格点映射成 G 的顶点, 两顶点间之间存在边, 表明原始图片中顶点代表的像素间存在相邻关系, 边上权重用来衡量相邻顶点间的相似性. 顶点之间的连接方式和边权对最终的分割结果都有较大影响, 顶点的邻域通常有四邻域 (如图 9.3) 、八邻域 (在图 9.3 的基础上再加对角线连边), 也可以在非局部跨网络点间增加连边.

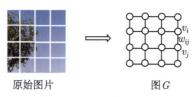

图 9.3   图片映射成图 G

将网络中的 16 个顶点标号如图 9.4 所示, 如取 v_{14}, v_{21}, v_{44} 为三个吸引态, 即为三个种子顶点, v_{14} 表示深蓝天, v_{21} 表示树, v_{44} 表示浅蓝天. 图像分割的任务是将其他顶点划分到三个种子顶点所在的类.

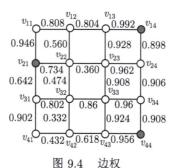

图 9.4   边权

边权直接影响分类效果, 设各边上的权如图 9.4 所示. 这里我们按如下三步获得边权, 首先给每个网络点赋以一个 RGB 三维向量, 即在网络点对应小图片内随机找一像素点, 该像素点的 RGB 值对应一个三维向量. 第一行四个小图片对应的向量分别为

$$(111, 111, 66), \quad (110, 131, 141), \quad (96, 139, 217), \quad (98, 140, 218),$$

第二行小图片对应的向量分别为

$$(120, 120, 75), \quad (179, 77, 44), \quad (113, 151, 224), \quad (122, 156, 229),$$

第三行小图片对应的向量分别为

$$(46, 51, 39), \quad (15, 19, 3), \quad (142, 166, 226), \quad (150, 172, 232),$$

第四行小图片对应的向量分别为

$$(32, 32, 23), \quad (106, 121, 144), \quad (161, 180, 221), \quad (172, 188, 224).$$

若两个顶点相邻, 这两个顶点对应向量的三个分量差的绝对值求和为 a, 则定义该边上的权为 $1 - \dfrac{a}{500}$. 如边 $v_{11}v_{12}$ 上的边权为 (保留小数点后三位)

$$1 - \frac{(111-110)+(131-111)+(141-66)}{500} = 0.808.$$

按顶点顺序

$$v_{14}, v_{21}, v_{44}, v_{11}, v_{12}, v_{13}, v_{22}, v_{23}, v_{24}, v_{31}, v_{32}, v_{33}, v_{34}, v_{41}, v_{42}, v_{43}$$

构造游走矩阵 $\boldsymbol{W}(G)$, 则 $\boldsymbol{W}(G)$ 为

$$\begin{bmatrix}
1 & 0 & 0 & 0 & 0 & 0.3642 & 0 & 0 & 0.3247 & 0 & 0 & 0 & 0 & 0 & 0 \\
0 & 1 & 0 & 0.5393 & 0 & 0 & 0.3449 & 0 & 0 & 0.2737 & 0 & 0 & 0 & 0 & 0 \\
0 & 0 & 1 & 0 & 0 & 0 & 0 & 0 & 0 & 0 & 0 & 0.3273 & 0 & 0 & 0.3827 \\
0 & 0 & 0 & 0 & 0.3720 & 0 & 0 & 0 & 0 & 0 & 0 & 0 & 0 & 0 & 0 \\
0 & 0 & 0 & 0.4607 & 0 & 0.2952 & 0.2632 & 0 & 0 & 0 & 0 & 0 & 0 & 0 & 0 \\
0 & 0 & 0 & 0 & 0.3702 & 0 & 0 & 0.2938 & 0 & 0 & 0 & 0 & 0 & 0 & 0 \\
0 & 0 & 0 & 0 & 0.2578 & 0 & 0 & 0.1140 & 0 & 0 & 0.1921 & 0 & 0 & 0 & 0 \\
0 & 0 & 0 & 0 & 0 & 0.3407 & 0.1692 & 0 & 0.3478 & 0 & 0 & 0.2486 & 0 & 0 & 0 \\
0 & 0 & 0 & 0 & 0 & 0 & 0.3048 & 0 & 0 & 0 & 0.3250 & 0 & 0 & 0.6762 & 0 \\
0 & 0 & 0 & 0 & 0 & 0 & 0.2227 & 0 & 0 & 0.3419 & 0 & 0.2355 & 0 & 0 & 0.2402 & 0 \\
0 & 0 & 0 & 0 & 0 & 0 & 0.2874 & 0 & 0 & 0.3485 & 0 & 0.3461 & 0 & 0 & 0.3699 \\
0 & 0 & 0 & 0 & 0 & 0 & 0 & 0.3275 & 0 & 0 & 0.2629 & 0 & 0 & 0 & 0 \\
0 & 0 & 0 & 0 & 0 & 0 & 0 & 0 & 0.3845 & 0 & 0 & 0 & 0 & 0.3126 & 0 \\
0 & 0 & 0 & 0 & 0 & 0 & 0 & 0 & 0 & 0.1345 & 0 & 0 & 0.3238 & 0 & 0.2474 \\
0 & 0 & 0 & 0 & 0 & 0 & 0 & 0 & 0 & 0 & 0.2530 & 0 & 0 & 0.4472 & 0
\end{bmatrix},$$

于是知

$$\boldsymbol{R} = \begin{bmatrix}
0 & 0 & 0.3642 & 0 & 0 & 0.3247 & 0 & 0 & 0 & 0 & 0 & 0 & 0 \\
0.5393 & 0 & 0 & 0.3449 & 0 & 0 & 0.2737 & 0 & 0 & 0 & 0 & 0 & 0 \\
0 & 0 & 0 & 0 & 0 & 0 & 0 & 0 & 0 & 0.3273 & 0 & 0 & 0.3827
\end{bmatrix},$$

$$\boldsymbol{Q} = \begin{bmatrix}
0 & 0.3720 & 0 & 0 & 0 & 0 & 0 & 0 & 0 & 0 & 0 & 0 & 0 \\
0.4607 & 0 & 0.2952 & 0.2632 & 0 & 0 & 0 & 0 & 0 & 0 & 0 & 0 & 0 \\
0 & 0.3702 & 0 & 0 & 0.2938 & 0 & 0 & 0 & 0 & 0 & 0 & 0 & 0 \\
0 & 0.2578 & 0 & 0 & 0.1140 & 0 & 0 & 0.1921 & 0 & 0 & 0 & 0 & 0 \\
0 & 0 & 0.3407 & 0.1692 & 0 & 0.347 & 0 & 0 & 0.2486 & 0 & 0 & 0 & 0 \\
0 & 0 & 0 & 0 & 0.3048 & 0 & 0 & 0 & 0.3250 & 0 & 0.3266 & 0 & 0 \\
0 & 0 & 0 & 0.2227 & 0 & 0 & 0.3419 & 0 & 0.2355 & 0 & 0 & 0.2402 & 0 \\
0 & 0 & 0 & 0 & 0.2874 & 0 & 0 & 0.3485 & 0 & 0.3461 & 0 & 0 & 0.3699 \\
0 & 0 & 0 & 0 & 0 & 0.3275 & 0 & 0 & 0.2629 & 0 & 0 & 0 & 0 \\
0 & 0 & 0 & 0 & 0 & 0 & 0.3845 & 0 & 0 & 0 & 0 & 0.3126 & 0 \\
0 & 0 & 0 & 0 & 0 & 0 & 0 & 0.1345 & 0 & 0 & 0.3238 & 0 & 0.2474 \\
0 & 0 & 0 & 0 & 0 & 0 & 0 & 0 & 0.2530 & 0 & 0 & 0.4472 & 0
\end{bmatrix},$$

进而 $\boldsymbol{B} = \boldsymbol{R} * (\boldsymbol{I}_{13} - \boldsymbol{Q})^{-1}$ 为

$$\begin{bmatrix}
0.1580 & 0.3429 & 0.6215 & 0.2097 & 0.4584 & 0.5758 & 0.1109 & 0.1881 & 0.2657 & 0.2800 & 0.1213 & 0.1428 & 0.1336 \\
0.7952 & 0.5555 & 0.2541 & 0.6422 & 0.2646 & 0.1363 & 0.6536 & 0.4775 & 0.2618 & 0.1351 & 0.5636 & 0.3758 & 0.1898 \\
0.0468 & 0.1016 & 0.1244 & 0.1481 & 0.2770 & 0.2879 & 0.2355 & 0.3344 & 0.4726 & 0.5849 & 0.3151 & 0.4814 & 0.6766
\end{bmatrix}.$$

在矩阵 $\boldsymbol{B}$ 中, 每列的最大值所在行代表了该列顶点的分类. 因此, 可知分类为深蓝天的小图片, 即与 v_{14} 同类的是 v_{13}, v_{23}, v_{24}; 分类为树的小图片, 即与 v_{21} 同类的是 $v_{11}, v_{12}, v_{22}, v_{31}, v_{32}, v_{41}$; 分类为浅蓝天, 即与 v_{44} 同类的是 $v_{33}, v_{34}, v_{42}, v_{43}$, 见图 9.5, 可见基于随机游走的方法, 得到的分割结果比较好. 对 v_{12} 分类时, 该列向量为

$$(0.3429, 0.5555, 0.1016)^{\mathrm{T}},$$

它的最大值与次大值区别较小, 说明该小图片中既有树也有深蓝天, 可将该小图片作为原始图片, 进一步细分. 同理, $v_{23}, v_{32}, v_{41}, v_{42}$ 也需要进一步细分.

图 9.5   基于随机游走的图像分割结果

9.1.6   小结

1905 年, Karl Pearson 提出了随机游走理论, 它是一种统计模型, 用来表示不规则运动形成的轨迹. 就如同一个醉汉, 在行走的过程中, 每一步都随机且不依赖于前面所做的运动. 它在图像分割、信息检索、网络聚类等许多领域得到运用, 并且演化出多种不同形式的随机游走. 比如在游走过程中, 加入先验信息、后验信息等.

随机游走理论有广泛的应用. 1998 年, Larry Page 和 Sergey Brin 基于随机游走模型提出了著名的 PageRank 算法, 该算法可以给出网络节点排序, 具有广泛应用, 比如在以网页为顶点、网页间的链接关系为边组成的网络上随机游走, 可以得到访问各个网页的概率, 依据这个概率可以实现对网页的排序, 从而得到了 Google 搜索引擎的检索结果. PageRank 算法是 Google 早期的核心技术之一. 又如, 在生物信息学领域, 关键蛋白和致病基因的识别是重要研究内容, 利用随机游走对蛋白质相互作用网络中的顶点进行排序, 排序靠前的被认为是关键蛋白或者致病基因. 在拓扑结构上, 社会网络和蛋白质相互作用网络等都具有模块特性, 即网络中的某些子图, 它们的内部顶点间连接比较紧密, 而与子图外部顶点连接则比较松散, 这样的子图就被认为是一个模块. 从一个顶点出发的随机游走的稳态分布, 各个顶点的到达概率能反映出顶点间的亲疏远近关系, 可用来衡量网络中顶点间的距离或者相似程度, 进而找出网络中模块结构. 在图像分割中, 图像分割

的本质是对图像的像素点进行分类. 随机游走算法在分割过程中需要用户的交互, 依据用户给定的输入种子点来将其他像素点归类到不同的种子点, 以实现图像分割. 像素点间的连接权、种子点的选取以及其他信息的应用等都对分割效果产生影响.

9.2 图能量及其应用

图能量的研究起源于化学领域. 20 世纪 30 年代, 化学家 Erich Hücke 在研究共轭烃分子时, 涉及了 π 电子轨道能量的计算问题. 1978 年, 塞尔维亚化学家、数学家 Ivan Gutman 首次在论文中提出图能量的概念. 从数学上看, 图能量是邻接矩阵的一种矩阵范数. 如今, 图能量应用不仅仅局限于化学、数学, 在生物信息学、社会网络分析、图像处理等领域也有重要应用.

9.2.1 图能量的定义

2.4 节给出了 ν 阶图的邻接矩阵的概念, 它是对称矩阵, 在实数域内必有 ν 个特征值. 利用邻接矩阵的特征值可直接计算出共轭烃分子的 π 电子轨道能量.

1930 年, 在适当简化模型的条件下, Hückel 应用 LCAO-MO 近似对有机共轭分子结构进行讨论, 形成了 Hückel 分子轨道理论, 即 HMO 法. HMO 认为, 对于有机共轭分子, 内层电子中成键 σ 电子和原子核冻结为 "分子实", 构成 σ 分子骨架. 每个原子剩余一个垂直分子平面的 p 轨道, p 轨道中电子构成离域 π 键, π 电子在骨架场及其他 π 电子形成的有效势场中运动. HMO 法是在忽略 σ-π 电子间的直接相互作用的条件下, 讨论 π 电子的分子轨道和能级.

例如丁二烯的分子式为 C_4H_6, 它的结构如图 9.6(a) 所示, 从图中可以看出, 丁二烯的碳骨架图是长为 3 的链图 P_3 (见 1.3.3 节). P_3 的邻接矩阵是

$$A(P_3) = \begin{bmatrix} 0 & 1 & 0 & 0 \\ 1 & 0 & 1 & 0 \\ 0 & 1 & 0 & 1 \\ 0 & 0 & 1 & 0 \end{bmatrix}.$$

Hückel 理论的精彩之处在于, 只需要根据分子的共轭骨架图就可以计算出各个 π 分子轨道能量, 且这些轨道能量恰好与骨架图的邻接矩阵特征值密切相关. 丁二烯的四个轨道能量分别为

$$\mathfrak{E}_1 = \alpha + 1.618\beta,$$

$$\mathfrak{E}_2 = \alpha + 0.618\beta,$$

$$\mathfrak{E}_3 = \alpha - 0.618\beta,$$

$$\mathfrak{E}_4 = \alpha - 1.618\beta,$$

其中 α 是库仑积分参数, β 是交换积分参数, 可把 α 和 β 视为常数. 因此, 轨道能量与 β 的系数有关, 而这些系数恰好是邻接矩阵 $\boldsymbol{A}(P_3)$ 的四个特征值.

图 9.6　丁二烯的分子结构和碳骨架示意图

一般地, 在 HMO 法中, 共轭烃分子中 π 电子轨道能量 $\mathfrak{E}_k$ 与碳骨架图邻接矩阵的特征值 λ_k 有如下等式关系

$$\mathfrak{E}_k = \alpha + \lambda_k \beta \quad (k = 1, 2, \cdots, n). \tag{7}$$

共轭烃分子中 π 电子的总能量 $\mathfrak{E}_\pi$ 是共轭分子稳定性的一种度量, 它是所有 π 电子能量之和:

$$\mathfrak{E}_\pi = \sum_{k=1}^{n} n_k \mathfrak{E}_k,$$

其中 n_k 表示能量为 $\mathfrak{E}_k$ 的 π 电子数目. 一般情况下, n_k 只能取 $0, 1, 2$ 这三个值, 且对于绝大多数共轭烃, 若 $\lambda_k > 0$, 则 $n_k = 2$; 若 $\lambda_k < 0$, 则 $n_k = 0$, 故

$$\mathfrak{E}_\pi = n\alpha + 2\beta \sum_{\lambda_k > 0} \lambda_k,$$

由于邻接矩阵的所有特征值代数和为零, 所以

$$\mathfrak{E}_\pi = n\alpha + \beta \sum_{k=1}^{n} |\lambda_k|,$$

上式右侧唯一的非平凡项就是邻接矩阵的特征值绝对值之和 $\sum\limits_{k=1}^{n} |\lambda_k|$. 这一事实早在 20 世纪 40 年代就隐约为人所知, 至 20 世纪 70 年代, Gutman 正式给出了图能量的定义.

定义 9.1(图的能量)　设 $G = (V, E)$ 为 n 阶图, $\boldsymbol{A}(G)$ 为它的邻接矩阵, λ_1, $\lambda_2, \cdots, \lambda_n$ 是 $\boldsymbol{A}(G)$ 的全部特征值, 定义 $|\lambda_1| + |\lambda_2| + \cdots + |\lambda_n|$ 为**图 G 的能量**,

记作 $\mathfrak{E}(G)$, 即

$$\mathfrak{E}(G) = \sum_{i=1}^{n} |\lambda_i|.$$

对于有向图 D, 则把它的邻接矩阵 $\boldsymbol{A}(D)$ 所有特征根的实部之和定义为有向图 D 的图能量.

作为一个数学概念, 图能量不仅仅指 π 电子轨道能量, 而是对任意图 G 都可计算图能量 $\mathfrak{E}(G)$. 对于方阵 $\boldsymbol{A}$, Schatten p 范数为

$$\|\boldsymbol{A}\|_p = \left(\sum_{i=1}^{n} |\lambda_i|^p \right)^{\frac{1}{p}},$$

可见图能量就是它的邻接矩阵的 Schatten 1 范数.

例 9.4 已知分子式 G_5H_{12} 的同分异构体有三种, 分别是正戊烷、异戊烷和新戊烷, 它们的碳骨架图分别是五阶树 T_1, T_2 和 T_3, 如图 9.7 所示, 求这三个树图的能量 $\mathfrak{E}(T_i)(i=1,2,3)$.

解 先求邻接矩阵

$$\boldsymbol{A}(T_1) = \begin{bmatrix} 0 & 1 & 0 & 0 & 0 \\ 1 & 0 & 1 & 0 & 0 \\ 0 & 1 & 0 & 1 & 0 \\ 0 & 0 & 1 & 0 & 1 \\ 0 & 0 & 0 & 1 & 0 \end{bmatrix},$$

$$\boldsymbol{A}(T_2) = \begin{bmatrix} 0 & 1 & 0 & 0 & 0 \\ 1 & 0 & 1 & 0 & 1 \\ 0 & 1 & 0 & 1 & 0 \\ 0 & 0 & 1 & 0 & 0 \\ 0 & 1 & 0 & 0 & 0 \end{bmatrix},$$

$$\boldsymbol{A}(T_3) = \begin{bmatrix} 0 & 0 & 0 & 1 & 0 \\ 0 & 0 & 0 & 1 & 0 \\ 0 & 0 & 0 & 1 & 0 \\ 1 & 1 & 1 & 0 & 1 \\ 0 & 0 & 0 & 1 & 0 \end{bmatrix}.$$

再求这些邻接矩阵的特征值, 设 $\boldsymbol{A}(T_i)$ 的特征值为 $\lambda_{ij}\,(j=1,2,\cdots,5)$, 则有

$$\lambda_{11} = -\sqrt{3}, \quad \lambda_{12} = \sqrt{3}, \quad \lambda_{13} = 0, \quad \lambda_{14} = -1, \quad \lambda_{15} = 1.$$

$$\lambda_{21} = -\sqrt{2+\sqrt{2}}, \quad \lambda_{22} = \sqrt{2+\sqrt{2}}, \quad \lambda_{23} = 0,$$

$$\lambda_{24} = -\sqrt{2-\sqrt{2}}, \quad \lambda_{25} = \sqrt{2-\sqrt{2}}.$$

$$\lambda_{31} = -2, \quad \lambda_{32} = 2, \quad \lambda_{33} = 0, \quad \lambda_{34} = 0, \quad \lambda_{35} = 0.$$

最后求图能量 $\mathfrak{E}(T_i) = |\lambda_{i1}| + |\lambda_{i2}| + \cdots + |\lambda_{i5}|$ 分别为

$$\mathfrak{E}(T_1) = 2(1+\sqrt{3}), \quad \mathfrak{E}(T_2) = 2\sqrt{4+2\sqrt{2}}, \quad \mathfrak{E}(T_3) = 4. \qquad \square$$

比较这三个树图的能量 $\mathfrak{E}(T_1) > \mathfrak{E}(T_2) > \mathfrak{E}(T_3)$, 可知它们的能量逐渐减小. 一般而言, 共轭分子的离域能越大, 分子的热稳定性越高, 热解越困难. 因此, 正戊烷的热解稳定性最好, 异戊烷次之, 而新戊烷最差.

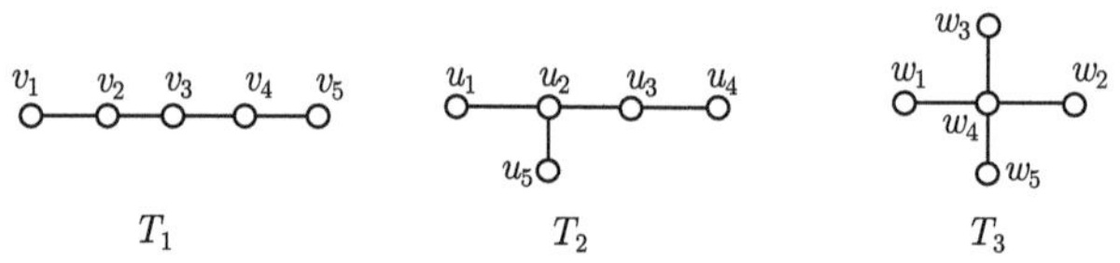

图 9.7　分子式 C_5H_{12} 的碳骨架图

9.2.2　图能量的计算

图能量由矩阵的所有特征值确定, 而矩阵的特征值计算并非易事. 本节介绍图矩阵特征多项式和图能量计算的相关结论.

设 G 是 n 阶简单图, 图能量 $\mathfrak{E}(G)$ 与图特征多项式 $\phi(G,x)$ 之间有密切关系, 如式 (8) 所示, 该公式被称为 Coulson 积分公式, 它由 Charles Coulson 于 1940 年给出.

$$\mathfrak{E}(G) = \frac{1}{\pi} \int_{-\infty}^{+\infty} \left[n - \frac{ix\phi_x'(G, ix)}{\phi(G, ix)} \right] dx, \qquad (8)$$

其中 $i = \sqrt{-1}$ 为虚数单位. 依据 Coulson 积分公式计算图能量时, 需要知道图特征多项式. 下面的式 (9)~(11) 都可以用来计算图特征多项式.

n 阶简单图 G 的特征多项式为

$$\phi(G,x) = \det(xI_n - A(G)) = \sum_{k=0}^{n} a_k x^{n-k}, \qquad (9)$$

其中 $A(G)$ 表示图 G 的邻接矩阵, I_n 表示 n 阶单位矩阵.

设 M 是 G 中的一个 k 匹配, 即 M 是 G 中一个有 k 条边的匹配, 令 $m(G,k)$ 表示 G 中 k 匹配的个数. 特别地规定 $m(G,0)=1$. 图 G 的匹配多项式 $\alpha(G,x)$ 定义为

$$a(G,x) = \sum_{k=0}^{\lfloor \frac{n}{2} \rfloor} (-1)^k m(G,k) x^{n-2k}.$$

Godsil 与 Gutman 给出了图的特征多项式 $\phi(G,x)$ 与匹配多项式 $a(G,x)$ 的关系.

定理 9.3 设 G 为 n 阶简单图, 子图 G' 为图 G 的不交圈的并图, 则

$$\phi(G,x) = \alpha(G,x) + \sum_{G'} (-2)^{\omega(G')} \alpha(G-G',x), \tag{10}$$

其中 $\omega(G')$ 表示 G' 中连通分支的个数, $G-G'$ 即 $G-V(G')$, 表示从图 G 中删掉 G' 的所有顶点和边之后得到的图.

由定理 9.3 易知, 无圈图的特征多项式与它的匹配多项式相同.

每个连通分支都要么为 K_2, 要么为圈, 这样的子图称为 Sachs 子图. Sachs 定理建立了图的特征多项式系数与图的连通分支数目的关系.

定理 9.4 (Sachs 定理) 设 G 为 n 阶简单图, 其特征多项式为 $\phi(G,x) = \sum_{k=0}^{n} a_k x^{n-k}$, 则对于 $k \geqslant 1$,

$$a_k = \sum_{S \in L_k} (-1)^{\omega(S)} 2^{c(S)}, \tag{11}$$

其中 L_k 为图 G 中顶点数为 k 的 Sachs 子图的集合, $\omega(S)$ 表示 S 中连通分支的个数, $c(S)$ 表示 S 中所含圈的数目. 特别地, $a_0 = 1$.

例 9.5 用 Coulson 公式计算正戊烷的轨道能量, 即求图 9.7 中树 T_1 的能量 $\mathfrak{E}(T_1)$.

解 用式 (9) 求出 T_1 的邻接矩阵 $\boldsymbol{A}(T_1)$ 的特征多项式

$$\phi(T_1,x) = \det(x\boldsymbol{I}_n - \boldsymbol{A}(T_1)) = 3x - 4x^3 + x^5,$$

于是有

$$\phi'(T_1,x) = 3 - 12x^2 + 5x^4,$$

$$\phi(T_1,\mathrm{i}x) = 3x\mathrm{i} + 4x^3\mathrm{i} + x^5\mathrm{i},$$

$$\phi'(T_1,\mathrm{i}x) = 3 + 12x^2 + 5x^4.$$

再由公式 (8) 得

$$
\begin{aligned}
\mathfrak{E}\left(T_{1}\right) &= \frac{1}{\pi} \int_{-\infty}^{+\infty}\left[5-\frac{\mathrm{i} x \phi_{x}^{\prime}(G, \mathrm{i} x)}{\phi(G, \mathrm{i} x)}\right] \mathrm{d} x \\
&= \frac{1}{\pi} \int_{-\infty}^{+\infty}\left[5-\frac{\mathrm{i} x\left(3+12 x^{2}+5 x^{4}\right)}{3 x \mathrm{i}+4 x^{3} \mathrm{i}+x^{5} \mathrm{i}}\right] \mathrm{d} x \\
&= \frac{1}{\pi} \int_{-\infty}^{+\infty} \frac{12+8 x^{2}}{3+4 x^{2}+x^{4}} \mathrm{d} x \\
&= \frac{2}{\pi} \int_{0}^{+\infty} \frac{12+8 x^{2}}{3+4 x^{2}+x^{4}} \mathrm{d} x \\
&= \frac{4}{\pi}\left[\arctan x+\sqrt{3} \arctan \frac{x}{\sqrt{3}}\right]_{0}^{+\infty}=2(1+\sqrt{3}) . \qquad \square
\end{aligned}
$$

这说明不求出所有特征值, 直接通过 Coulson 积分也可以得到了与例 9.4 中相同的能量值计算结果. 如果需要计算出特征值, 那么下面的 Rayleigh 不等式也给出了关于特征值的计算和估计方法.

Rayleigh 不等式是关于实对称矩阵的特征值和特征向量的重要结论, 是一个常用结论, 它在 9.3 节也会被用到. Rayleigh 不等式: 设 $\boldsymbol{A}$ 是 $n \times n$ 的实对矩阵, 设

$$
\lambda_{1}(\boldsymbol{A}), \lambda_{2}(\boldsymbol{A}), \cdots, \lambda_{n}(\boldsymbol{A})
$$

是它的所有特征值且 $\lambda_{1}(\boldsymbol{A}) \geqslant \lambda_{2}(\boldsymbol{A}) \geqslant \cdots \geqslant \lambda_{n}(\boldsymbol{A})$, 设 $u_{1}, u_{2}, \cdots, u_{n}$ 分别是相应于

$$
\lambda_{1}(\boldsymbol{A}), \lambda_{2}(\boldsymbol{A}), \cdots, \lambda_{n}(\boldsymbol{A})
$$

的特征向量, U_{j} 是由 $\boldsymbol{u}_{1}, \boldsymbol{u}_{2}, \cdots, \boldsymbol{u}_{j}$ 所生成的向量空间, $U_{j}^{\perp}$ 表示 U_{j} 的垂直向量空间, 则有

$$
\frac{\boldsymbol{u}^{\mathrm{T}} \boldsymbol{A} \boldsymbol{u}}{\boldsymbol{u}^{\mathrm{T}} \boldsymbol{u}} \geqslant \lambda_{j}(\boldsymbol{A}) \quad\left(\forall \boldsymbol{u} \in U_{j}\right), \tag{12}
$$

$$
\frac{\boldsymbol{u}^{\mathrm{T}} \boldsymbol{A} \boldsymbol{u}}{\boldsymbol{u}^{\mathrm{T}} \boldsymbol{u}} \leqslant \lambda_{j+1}(\boldsymbol{A}) \quad\left(\forall \boldsymbol{u} \in U_{j}^{\perp}\right). \tag{13}
$$

(12) 式中等号成立当且仅当 $\boldsymbol{u}$ 是相应于特征值 $\lambda_{j}(\boldsymbol{A})$ 的特征向量; (13) 式中等号成立当且仅当 $\boldsymbol{u}$ 是相应于特征值 $\lambda_{j+1}(\boldsymbol{A})$ 的特征向量.

对于图 9.7 中的三个树图, 链图 T_{1} 的能量最大, 星图 T_{3} 的能量最小. 这一结论可推广. Gutman 得到了前 4 个具有较小能量的树和前 2 个能量最大的树, 所有 n 阶树中, 能量最小的是星图 S_{n}; 链 P_{n} 则是能量最大的树; 能量第 2 小的是

剖分星图 S_{n-1} 的一条边得到的树; 能量第 3 小的是在星图 S_{n-2} 的同一个叶子顶点粘上两个悬挂点得到的树; 能量第 4 小的是在星图 S_{n-2} 的一个叶子顶点粘上 P_2 得到的树; 能量第 2 大的树是在链 P_{n-2} 的第 3 个顶点粘上 P_2 得到的树. 例如在所有 8 阶树中, 能量排序如图 9.8 所示. Li 等得到了当 $n \geqslant 6$ 时的第 5 小能量树, 以及当 $n \geqslant 14$ 时的第 6 小能量树. 当 n 比较大时 (700 万以上), 给出树图能量排序是图能量理论研究领域的一个有趣内容.

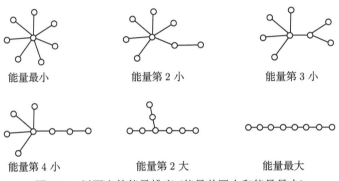

图 9.8　树图中的能量排序 (能量前四小和能量最大)

9.2.3　Laplace 能量

除了用邻接矩阵定义图能量外, 还可以借助 Laplace 矩阵定义图的 Laplace 能量, Laplace 能量也有广泛的应用. 一般而言, Laplace 矩阵 $\boldsymbol{L}(G)$ 的特征值之和不为零, Gutman 依据矩阵 $\boldsymbol{L}(G) - \dfrac{2m}{n}\boldsymbol{I}_n$ 来定义图的 Laplace 能量.

定义 9.2 (Laplace 能量)　设 G 为 n 阶简单图, $\boldsymbol{L}(G) = \boldsymbol{D}(G) - \boldsymbol{A}(G)$ 为 G 的 Laplace 矩阵, $\mu_1, \mu_2, \cdots, \mu_n$ 为 G 的 Laplace 特征值, G 的 Laplace 能量, 记作 $\mathfrak{E}_L(G)$, 定义为其 Laplace 特征值与均值差的绝对值之和, 即

$$\mathfrak{E}_L(G) = \sum_{i=1}^{n}\left|\mu_i - \frac{2m}{n}\right|,$$

其中 m 为图 G 的边数. 称

$$\mathfrak{E}_{QL}(G) = \sum_{i=1}^{n} d_i^2 + \sum_{i=1}^{n} d_i$$

为图 G 的准 Laplace 能量 (quasi-Laplacian energy), 其中 d_i 为顶点 v_i 的度.

例如, 对于图 9.7 中的树 T_1, 它的 Laplace 能量 $\mathfrak{E}_L(T_1) = 6.0721$(保留四位小数), 它的准 Laplace 能量 $\mathfrak{E}_{QL}(T_1) = 22$, 可见树 T_1 的图能量小于它的 Laplace

能量. 2008 年, Gutman 猜测所有图的图能量都小于它的 Laplace 能量, 但遗憾的是在 2009 年 Liu 等证明这一猜测是错误的. 随后又有学者证明了对于二部图和几乎所有的图而言, Gutman 猜测正确.

设 G 为无环图, 将邻接矩阵推广为图的 AG 矩阵 $\boldsymbol{AG}(G) = (\bar{a}_{ij})_{n \times n}$, 其中

$$
\bar{a}_{ij} = \begin{cases} \dfrac{d_i + d_j}{2\sqrt{d_i d_j}}, & v_i v_j \in E(G), \\ 0, & v_i v_j \notin E(G). \end{cases}
$$

基于 AG 矩阵, 定义图的 AG 能量 $\mathfrak{E}_{AG}(G)$ 为

$$
\mathfrak{E}_{AG}(G) = \sum_{i=1}^{n} |\lambda_i(\boldsymbol{AG})|.
$$

国内外有许多图论学者致力于图能量研究, 取得了丰硕的研究成果, 感兴趣的读者可查阅相关文献.

9.2.4　图能量在蛋白质序列二维图形表示中的应用

同随机游走一样, 图能量也可以用来衡量顶点的重要性. 比如顶点的重要性体现在移除这一顶点后图能量的变化量, 变化量越大说明越重要; 又比如, 可以依不同顶点为中心建立不同的图, 获得不同的图能量, 再用图能量来区分顶点.

基于图能量的氨基酸序列的数值化表征方法在蛋白质分析中有重要应用. 随着生物测序技术的飞速发展, 公共数据库中的生物序列 (DNA、蛋白质等) 的数量迅速增加. 但是人们对这些海量的生物序列的具体功能的了解却相对匮乏. 开发快速准确地确定蛋白质结构与功能的自动化方法, 是生物信息学面临的重大挑战. 蛋白质分析的数学方法一般可分为两类: 序列比对法和基于不变量的比较方法.

氨基酸的种类和数量因分类方式而异. 从广义上来讲, 氨基酸有 22 种, 构成人体蛋白质的氨基酸有 20 种. 蛋白质是由氨基酸通过脱水缩合形成的生物大分子化合物. 为简便起见, 我们以五种氨基酸为例, 来说明图能量在蛋白质序列分析中的应用. 设这五种氨基酸为赖氨酸、丙氨酸、甘氨酸、亮氨酸和谷氨酸, 分别用 v_1, v_2, v_3, v_4, v_5 表示, 设 $V = \{v_1, v_2, v_3, v_4, v_5\}$ 表示氨基酸集合, 则蛋白质序列为 $S = v_{i_1} v_{i_2} \cdots v_{i_n}$, 其中 $v_{i_j} \in V (j = 1, 2, \cdots, n)$.

为了建立氨基酸的图能量, 首先需要将每种氨基酸对应一个图, 然后再求图能量. 为此, 我们考虑氨基酸的相对分子量、体积、表面积、比容等四个常见性质, 具体数据如表 9.1 所示.

表 9.1

序号	相对分子量	体积	表面积	比容
v_1	128.18	168.7	200	0.789
v_2	71.08	88.6	115	0.748
v_3	57.06	60.10	75	0.632
v_4	113.17	166.7	170	0.884
v_5	129.12	138.4	190	0.643
阈值	19.9444	24.9000	30.0000	0.1478

对于每个性质, 定义一个阈值为

$$\frac{\text{该性质的平均值}}{5}.$$

依次考虑这四个性质, 若两个氨基酸在某性质下的数值差 (取绝对值) 比阈值小, 则认为它们是相关的, 就在相应顶点间连边. 以赖氨酸 v_1 为例, 当以赖氨酸为中心建立图 G_1 时, 与 v_1 的相对分子量之差小于阈值的有 v_4, v_5, 因此 $v_1v_4 \in E(G_1)$, $v_1v_5 \in E(G_1)$. 又因为 v_4, v_5 同时都与 v_1 相邻, 有必要再考虑 v_4, v_5 的相对分子量之差是否小于阈值, 若小于阈值, 则有必要连边, 否则不连边. 由于 v_4, v_5 的相对分子量之差大于阈值, 所以 $v_4v_5 \notin E(G_1)$. 同理, 再依次考虑体积、表面积和比容, 可得到赖氨酸 v_1 对应的图 G_1 如图 9.9 所示. 由此可得赖氨酸 v_1 的图能量 $\mathfrak{E}(v_1) = \mathfrak{E}(G_1) = 11.1725$ (保留小数点后四位).

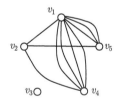

图 9.9 以赖氨酸 v_1 为中心建立的图 G_1

类似地, 以 v_2, v_3, v_4, v_5 为中心建立的图 G_2, G_3, G_4, G_5 如图 9.10 所示, 从而得到它们的图能量分别为 $\mathfrak{E}(v_2) = \mathfrak{E}(G_2) = 8.2058$, $\mathfrak{E}(v_3) = \mathfrak{E}(G_3) = 5.4641$, $\mathfrak{E}(v_4) = \mathfrak{E}(G_4) = 9.6569$, $\mathfrak{E}(v_5) = \mathfrak{E}(G_5) = 12.0330$. 以不同氨基酸为中心建立的图各不相同, 图能量也不同.

若蛋白质序列 $S = v_{i_1}v_{i_2}\cdots v_{i_n}$, 其中 $v_{i_j} \in V(j = 1, 2, \cdots, n)$, 对于第 j 个氨基酸描点

$$P_j(j, \mathfrak{E}(v_{i_j})),$$

进而获得蛋白质序列的二维图形. 通过比较两个蛋白质序列的二维图形可进一步研究蛋白质序列的相似性.

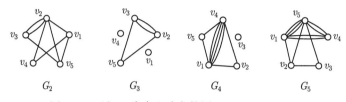

图 9.10　以 v_i 为中心建立的图 $G_i(i = 2, 3, 4, 5)$

9.2.5　小结

图能量是由图的邻接矩阵特征值计算得出图不变量, 其概念起源于化学研究领域. 在数学角度上, 图能量是邻接矩阵的一种特殊的矩阵范数. 有关图能量的研究最早可追溯至 20 世纪 30 年代, 化学家 Erich Hückel 对共轭烃 (碳氢化合物) 分子中的 π-电子轨道能量的计算. 1978 年, 塞尔维亚化学家、数学家 Ivan Gutman 在一篇文献中正式提出了图能量的概念. 自此, 这一概念不再仅适用于分子图, 也适用于一般图.

近十多年来, 图能量逐渐引起数学家的兴趣, 被陆续建立起许多数学性质, 是数学研究中少有的以化学为动机、以化学为出发点的研究方向. 随着研究的发展, 人们对图能量的认识愈发深刻, 并与实际应用结合, 衍生出 Laplace 能量、Randić 能量等概念. 如今, 针对图能量的研究不局限于化学、数学领域, 已在生物信息学、社会网络分析、图像处理等领域取得重要应用.

9.3　智能集群控制中的图论问题

无论是自然生物集群, 还是人工智能集群, 研究它们的目的之一是推动以 “群体智能” 涌现为核心的人工智能的发展. 可控性是智能集群控制的首要基本问题, 选取尽可能少的控制顶点对提高控制效率、节约成本等都具有重要意义. 本节以智能无人机集群为例, 介绍图论在智能集群可控性中应用.

9.3.1　Laplace 结构可控性

2004 年, Tanner 针对无向网络系统可控性 [18], 基于图的 Laplace 矩阵, 提出了无向网络系统可控的新概念, 称之为 Laplace 结构可控. 若智能集群 Laplace 结构可控, 人们可以仅控制其中少数领航个体, 其他个体依靠集群内部协同控制完成任务目标, 体现出一定程度的 “群体智能”.

无人机个体间的通信关系可用图表示. 设图 $G = (V, E)$, 其中顶点集 $V = \{v_1, v_2, \cdots, v_n\}$, v_i 表示第 i 个无人机个体 $(i = 1, 2, \cdots, n)$, 边 $v_i v_j \in E$ 当且仅当第 i 个无人机与第 j 个无人机间可通信, 称图 G 为通信网络拓扑结构图.

对于领航跟随模式的无人机集群, 接受外界输入控制信号的个体称为领航顶点 (leaders), 其余顶点则称为跟随顶点 (followers). 考虑有 n 个无人机个体的线性时不变系统, 设无人机个体的动力学方程描述为

$$x_i' = \begin{cases} \displaystyle\sum_{v_i v_j \in E(G)} (x_j - x_i), & \text{若 } x_i \text{ 为跟随顶点,} \\ \displaystyle\sum_{v_i v_j \in E(G)} (x_j - x_i) + u_i, & \text{若 } x_i \text{ 为领航顶点,} \end{cases} \tag{14}$$

其中 x_i 为第 i 个无人机的状态信息, u_i 为外界输入控制信息. 设 $F = \{v_1, v_2, \cdots, v_m\}$ 为跟随顶点集, $\overline{F} = \{v_{m+1}, v_{m+2}, \cdots, v_n\}$ 为领航顶点集. 在 (14) 描述的动力学方程中, 跟随顶点的飞行状态由与它相邻的顶点控制, 而领航顶点的飞行状态不仅由外界输入信号控制, 同时也与它相邻的顶点有关. 设

$$\boldsymbol{x}_F = \begin{bmatrix} x_1 \\ x_2 \\ \vdots \\ x_m \end{bmatrix}, \quad \boldsymbol{L}_{FF} = \begin{bmatrix} d_1 & -a_{12} & \cdots & -a_{1m} \\ -a_{21} & d_2 & \cdots & -a_{2m} \\ \vdots & \vdots & \ddots & \vdots \\ -a_{m1} & -a_{m2} & \cdots & d_m \end{bmatrix},$$

$$\boldsymbol{x}_{\overline{F}} = \begin{bmatrix} x_{m+1} \\ x_{m+2} \\ \vdots \\ x_n \end{bmatrix}, \quad \boldsymbol{L}_{F\overline{F}} = \begin{bmatrix} -a_{1,m+1} & -a_{1,m+2} & \cdots & -a_{1n} \\ -a_{2,m+1} & -a_{2,m+2} & \cdots & -a_{2n} \\ \vdots & \vdots & \ddots & \vdots \\ -a_{m,m+1} & -a_{m,m+2} & \cdots & -a_{mn} \end{bmatrix},$$

其中 $\boldsymbol{L} = \begin{bmatrix} \boldsymbol{L}_{FF} & \boldsymbol{L}_{F\overline{F}} \\ \boldsymbol{L}_{\overline{F}F} & \boldsymbol{L}_{\overline{F}\,\overline{F}} \end{bmatrix}$ 为 Laplace 矩阵, $\boldsymbol{L}_{ST}$ 为由 S 中所对应的行及 T 中顶点对应的列构成的 $\boldsymbol{L}$ 的子矩阵 $(S, T \in \{F, \overline{F}\})$. 由于 Laplace 矩阵为实对称矩阵, 故 $\boldsymbol{L}_{FF}$ 和 $\boldsymbol{L}_{\overline{F}\,\overline{F}}$ 也都是实对称矩阵且 $\boldsymbol{L}_{F\overline{F}}^{\mathrm{T}} = \boldsymbol{L}_{\overline{F}F}$. 对于跟随顶点, 由 (14) 式有

$$\boldsymbol{x}_F' = \boldsymbol{L}_{FF}\boldsymbol{x} + \boldsymbol{L}_{F\overline{F}}\boldsymbol{x}_{\overline{F}}.$$

若矩阵 $\boldsymbol{C} = [\boldsymbol{L}_{F\overline{F}}, \boldsymbol{L}_{FF}\boldsymbol{L}_{F\overline{F}}, \boldsymbol{L}_{FF}^2\boldsymbol{L}_{F\overline{F}}, \cdots, \boldsymbol{L}_{FF}^{m-1}\boldsymbol{L}_{F\overline{F}}]$ 行满秩, 则称 G 是 Kalman 可控的, 简称系统 (14) 可控.

例如, 设 G 如图 9.11 所示, 则它的 Laplace 矩阵为

$$\boldsymbol{L} = \begin{bmatrix} 1 & -1 & 0 \\ -1 & 2 & -1 \\ 0 & -1 & 1 \end{bmatrix}.$$

图 9.11   领航集的选取对系统可控性的影响

若取 v_1 作为领航顶点, 则

$$L_{FF} = \begin{bmatrix} 2 & -1 \\ -1 & 1 \end{bmatrix}, \quad L_{F\overline{F}} = \begin{bmatrix} -1 \\ 0 \end{bmatrix},$$

从而矩阵 $C = \begin{bmatrix} -1 & -2 \\ 0 & 1 \end{bmatrix}$ 行满秩, 所以取 v_1 作为领航顶点, 系统可控. 若
取 v_2 作为领航顶点, 则

$$L_{FF} = \begin{bmatrix} 1 & 0 \\ 0 & 1 \end{bmatrix}, \quad L_{F\overline{F}} = \begin{bmatrix} -1 \\ -1 \end{bmatrix},$$

从而矩阵 $C = \begin{bmatrix} -1 & -1 \\ -1 & -1 \end{bmatrix}$ 的秩为 1, 不是行满秩的, 所以取 v_2 作为领航顶点,
系统不可控.

　　系统 Laplace 结构可控性领域有如下三个重要问题: 一是选取哪些顶点才能
使系统可控; 二是最少选取多少个顶点才能使系统可控; 三是使系统可控的最小领
航顶点集选取方法有多少种. 最小 Laplace 结构可控领航集就是确保网络 Laplace
结构可控且顶点个数最少的领航集. 研究结果表明, 无向网络可控性与 Laplace 矩
阵 L 的特征值和特征向量密切相关, 有如下几个重要结论.

　　引理 9.2　设 $G = (V, E)$ 为通信网络拓扑结构图且为连通图, F 为跟随顶点
集, 则线性时不变系统 (14) 可控当且仅当 $L_{\overline{F}F}y \neq O$, 其中 y 是矩阵 L_{FF} 的任
意特征向量.

　　证　由于实对称矩阵可对角化, 所以存在正交矩阵 U, 使得 $U^{\mathrm{T}}L_{FF}U = D$,
其中 U 的列向量组是 L_{FF} 的单位正交特征向量组, D 是 L_{FF} 的特征值构成的
对角矩阵. 因为 G 是连通图, 所以子方阵 L_{FF} 是主对角占优矩阵, 它的特征值都
不为 0, 即 D 的主对角线上元素非零. 于是控制矩阵

$$C = [L_{F\overline{F}}, L_{FF}L_{F\overline{F}}, L_{FF}^2 L_{F\overline{F}}, \cdots, L_{FF}^{m-1} L_{F\overline{F}}]$$

$$= [L_{F\overline{F}}, UDU^{\mathrm{T}}L_{F\overline{F}}, UD^2U^{\mathrm{T}}L_{F\overline{F}}, \cdots, UD^{m-1}U^{\mathrm{T}}L_{F\overline{F}}]$$

$$= U\left[U^{\mathrm{T}}L_{F\overline{F}}, DU^{\mathrm{T}}L_{F\overline{F}}, D^2U^{\mathrm{T}}L_{F\overline{F}}, \cdots, D^{m-1}U^{\mathrm{T}}L_{F\overline{F}}\right].$$

注意到 U 是可逆矩阵, 所以 $\mathrm{rank}\,(C) = m$ 的充要条件是 $U^{\mathrm{T}}L_{F\overline{F}}$ 没有零行, 即 $L_{\overline{F}F}U$ 没有零列. □

应用 Rayleigh 不等式, 我们证明引理 9.3.

引理 9.3 设 $G = (V, E)$ 为通信网络拓扑结构图且为连通图, F 为跟随顶点集, 则线性时不变系统 (14) 可控当且仅当 L 与 L_{FF} 没有公共特征值.

证 (必要性) 设线性时不变系统 (14) 可控, 假设 L 与 L_{FF} 有公共特征值 λ_i. 设 $I_m, O_{m\times(n-m)}$ 分别表示 m 阶单位矩阵和 $m \times (n-m)$ 阶零矩阵, 设 $R = [I_m, O_{m\times(n-m)}]$, 则有

$$L_{FF} = RLR^{\mathrm{T}}, \quad RR^{\mathrm{T}} = I_m.$$

设 $u_1, u_2, \cdots, u_n$ 是 Laplace 矩阵 L 的两两正交特征向量且 $Lu_i = \lambda_i(L)u_i$, 其中特征值满足

$$\lambda_1(L) \geqslant \lambda_2(L) \geqslant \cdots \geqslant \lambda_n(L).$$

设 U_j 是由 $u_1, u_2, \cdots, u_j$ 所生成的向量空间. 设 $w, w_2, \cdots, w_m$ 是子矩阵 L_{FF} 的两两正交特征向量, W_i 是由 $w_1, w_2, \cdots, w_i$ 所生成的向量空间, 则 $\dim(W_i) = \dim(U_i) = i$, 从而有

$$\dim\left(R^{\mathrm{T}}U_{i-1}\right) \leqslant \dim(U_{i-1}) = i - 1,$$

进而 $\dim((R^{\mathrm{T}}U_{i-1})^{\mathrm{T}}) = m - \dim\left(R^{\mathrm{T}}U_{i-1}\right) \geqslant m - (i-1)$, 于是

$$\dim((R^{\mathrm{T}}U_{i-1})^{\mathrm{T}}) + \dim(W_i) \geqslant m + 1,$$

所以 $W_i \cap \left(R^{\mathrm{T}}U_{i-1}\right)^{\mathrm{T}} \neq \varnothing$.

取特征向量 $y \in W_i \cap \left(R^{\mathrm{T}}U_{i-1}\right)^{\mathrm{T}}$, 则

$$y^{\mathrm{T}}R^{\mathrm{T}}u_j = 0 \quad (j = 1, 2, \cdots, i-1),$$

因此 $Ry \in U_{i-1}^{\perp}$. 由 Rayleigh 不等式 (12), (13) 知

$$\lambda_i(L_{FF}) \leqslant \frac{y^{\mathrm{T}}L_{FF}y}{y^{\mathrm{T}}y} = \frac{y^{\mathrm{T}}RLR^{\mathrm{T}}y}{(Ry)^{\mathrm{T}}(Ry)} \leqslant \lambda_i(L). \tag{15}$$

由假设 L 与 L_{FF} 有公共特征值 λ_i, 即 $\lambda_i(L_{FF}) = \lambda_i(L)$, (15) 中均成立等号, 于是 $R^{\mathrm{T}}y$ 是 L 的特征向量. 由 $R^{\mathrm{T}}y = \begin{bmatrix} I_m \\ O_{(n-m)\times m} \end{bmatrix} y = \begin{bmatrix} y_m \\ O_{(n-m)\times m} \end{bmatrix}$

及 $\boldsymbol{R}^{\mathrm{T}}\boldsymbol{y}$ 是 $\boldsymbol{L}$ 的特征向量知 $\boldsymbol{y}_m$ 是 $\boldsymbol{L}_{FF}$ 的特征向量且 $\boldsymbol{L}_{\bar{F}F}\boldsymbol{y}=\boldsymbol{O}$, 这样由引理 9.2 知系统不可控, 矛盾.

(充分性) $\boldsymbol{L}$ 与 $\boldsymbol{L}_{FF}$ 没有公共特征值, 假设系统不可控. 由引理 9.2 知存在 $\boldsymbol{L}_{FF}$ 的特征 $\boldsymbol{y}_m$ 使得 $\boldsymbol{L}_{\overline{F}F}\boldsymbol{y}_m=\boldsymbol{O}$. 取向量 $\boldsymbol{y}=\begin{bmatrix}\boldsymbol{y}_m\\\boldsymbol{O}_{(n-m)\times m}\end{bmatrix}$, 有

$$\boldsymbol{Ly}=\begin{bmatrix}\boldsymbol{L}_{FF} & \boldsymbol{L}_{F\overline{F}}\\\boldsymbol{L}_{\overline{F}F} & \boldsymbol{L}_{\overline{FF}}\end{bmatrix}\begin{bmatrix}\boldsymbol{y}_m\\\boldsymbol{O}_{(n-m)\times m}\end{bmatrix}=\begin{bmatrix}\boldsymbol{L}_{FF}\boldsymbol{y}_m\\\boldsymbol{O}_{(n-m)\times m}\end{bmatrix}=\begin{bmatrix}\lambda\boldsymbol{y}_m\\\boldsymbol{O}_{(n-m)\times m}\end{bmatrix}=\lambda\boldsymbol{y},$$

此即 λ 是 $\boldsymbol{L}$ 与 $\boldsymbol{L}_{FF}$ 的公共特征值, 与已知矛盾.　　　　　　　　　　　　□

在引理 9.3 的必要性和充分性证明中, 我们都得到了 Laplace 矩阵 $\boldsymbol{L}$ 的一个特殊的特征向量, 它的后 $n-m$ 维分量均为 0. 于是, 得到下面定理 9.5, 它是本节重要理论基础.

定理 9.5　设 $G=(V,E)$ 为通信网络拓扑结构图且为连通图, F 为跟随顶点集, 设 $\boldsymbol{y}$ 为 Laplace 矩阵 $\boldsymbol{L}$ 的任意特征向量. 无向网络线性时不变系统 (14) 可控当且仅当 $\boldsymbol{y}_{\overline{F}}\neq\boldsymbol{O}$, 即 $\boldsymbol{y}$ 中领航顶点对应的分量不全为 0.　　　　　□

定理 9.5 是从 Laplace 矩阵的谱条件出发研究系统可控性, 它难以应用的原因在于它依赖于全体特征向量, 即该定理中出现的 $\boldsymbol{y}$ 具有任意性, 而不是取自于线性无关特征向量组. 因此, 有必要在代数条件基础上, 进一步结合图 G 的拓扑结构, 给出系统可控的图条件.

9.3.2　最小完美关键集

由定理 9.5 可知, 对于非空顶点集 S, 若通信网络拓扑结构图 G 的 Laplace 矩阵 $\boldsymbol{L}$ 有一个特征向量 $\boldsymbol{y}$ 使得 $\boldsymbol{y}_{\overline{S}}=\boldsymbol{O}$, 则该顶点集 $\overline{S}$ 不能作为领航顶点集. 也就是说, 此时, 为使智能集群可控, 必须将 S 中某些顶点加入到领航集. 基于此, 为了找出哪些顶点必须成为领航顶点, 我们在 2020 年提出了最小完美关键集的概念.

定义 9.3 (关键集)　设非空顶点集 $S\subset V$, $\boldsymbol{L}$ 为通信网络拓扑结构图 G 的 Laplace 矩阵, 若存在 $\boldsymbol{L}$ 的一个特征向量 $\boldsymbol{y}$ 使得 $\boldsymbol{y}_{\overline{S}}=\boldsymbol{O}$, 则称顶点集 S 为**关键集** (critical set, CS). 若 $|S|=k$, 则称 S 为 **k 关键集** (k critical set).

值得注意的是, 关键集 S 是顶点集 V 的真子集. 正因为如此, 有些图 G 中可能没有关键集.

定义 9.4 (完美关键集)　设 S 为关键集, 若存在 $\boldsymbol{L}$ 的一个特征向量 $\boldsymbol{y}$ 使得 $\boldsymbol{y}_v\neq\boldsymbol{O}(\forall v\in S)$, 则称 S 为**完美关键集** (perfect critical set, PCS). 若 $|S|=k|S|=k$, 则称 S 为 **k 完美关键集** (k perfect critical set).

定义 9.5 (最小完美关键集) 设 S 为关键集, 若它的任何真子集都不再是关键集, 则称 S 为**最小完美关键集** (minimal perfect critical set, MPCS). 若 $|S| = k$, 则称 S 为 **k 最小完美关键集** (k minimal perfect critical set).

例如, 设图 G 如图 9.12 所示, 它的 Laplace 矩阵 $\boldsymbol{L}$ 的特征值和相应特征向量分别为 (以下数值计算均保留至小数点后四位)

$$\text{eigenvalue}(\boldsymbol{L}) = \{0.0000, 0.4859, 1.0000, 1.0000, 2.4280, 5.0861\},$$

$$\text{eigenvector}(\boldsymbol{L}) = \begin{bmatrix} 0.4082 & 0.7312 & 0 & 0 & 0.5413 & -0.0752 \\ 0.4082 & 0.3759 & 0 & 0 & -0.7730 & 0.3074 \\ 0.4082 & -0.1620 & 0 & 0 & -0.2105 & -0.8734 \\ 0.4082 & -0.3151 & 0.8150 & -0.0486 & 0.1474 & 0.2137 \\ 0.4082 & -0.3151 & -0.3654 & 0.7302 & 0.1474 & 0.2137 \\ 0.4082 & -0.3151 & -0.4497 & -0.6815 & 0.1474 & 0.2137 \end{bmatrix},$$

注意到第 3 列特征向量的前三个分量均为零, 故 $\{v_4, v_5, v_6\}$ 是完美关键集且以它为真子集的顶点集 (全集 V 除外) 都是关键集. $\{v_1, v_3, v_5\}$ 不是关键集. 但是, $\{v_4, v_5, v_6\}$ 不是最小完美关键集, 这是因为, 第 3, 4 列同是特征值 1 的特征向量, 而它们的线性组合可以再生成多一个分量为零的特征向量, 比如 $[0, 0, 0, 0, 1, -1]^{\mathrm{T}}$ 也属于特征值 1 的特征向量, 故 $\{v_5, v_6\}$ 是完美关键集且是最小完美关键集.

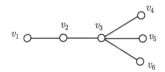

图 9.12　图 G (关键集、完美关键集和最小完美关键集的不同)

由定理 9.5 和最小完美关键集的概念, 可得如下定理 9.6.

定理 9.6　设 $G = (V, E)$ 为通信网络拓扑结构图且为连通图, 设 F 为跟随顶点集, $\overline{F}$ 为领航集, 则线性时不变系统 (14) 可控当且仅当 F 中不包含最小完美关键集.

证　由定理 9.5 知系统 (14) 可控当且仅当 $\boldsymbol{y}_{\overline{F}} \neq \boldsymbol{O}$, 其中 $\boldsymbol{y}$ 是系统 Laplace 矩阵 $\boldsymbol{L}$ 的任意一个特征向量.

(必要性) 若对任意特征向量 $\boldsymbol{y}$ 都有 $\boldsymbol{y}_{\overline{F}} \neq \boldsymbol{O}$, 则由定义 9.3 知 F 不是关键集, 再由定义 9.5 知 F 也不是最小完美关键集.

(充分性)(反证法) 设 F 不包含最小完美关键集, 假设存在某特征向量 $\boldsymbol{y}$ 使得 $\boldsymbol{y}_{\overline{F}} = \boldsymbol{O}$, 由定义 9.3 知 F 是关键集, 由于关键集中必然有子集为最小完美关键集, 从而 F 必包含最小完美关键集, 矛盾.　□

若图 G 中没有最小完美关键集, 当然也就没有关键集, 由关键集定义知此时 L 的任何特征向量的任何分量都不为零, 这样, 由定理 9.6, 选任何一个顶点作为领航顶点都将使系统可控.

定理 9.7 设 $S_1, S_2, \cdots, S_J (J \geqslant 1)$ 是图 G 的所有最小完美关键集.

(1) 设 $T \subseteq V(G)$, 则选取 T 为领航集时系统可控的充要条件是 $T \cap S_i \neq \varnothing$ $(\forall i = 1, 2, \cdots, J)$.

(2) 设最小领航集中顶点个数为 K, 则 $K = \min\{|T| : T \cap S_i \neq \varnothing (\forall i = 1, 2, \cdots, J)\}$.

证 (1)(充分性) 若 $T \cap S_i \neq \varnothing (\forall i = 1, 2, \cdots, J)$, 则 $\overline{T}$ 中不包含任何最小完美关键集, 由定理 9.6 知结论成立.

(必要性) 若选取 T 为领航集时系统可控, 由定理 9.6 知 $\overline{T}$ 中不包含最小完美关键集, 即对任意 $S_i (i = 1, 2, \cdots, J)$ 均不包含于 $\overline{T}$, 亦即 $T \cap S_i \neq \varnothing (\forall i = 1, 2, \cdots, J)$.

(2) 由 (1) 知集合 $\{T : T \cap S_i \neq \varnothing (\forall i = 1, 2, \cdots, J)\}$ 中包含了所有使系统可控的领航集, 因此, 结论成立. □

对于图 9.11, 它有一个最小完美关键集为 $S_1 = \{v_1, v_3\}$, 由定理 9.7 知, 使系统可控的领航集有两个, 它们是 $T_1 = \{v_1\}, T_2 = \{v_3\}$, 且最小领航集中顶点个数为 $K = 1$. 由此可见, 基于最小完美关键集可以解决 9.3.1 节中提出的关于领航集选取的所有三个重要问题. 不仅如此, 许多最小完美关键集具有明显的图结构特征. 对于图 9.11 中的 $\{v_1, v_3\}$ 以及图 9.12 中的 $\{v_4, v_5\}, \{v_4, v_6\}, \{v_5, v_6\}$, 这些最小完美关键集都具有定理 9.10 所述的图结构. 哪些子图结构一定构成最小完美关键集是值得研究的内容.

9.3.3 关键集的一个充分条件

若通信网络拓扑结构图为非连通图, 则考虑它的连通分支, 故不失一般性, 本节讨论的通信网络拓扑结构图均为连通图. 连通图 Laplace 矩阵的零特征值是单重特征值, 且其特征向量为 $\mathbf{1}_n^T$ ($\mathbf{1}_n^T$ 表示分量均为 1 的 n 维列向量), 该特征向量不能导出关键集, 因此, 若无特别说明, 本节中出现的特征值 λ 都不为 0.

由 k 关键集的定义可知, k 为正整数且 $k < n$, 下面结论表明 $k \geqslant 2$.

定理 9.8 n 阶连通无向网络不存在 1 关键集.

证 设 $\boldsymbol{y}$ 为图 G 的 Laplace 矩阵 $\boldsymbol{L}$ 的一个特征向量, 设其相应的特征值为 λ, 则有 $\boldsymbol{Ly} = \lambda \boldsymbol{y}$. 于是有 $\mathbf{1}_n^T \boldsymbol{Ly} = \lambda \mathbf{1}_n^T \boldsymbol{y}$. 由 $\boldsymbol{L} = \boldsymbol{D} - \boldsymbol{A}$ 知 $\mathbf{1}_n^T \boldsymbol{L} = \boldsymbol{O}_{1 \times n}$, 从而

$$\mathbf{1}_n^T \boldsymbol{y} = \sum_{i=1}^{n} y_i = 0. \tag{16}$$

若 S 为 1 关键集, 不妨设 $S = \{v_1\}$, 则 $\boldsymbol{y}_{\overline{S}} = \boldsymbol{O}$ 及 (16) 式可知 $\boldsymbol{y}_S = \boldsymbol{O}$, 于是 $\boldsymbol{y} = \boldsymbol{O}$, 与 $\boldsymbol{y}$ 为特征向量矛盾. □

连通图中不存在 1 关键集, 但是非连通图中可能有 1 关键集, 且非连通图中 1 关键集是它的独立顶点.

由定理 9.5 及定理 9.8 知下列推论成立.

推论 9.1 设 G 为 $n(n \geqslant 2)$ 阶连通无向网络, $S \subset V$ 且 $|S| = n - 1$, 若取 S 为领航集, 则系统可控. □

由定理 9.4 可知, 对于 n 阶连通无向网络的 k 关键集, 必有 $2 \leqslant k \leqslant n - 1$.

定理 9.9 设顶点集 $S \subset V$ 且 $|S| \geqslant 2$, 若 $\forall v \in \overline{S}$, v 要么与 S 中所有顶点都相邻, 要么与 S 中所有顶点都不相邻, 则 S 为关键集.

证 设 $\overline{S}$ 中有 m 个顶点与 S 中所有顶点都相邻. 首先断言矩阵 $\boldsymbol{L}_{SS}$ 有特征值 $\lambda(\lambda \neq m)$. 事实上, 由于 $\overline{S}$ 中有 m 个顶点与 S 中所有顶点都相邻且其余顶点都不与 S 中顶点相邻, 所以 $\boldsymbol{L}_{SS} - m\boldsymbol{I}_{|S|}$ 为顶点导出子图 $G[S]$ 的 Laplace 矩阵 (其中 $\boldsymbol{I}_{|S|}$ 为 $|S|$ 阶单位矩阵), 故 $\boldsymbol{L}_{SS} - m\boldsymbol{I}_{|S|}$ 有特征值 0.

情况 1 若矩阵 $\boldsymbol{L}_{SS} - m\boldsymbol{I}_{|S|}$ 只有零特征值.

此时必有 $\boldsymbol{L}_{SS} - m\boldsymbol{I}_{|S|} = \boldsymbol{O}_{|S| \times |S|}$. 注意到 $\forall v \in \overline{S}$, 若 v 与 S 中顶点都相邻, 则其在矩阵 $\boldsymbol{L}_{\overline{S}S}$ 中对应的行向量 L_{vS} 分量全为 1; 若 v 与 S 中顶点都不相邻, 则其对应的行向量 L_{vS} 分量全为 0. 因此, 构造 n 阶列向量 $\boldsymbol{y} = \begin{bmatrix} \boldsymbol{y}_S \\ \boldsymbol{y}_{\overline{S}} \end{bmatrix}$, 其中

$$\boldsymbol{y}_S = (1 - |S|, 1, \cdots, 1)^{\mathrm{T}}, \quad \boldsymbol{y}_{\overline{S}} = \boldsymbol{O}.$$

则易见 $\boldsymbol{y}$ 为 Laplace 矩阵 $\boldsymbol{L}$ 的特征向量.

情况 2 若矩阵 $\boldsymbol{L}_{SS} - m\boldsymbol{I}_{|S|}$ 有非零特征值.

此时取 $\boldsymbol{L}_{SS} - m\boldsymbol{I}_{|S|}$ 的特征值 $\lambda' \neq 0$, 令 $\lambda = \lambda' + m$, 则 λ 为 $\boldsymbol{L}_{SS}$ 的特征值且 $\lambda \neq m$.

设 $\boldsymbol{y}_S$ 为矩阵 $\boldsymbol{L}_{SS}$ 相应于特征值 $\lambda(\lambda \neq m)$ 的特征向量, 构造 n 阶列向量 $\boldsymbol{y} = \begin{bmatrix} \boldsymbol{y}_S \\ \boldsymbol{O} \end{bmatrix}$, 则有

$$\boldsymbol{L}\boldsymbol{y} = \begin{bmatrix} \boldsymbol{L}_{SS} & \boldsymbol{L}_{S\overline{S}} \\ \boldsymbol{L}_{\overline{S}S} & \boldsymbol{L}_{\overline{S}\overline{S}} \end{bmatrix} \begin{bmatrix} \boldsymbol{y}_S \\ \boldsymbol{O} \end{bmatrix} = \begin{bmatrix} \lambda\boldsymbol{y}_S \\ \boldsymbol{L}_{\overline{S}S}\boldsymbol{y}_S \end{bmatrix}. \tag{17}$$

由 $\overline{S}$ 中有 m 个顶点与 S 中所有顶点都相邻且 $\boldsymbol{L}_{SS}\boldsymbol{y}_S = \lambda\boldsymbol{y}_S$ 知

$$\mathbf{1}_{|S|}^{\mathrm{T}}\boldsymbol{L}_{SS}\boldsymbol{y}_S = m\mathbf{1}_{|S|}^{\mathrm{T}}\boldsymbol{y}_S = \lambda\mathbf{1}_{|S|}^{\mathrm{T}}\boldsymbol{y}_S.$$

再由 $\lambda \neq m$ 知 $\mathbf{1}_{|S|}^{\mathrm{T}} \boldsymbol{y}_S = 0$, 从而 $\boldsymbol{L}_{\bar{S}S} \boldsymbol{y}_S = \boldsymbol{O}$. 于是由 (17) 式知 $\boldsymbol{L}\boldsymbol{y} = \lambda \boldsymbol{y}$, 即上述构造的向量 $\boldsymbol{y}$ 为 $\boldsymbol{L}$ 的一个特征向量. □

图 9.11 中的顶点集 $\{v_1, v_3\}$ 和图 9.12 中 $\{v_4, v_5\}, \{v_4, v_6\}, \{v_5, v_6\}$ 的顶点集都具有定理 9.9 的条件, 且它们都是关键集. 又因为连通图中没有 1 关键集, 因此, 这四个顶点集都是最小完美关键集.

9.3.4　简化图

在一定条件下, 运用定理 9.9, 判断一个顶点子集 S 是否为关键集时, 可以不考虑 $\bar{S}$ 中那些与 S 中顶点都相邻或者都不相邻的顶点, 也可以不考虑 $G[\bar{S}]$ 中所有边.

设 S 为顶点集 $V(G)$ 的非空真子集, 考察 $\bar{S}$ 中的所有顶点和 $G[\bar{S}]$ 中所有边, 分别按如下三步删去顶点和边:

(1) 对于 $v \in \bar{S}$, 若 $N_G(v) \cap S = S$, 令 $G := G - v$;

(2) 对于 $v \in \bar{S}$, 若 $N_G(v) \cap S = \varnothing$, 令 $G := G - v$;

(3) 对于边 $uv \in G[\bar{S}]$, 令 $G := G - uv$.

这样得到 G 的子图记作 G_S, 称 G_S 为 G 关于 S 的简化图.

如图 9.13 所示, 对于顶点集 S, 红色的顶点与 S 中顶点都相邻, 两个蓝色顶点都不与 S 中顶点相邻, 故它们都在 G_S 中; 还有黄色顶点间的边也不 G_S 中. S 是简化图 G_S 中的关键集, 因此, S 也是图 G 的关键集. 删去一个与 S 中顶点都相邻的红色顶点, 所以 S 在 G_S 中对应的特征值比它在 G 中的特征值小 1. 删去与 S 中顶点都不相邻的顶点、删去 $G[\bar{S}]$ 中的边都不影响特征值.

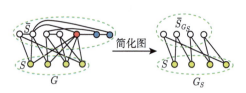

图 9.13　简化图及其关键集

9.3.5　k 最小完美关键集 ($2 \leqslant k \leqslant 3$)

本小节, 我们研究最小完美关键集. 设特征向量 $\boldsymbol{y}$ 是与 k 完美关键集 S 对应的特征向量, 即 $\boldsymbol{y}_{\bar{S}} = \boldsymbol{O}$ 且 $\boldsymbol{y}_S$ 的每个分量都不为零. 设 $[v, S]$ 表示一个端点为 v 另一个端点属于 S 的边集, 有下面的引理.

引理 9.4　设 S 为 k 完美关键顶点集, 则 $\forall v \in \bar{S}$, 有 $|[v, S]| \neq 1$ 且 $|[v, S]| \neq k - 1$.

证 设 $S = \{v_1, v_2, \cdots, v_k\}$ 为 k 完美关键集, 存在 $\boldsymbol{y} = (y_1, y_2, \cdots, y_k, 0, 0, \cdots, 0)^{\mathrm{T}}$ 为 Laplace 矩阵 $\boldsymbol{L}$ 的特征向量. 由 S 为 k 完美关键集知 $y_i \neq 0 (i = 1, 2, \cdots, k)$.

$\forall v \in \overline{S}$, 若 $||[v, S]|| = 1$, 不妨设 $vv_1 \in E$, 则 $\boldsymbol{L}_{vV} \boldsymbol{y} = y_1 = 0$ 矛盾.

$\forall v \in \overline{S}$, 若 $||[v, S]|| = k - 1$, 不妨设 v 与 $v_1, v_2, \cdots, v_{k-1}$ 都相邻, 则

$$\mathbf{1}_n^{\mathrm{T}} \boldsymbol{y} = \sum_{i=1}^{k-1} y_i = 0,$$

再由 (16) 式知 $y_k = 0$, 矛盾. □

由定理 9.8 知 2 关键集必为 2 完美关键集, 也是 2 最小完美关键集. 下面的定理给出 2 最小完美关键集和 3 关键集的图特征.

定理 9.10 设 $S \subset V$ 且 $|S| = 2$, 则 S 为 2 关键集当且仅当对 $\forall v \in \overline{S}$, v 要么与 S 中所有顶点都相邻, 要么与 S 中所有顶点都不相邻.

证 由定理 9.9 知充分性成立. 只需证明必要性.

设 S 为 2 关键集, 由引理 9.4 知 $||[v, S]|| \neq 1 (\forall v \in \overline{S})$, 因此, 要么 $||[v, S]|| = 2$, 要么 $||[v, S]|| = 0$, 即要么与 S 中所有顶点都相邻, 要么与 S 中所有顶点都不相邻. □

引理 9.5 设 $S \subset V$ 且 $|S| = 3$, 则 S 为 3 关键集当且仅当 $\forall v \in \overline{S}$, v 要么与 S 中所有顶点都相邻, 要么与 S 中所有顶点都不相邻.

证 由定理 9.5 知充分性成立. 只需证明必要性.

设 S 为 3 关键集, 由引理 9.4 知 $||[v, S]|| \neq 1$ 且 $||[v, S]|| \neq 2 (\forall v \in \overline{S})$, 因此, 要么 $||[v, S]|| = 3$, 要么 $||[v, S]|| = 0$, 即要么与 S 中所有顶点都相邻, 要么与 S 中所有顶点都不相邻. □

定理 9.11 设 $S \subset V$ 且 $|S| = 3$, 则 S 一定不是最小完美关键集.

证 假设 S 是图的一个最小完美关键集, 则 S 也是关键集, 由引理 9.5, $\forall v \in \overline{S}$, v 要么与 S 中所有顶点都相邻, 要么与 S 中所有顶点都不相邻. 考虑顶点导出子图 $G[S]$, 它所有可能的拓扑结构如图 9.14 所示.

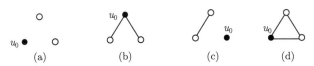

图 9.14 $G[S]$ 的所有四种可能拓扑结构

对于图 9.14 中的 (a), (c), 黑色实心顶点 u_0 与另外两个空心顶点都不相邻; 对于图 9.14 中的 (b), (d), 黑色实心顶点 u_0 与另外两个空心顶点都相邻. 令 $S_1 = S - \{u_0\}$, 则 $\overline{S}_1 = \overline{S} \cup \{u_0\}$. 于是, 由定理 9.9 知, S_1 是关键集, 此与 S 为最小完美关键集矛盾. □

另外, 定理 9.10 和定理 9.11 表明顶点集 S 能否成为 2 最小完美关键集或 3 最小完美关键集与 $G[S]$ 无关. 但是, 当 S 中顶点数更多时, 该结论不一定成立. 如图 9.15 中 4 个深色顶点构成的顶点集 S, 当 S 中顶点的相邻关系如 (a) 时, 它是 4 最小完美关键集; 但当 S 中顶点的相邻关系如 (b) 时, 它不再是 4 最小完美关键集.

(a) S 是 4 最小完美关键集

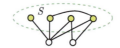

(b) S 不是 4 最小完美关键集

图 9.15　$S(|S| \geqslant 4)$ 是否为关键集与 S 中顶点的相邻关系密切相关

例 9.6　设某无人机通信网络拓扑结构图 G 如图 9.16 所示, 先求出它的所有最小完美关键, 再基于定理 9.7 求它的所有最小领航集和最少领航顶点个数.

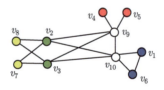

图 9.16　图 G

解　先求最小完美关键集.

由定理 9.10 知它有 2 最小完美关键集 $S_1 = \{v_1, v_6\}$, $S_2 = \{v_2, v_3\}$, $S_3 = \{v_4, v_5\}$, $S_4 = \{v_7, v_8\}$; 由定理 9.11 知没有 3 最小完美关键集; 由于两个悬挂点 v_4, v_5 都只与 v_9 相邻, 故由引理 9.4 知 v_9 不属于任何完美关键集; 同理, 考虑 v_1 和 v_6 两个顶点可知 v_{10} 也必与 v_1, v_6 之一构成最小完美关键集; 从而, 容易知道该图中不存在 5 最小完美关键集且对于 4 最小完美关键集只能是

$$\{v_{10}, v_{i_1}, v_{i_2}, v_{i_3}\} \quad (i_1 \in \{1, 6\}, i_2 \in \{2, 3\}, i_3 \in \{7, 8\}),$$

容易验证它们都不是关键集. 于是, 上述 S_1, S_2, S_3, S_4 是全部最小完美关键集.

再求所有最小领航集. 设 T 为最小领航集, K 为最少领航顶点个数.

由定理 9.7, 知 $T \cap S_i \neq \varnothing (= 1, 2, 3, 4)$, 注意到 S_1, S_2, S_3, S_4 两两不交, 故可得 $2^4 = 16$ 个最小领航集, 它们是 $T = \{v_{i_1}, v_{i_2}, v_{i_3}, v_{i_4}\}$, 其中 $i_k \in S_k (k = 1, 2, 3, 4)$, 即所有最小领航集为

$$\{v_1, v_2, v_4, v_7\}, \quad \{v_1, v_2, v_4, v_8\}, \quad \{v_1, v_2, v_5, v_7\}, \quad \{v_1, v_2, v_5, v_8\},$$

$$\{v_1, v_3, v_4, v_7\}, \quad \{v_1, v_3, v_4, v_8\}, \quad \{v_1, v_3, v_5, v_7\}, \quad \{v_1, v_3, v_5, v_8\},$$

$$\{v_6, v_2, v_4, v_7\}, \quad \{v_6, v_2, v_4, v_8\}, \quad \{v_6, v_2, v_5, v_7\}, \quad \{v_6, v_2, v_5, v_8\},$$

$$\{v_6, v_3, v_4, v_7\}, \quad \{v_6, v_3, v_4, v_8\}, \quad \{v_6, v_3, v_5, v_7\}, \quad \{v_6, v_3, v_5, v_8\}.$$

最少领航顶点个数为 $K = 4$. □

9.3.6 独立关键集的图特征

若 $S = \{v_1, v_2, \cdots, v_k\}$ 为独立集且为 k 最小完美关键集, 则 Laplace 矩阵 $\boldsymbol{L}$ 有一个特征向量

$$\boldsymbol{y} = (y_1, y_2, \cdots, y_k, 0, 0, \cdots, 0)^{\mathrm{T}} \quad (y_i \neq 0, i = 1, 2, \cdots, k).$$

由 S 为独立集知 $\forall v_i \in S$ 有

$$\boldsymbol{L}_{v_i V} \boldsymbol{y} = d_G(v_i) y_i = \lambda y_i \quad (i = 1, 2, \cdots, k),$$

即 $d_G(v_1) = d_G(v_2) = \cdots = d_G(v_k) = \lambda d_G(v_1) = d_G(v_2) = \cdots = d_G(v_k) = \lambda$, 亦即当 S 为独立集时, k 最小完美关键集 S 中顶点度均相等. 基于此, 下面的定理 9.12 给出了独立集成为关键集的一个充分条件.

定理 9.12 设 S 为独立集, G_S 为关于顶点集 S 的简化图. 若 S 中所有顶点在图 G 中的度相等, 且 $\overline{S}_{G_S}$ 中所有顶点在 G_S 中的度均为偶数, 则 S 为关键集.

证 不妨设 $S = \{v_1, v_2, \cdots, v_k\}$ 且 S 中所有顶点在图 G 中的度均为 d. 若简化图 G_S 为空图, 则由定理 9.9 知结论成立, 下设 G_S 非空图.

$\forall v \in \overline{S}_{G_S}$, 由 v 在图 G_S 中的度为偶数知行向量 $\boldsymbol{L}_{vS}$ 的所有分量求和为零 (模 2), 于是子矩阵 $\boldsymbol{L}_{\overline{S}_{G_S} S}$ 的列向量组线性相关, 所以齐次线性方程组 $\boldsymbol{L}_{\overline{S}_{G_S} S} \boldsymbol{x} = \boldsymbol{O}$ 有非零解 $\boldsymbol{x} = (x_1, x_2, \cdots, x_k)^{\mathrm{T}}$.

我们断言 $\sum_{i=1}^{k} x_i = 0$, 事实上, 由 S 中所有顶点在图 G 中的度均为 d 及简化图 G_S 的构造过程可知顶点 $v_i (i = 1, 2, \cdots k)$ 在简化图 G_S 中的度也相等, 设为 $d' \neq 0$ (因 G_S 非空图), 于是

$$\boldsymbol{1}_{1 \times |\bar{S}_{G_S}|}^{\mathrm{T}} \boldsymbol{L}_{\bar{S}_{G_S} S} \boldsymbol{x} = (d', d', \cdots, d') \boldsymbol{x} = d' \sum_{i=1}^{k} x_i = 0,$$

即有 $\sum_{i=1}^{k} x_i = 0$.

取 $\boldsymbol{y} = (x_1, x_2, \cdots, x_k, 0, 0, \cdots, 0)^{\mathrm{T}}$, $\lambda = d$, 则有

$$\boldsymbol{L}_{SV}\boldsymbol{y} = (\boldsymbol{L}_{SS}, \boldsymbol{L}_{S\overline{S}})\begin{bmatrix} \boldsymbol{x} \\ \boldsymbol{O} \end{bmatrix} = \boldsymbol{L}_{SS}\boldsymbol{x} = (dx_1, dx_2, \cdots, dx_k)^{\mathrm{T}} = \lambda \boldsymbol{x}.$$

对 $\forall v \in \overline{S}$, 若 v 与 S 中顶点都相邻, 则由 $\sum\limits_{i=1}^{k} x_i = 0$ 知 $\boldsymbol{L}_{vV}\boldsymbol{y} = \boldsymbol{O}$; 若 v 与 S 中顶点都不相邻, 则有 $\boldsymbol{L}_{vV}\boldsymbol{y} = \boldsymbol{O}$; 若 $v \in \overline{S}_{G_S}$, 则有

$$\boldsymbol{L}_{vV}\boldsymbol{y} = (\boldsymbol{L}_{vS}, \boldsymbol{L}_{v\overline{S}})\begin{bmatrix} \boldsymbol{x} \\ \boldsymbol{O} \end{bmatrix} = \boldsymbol{L}_{vS}\boldsymbol{x} = 0.$$

综上可知 $\boldsymbol{L}\boldsymbol{y} = \lambda \boldsymbol{y}$, 即向量 $\boldsymbol{y}$ 为 Laplace 矩阵 $\boldsymbol{L}$ 的特征向量, 由于 $\boldsymbol{y}_{\overline{S}} = \boldsymbol{O}$, 故由定义 9.3 知 S 为关键集.   □

如图 9.13 中, S 是图 G 的一个四顶点独立集, 它在简化图 G_S 中具有定理 9.12 的图结构, 因此 S 是 G 的一个关键集.

例 9.7 设图 G 如图 9.17 所示, 试从图结构角度, 判断 $S = \{v_1, v_2, v_3, v_4\}$ 是否为关键集, 并说明理由.

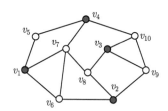

图 9.17   独立关键集的说明图 G

解 $S = \{v_1, v_2, v_3, v_4\}$ 是关键集.

S 是 G 的关键集当且仅当 S 是简化图 G_S 的关键集, 而简化图 G_S 的结构如图 9.18 所示. 容易看出, $\overline{S}_{G_S}$ 中所有顶点在 G_S 中的度均为偶数 2, 由定理 9.12 知 S 是关键集.   □

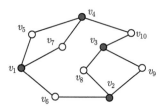

图 9.18   关于 $S = \{v_1, v_2, v_3, v_4\}$ 的简化图 G_S

9.3.7 支配集在最小领航集中的应用

基于最小完美顶点集和定理 9.7 可以求出所有最小领航集以及最少领航顶点个数, 但是这种方法需要给出图 G 的所有最小完美关键顶点集, 而最小完美关键顶点集的求解也很困难. 最小完美关键顶点集往往具有确定的图结构, 值得进一步从子图结构角度研究最小完美关键顶点集. 本节我们讨论从另一种图结构——支配集——给出确保系统可控的领航集.

在 6.4 节, 我们给出了支配集定义及其计算方法. 将支配集作为领航集, 系统不一定可控. 如图 9.19, 图 (a) 中顶点 v_8 是支配集, 但作为领航集时系统不可控; 图 (b) 中支配集 $\{v_1, v_2, v_3\}$ 作为领航集时系统不可控. 它的全部 MPCS 包括三个 2MPCS: $\{v_4, v_5\}, \{v_6, v_7\}, \{v_8, v_9\}$ 及 $\{v_1, v_2, v_3, v_5, v_7, v_9\}$ 和 $\{v_1, v_2, v_3, v_4, v_6, v_8\}$. 由定理 9.7, 它的最少领航顶点个数 $K = 4$. 图 (c) 中最小支配集 $\{v_6, v_7\}$ 作为领航集系统可控, $\{v_3, v_5, v_6, v_7\}$ 是它的唯一一个 MPCS, 因此 $\{v_6, v_7\}$ 不是最小领航集, 只需一个顶点即可使系统可控. 一般而言, 支配集作为领航集, 不一定使系统可控; 反之, 使系统可控的领航集也不一定是支配集. 有趣的是, 在一定条件下, 支配集的补集可成为使系统可控的领航集.

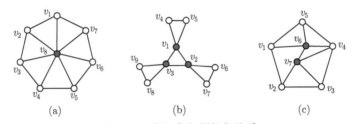

图 9.19　支配集与领航集关系

定理 9.13　设 $G = (V, E)$ 为通信网络拓扑结构图且为连通图, 设 $S = \{v_1, v_2, \cdots, v_k\}$ 为极小支配集且

$$|N_G(u) \cap S| = 1 \quad (\forall u \in \overline{S}),$$

则取 $\overline{S}$ 为领航集时, 线性时不变系统 (14) 可控.

证　设 $\boldsymbol{L}$ 为 G 的 Laplace 矩阵, $\boldsymbol{y}$ 为 $\boldsymbol{L}$ 的任意一个特征向量, 只需证明 $\boldsymbol{y}_{\overline{S}} \neq \boldsymbol{O}$. 若不然, 假设 $\boldsymbol{y}_{\overline{S}} = \boldsymbol{O}$.

由极小支配集的性质 (见 6.4.2 节定理 6.25) 知, $\forall v_i \in S$, 要么 $N_G(v_i) \cap S = \varnothing$, 要么存在 $u_j \in \overline{S}$ 使 $N_G(u_j) \cap S = \{v_i\}$. 若 $N_G(v_i) \cap S = \varnothing$, 由于 G 是连通图, 存在 $u' \in \overline{S}$ 使 $v_i u' \in E(G)$. 再由已知条件 $|N_G(u) \cap S| = 1 (\forall u \in \overline{S})$, 故 $\boldsymbol{L}_{u'S} \boldsymbol{y}_S = y_i = 0$. 同理, 若对于 $v_i \in S$, 存在 $u_j \in \overline{S}$ 使 $N_G(u_j) \cap S = \{v_i\}$, 则有 $\boldsymbol{L}_{u_j S} \boldsymbol{y}_S = y_i = 0$. 因此, 总有 $y_i = 0(\forall i = 1, 2, \cdots, k)$. 这样就有 $\boldsymbol{y}_S = \boldsymbol{O}$.

综上有 $\boldsymbol{y} = \boldsymbol{O}$, 此与 $\boldsymbol{y}$ 为特征向量矛盾. □

在图 9.19 中, (a) 和 (b) 中的实心顶点集都满足定理 9.13 的条件, 取它们的补集为领航顶点集, 都可使系统可控, 但不是最小领航集.

定理 9.13 的条件缺一不可. 一是 S 为 "极小支配集", 如图 9.20(a), S 为实心顶点集, 它是支配集, 却不是极小支配集, $\overline{S} = \{v_1, v_2\}$ 显然不是使系统可控的领航集; 二是要求 "$|N_G(u) \cap S| = 1 \, (\forall u \in \overline{S})$", 如图 9.11(b), S 为实心顶点集, 它是极小支配集, $\overline{S} = \{v_3, v_4\}$ 显然也不是使系统可控的领航集.

图 9.20 定理 9.13 条件缺一不可

9.3.8 小结

图论在研究智能集群可控性时有独特优势, 可从子图结构角度精确刻画最小领航集. 值得进一步研究的内容有: 最小完美关键集的图结构特征、求最小领航集的算法设计等.

许多有应用背景且结构相对比较规则的图的可控性研究是热点. 比如链图、阈值图等. 如果一个图不包含 $2K_2, C_3$ 和 C_5 作为其导出子图, 则称其为链图 (chain graph), 也称为双嵌套图 (double nested graph) 或微分图 (difference graph). 如果一个图不包含 $2K_2, C_2$ 和 C_4 作为其导出子图, 则称其为阈值图 (threshold graph). 链图在生态网络、经济网络中有重要应用. 连通链图 G 具有比较规则的结构: 它的顶点集可以分为不相交的两部分, 每一部分又可以分为 h 个不交的非空子集 $U_1, U_2, \cdots, U_h$ 和 $V_1, V_2, \cdots, V_h$, 其中 $U_i, V_i (i = 1, 2, \cdots, h)$ 均为独立集且 U_i 中所有顶点均与集合 $\bigcup\limits_{k=i}^{h} V_k$ 中的所有顶点相邻. 记 $m_i = |U_i|, n_i = |V_i| (i = 1, 2, \cdots, h)$, 则链图 G 可表示为

$$G(m_1, m_2, \cdots, m_h; n_1, n_2, \cdots, n_h).$$

链图 $G(2, 2, 3; 1, 2, 3)$ 如图 9.21 所示. 链图中两个顶点具有相同的邻域当且仅当它们属于同一个 U_i 或 V_i.

链图是二部图, 在具有相同顶点数和边数的连通二部图中, 链图的 Laplace 矩阵 (邻接矩阵) 的谱半径最大. 许多研究关注链图的特征值、能量和可控性等. 如

2023 年论文①提出如下问题 (Conjecture5.7): 设 G 是链图且没有重复特征值, 若 G 中有 k 个具有相同邻域的顶点对, 则它的最少领航顶点个数为 k. 请读者思考 "没有重复特征值" 条件是否可去.

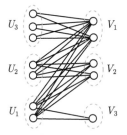

图 9.21　链图 $G(2,2,3;2,2,1)$

习 题 九

1. 求星图 S_n 的稳态分布. (各边权均为 1.)

2. 设电网络 G 如题图 9.1 所示, 已知 v_s, v_t 处的电压分别为 $100, 200$, 求网络中其他顶点处的电压.

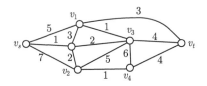

题图 9.1　第 2 题图

3. 设有网络 $G = (V, E, \boldsymbol{w})$, 如题图 9.2 所示, 其中 $\{u_1, u_2, \cdots, u_7\}$ 表示逃逸地点, $\{w_1, w_2, w_3\}$ 表示警察所在地点, $\{v_1, v_2, \cdots, v_9\}$ 为内部顶点. 约定每个内部顶点可以感知周围东南西北邻居顶点数量, 但不知邻居顶点的类型, 并以等概率向周围顶点转移. 一旦碰到警察将立即被抓捕, 一旦到达逃逸点则表明逃跑成功, 求各内部顶点处的逃逸成功概率.

4. 所有的六阶树如第 3 章图 3.1 所示, 请按能量从小到大给出排序.

5. 设图 G 如题图 9.3 所示, 下列选项中为 2 最小完美关键集的是 (　　)

A. $\{v_1, v_2\}$　　　　B. $\{v_3, v_4\}$　　　　C. $\{v_5, v_6\}$　　　　D. $\{v_7, v_8\}$

6. 设图 G 如题图 9.2 所示, 下列选项中选作领航集时能使系统可控的是 (　　)

A. $\{v_1, v_2, v_3, v_4, v_5, v_6\}$　　B. $\{v_7, v_8, v_9\}$　　　C. $\{v_1, v_2, v_8\}$　　　D. $\{v_5, v_6, v_7\}$

7. 求星图 S_n 的所有最小领航集和最少领航顶点个数.

---

① Abdullah A, Milica A, Tamara K, Zoran S. Chain graphs with simple Laplacian eigenvalues and their Laplacian dynamics. Computational and Applied Mathematics, 2023, 42:6.https://doi.org/10.1007/s40314-022-02141-5.

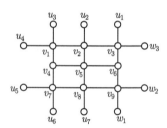

题图 9.2 图 G

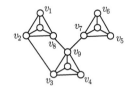

题图 9.3 图 G

8. 设 $G = (V, E)$ 为通信网络拓扑结构图且为连通图, 设 $S = \{v_1, v_2, \cdots, v_k\}$ 为独立集且

$$|N_G(u) \cap S| = 1 \quad (\forall u \in \overline{S}),$$

证明: 取 $\overline{S}$ 为领航集可使线性时不变系统 (1) 可控.

9. 设 G 如题图 9.4 所示,

(1) 求出它的所有 2 最小完美关键集;

(2) 证明它的最少领航顶点个数 $K \geqslant 5$.

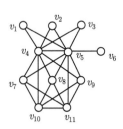

题图 9.4 图 G

参 考 文 献

[1] 谢政, 戴丽. 组合图论. 长沙: 国防科技大学出版社, 2003

[2] 谢政. 网络算法与复杂性理论. 2 版. 长沙: 国防科技大学出版社, 2003

[3] 殷剑宏, 吴开亚. 图论及其算法. 合肥: 中国科学技术大学出版社, 2004

[4] Bondy J A, Murty U S R. Graph Theory. Berlin: Springer, 2007

[5] 殷剑宏, 金菊良. 现代图论. 北京: 北京航空航天大学出版社, 2015

[6] 卜月华, 王维凡, 吕新忠. 图论及其应用. 2 版. 南京: 东南大学出版社, 2015

[7] Benjamin A, Chartrand G, Ping ZH. 图论——一个迷人的世界. 程晓亮, 管涛, 范兴亚, 胡兆玮, 译. 北京: 机械工业出版社, 2016

[8] Douglas B W. 图论导引. 2 版. 李建中, 骆吉洲, 译. 北京: 机械工业出版社, 2006

[9] 徐保根. 图的控制理论. 北京: 科学出版社, 2008

[10] 王树禾. 图论. 2 版. 北京: 科学出版社, 2009

[11] Wilson R J. Introduction to Graph Theory. 北京: 世界图书出版公司, 2015

[12] 程龚. 图论与算法. 北京: 清华大学出版社, 2024

[13] 王桂平, 杨建喜, 李韧. 图论算法理论、实现及应用. 2 版. 北京: 北京大学出版社, 2022

[14] 崔勇, 张小平. 图论与代数结构. 2 版. 北京: 清华大学出版社, 2022

[15] 许胤龙, 吕敏, 李永坤. 图论导引. 北京: 科学出版社, 2021

[16] Diestel R. 图论. 5 版. 于青林, 译. 北京: 科学出版社, 2020

[17] 徐俊明. 组合网络理论. 北京: 科学出版社, 2007

[18] Tanner H G. On the controllability of nearest neighbor interconnections. Proceedings of IEEE Conference Decision and Control, Atlantis, 2004: 2467-2472